수학자의 배낭여행 1
아라비아에는 아라비아숫자가 없다?

수학자의 배낭여행 1

아라비아에는 아라비아 숫자가 없다?

| 이만근 |

KM 경문사

머리말
PREFACE

　이 책은 2013년에 출간된 《이만근 교수의 수학오디세이 1》(21세기북스)의 개정판이다.
　책이 출간된 후 YTN사이언스(방송)의 수다학을 비롯하여 한국과학창의재단의 수학교사 한마당, 국립어린이청소년도서관 수학체험 등에서 수학의 고향을 찾아 떠났던 내 배낭 여행기를 주제로 강의할 기회가 있었다. 해외 강연 기회도 주어져 미국조지타운 대학교와 중국 하남사범대학에서도 같은 주제의 초청 강연을 했다. 이렇듯 이 책을 매개로 독자들과 만날 수 있는 기회가 주어졌으니 첫 출간에 대한 반응은 그런대로 만족스럽다고 자평할 수 있다. 그뿐만 아니라 강연을 들은 수학선생님들 중에는 내 책을 기초로 해 방학 동안 수학 탐방을 시도하려는 노력도 있었으며 실제로 그 여행에 자문을 해 주기도 했으니 나름 책의 영향력도 보인 셈이다.
　이런 호응에도 불구하고 초판을 담당했던 출판사가 수학서적을 출판해본 경험이 없었고, 나 역시 출판예정일에 맞춰 서두르다보니 많은 부분의 오류를 수정할 기회를 놓쳐 초판에 대한 아쉬움이 있었다. 때문에 처음에는 단순한 오류만 수정하여 재판을 내보려 했다. 그러나 아쉬운 내용을 다시 한번 살펴보는 과정에서 이왕이면 이번 기회에 전체적 구조를 바꿔 보는 것도 좋을 것 같았다. 구체적으로

- 동아일보에 10회(2012년도 3월 31일부터 5월29일까지)에 걸쳐 '이만근 교수와 함께 수학의 고향을 찾아서'라는 제목으로 연재되었던 르포 기사의 배치로 인한 내용 중복 문제
- 여행지에 대한 지도가 없어 독자들에게 생생한 여행감을 제공하지 못한 문제
- 여행 중에는 미처 알지 못했던 사실들이지만 책의 수학사적 완성도를 높이기 위해 필요한 추가 기술 문제
- 여행순서와 수학 문명사의 발생 순서 차이에서 오는 시대 혼동의 문제

등을 해결하기 위해서는 수정보다는 완전한 개정판을 내는 것이 정직한 행동이라고 생각했다. 이외에도 침팬지들이 숫자를 인식하고 매미들이 소수를 이용하는 방법, 수학 단위의 혼동에서 비롯된 에피소드, 알파고와 이세돌의 바둑 대결 결과 등과 같은 내용도 추가함으로써 내용적 완성도를 높이려 했다.

나는 감히 이 책이 수학과 여행기를 혼합해 쓰인 세계 최초의 책이라고 생각한다. 수학이 태어난 곳을 직접 찾아가, 그 수학자의 자취와 향기를 느끼면서 그의 수학적 발견이 갖는 문화적 의미를 새겨본 책이라는 자부심을 갖는다.

이 책에 실린 이야기는 2년 동안 세 번에 걸쳐 이루어진 나의 여행기다. 2011년 수개월에 걸쳐 이어졌던 첫 번째 여행과 그동안 수집한 자료를 통해 이 책이 완성되었다. 이 기록을 먼저 신문사에 보냈고, 이후 〈동아일보-이만근 교수와 함께 수학의 고향을 찾아서〉의 연재를 위해 두 번의 여행을 10일 정도씩 더 다녀왔다. 그러나 두세 번째 여행 이야기는 가능한 한 이 책에서는 적게 다루거나

아예 다루지 않으려고 했다. 여행 이야기가 반복적으로 길어지면 수학적 내용의 초점이 흐려질 수 있다는 염려와 함께, 첫 번째 경험에서만 느낄 수 있는 감동을 가능한 한 독자들에게 그대로 전달하고자 하는 의도 때문이다.

수학자의 고향을 찾아 나선 길은 순탄치 않은 여정이었다. 각 수학자에 대한 정보도 부족했지만 수천 년 수백 년의 세월이 지난 수학자의 고향은 잊힌 것이 많았기 때문이다. 기하학의 아버지 '유클리드'의 고향에는 2,500년 전 그의 흔적이 전혀 없었다. 또 괴팅겐의 거인 '가우스'의 고향은 제2차 세계대전으로 완전히 지도가 바뀌어 있었다.

많은 유명 수학자들도 만났다. '수학의 고향'에 사는 현대 수학자들이야말로 여행에 필요한 여러 가지 전문적 자료와 정보를 제공해 줄 최적의 사람들이었다. 그러나 그들과 인터뷰 약속을 잡는 것은 쉽지 않은 일이었다. 이집트의 알렉산드리아 대학교와 영국 케임브리지 대학교 수학과 학과장과는 여행을 시작할 때까지도 약속이 잡히지 않아 애를 태웠다. 적게는 서너 번에서 많게는 수십 번 메일을 보내고 통화를 하면서 나의 여행 일정과 그들의 시간을 조정해 나갔다. 이 중에는 '피타고라스'의 동상 앞까지 기꺼이 나와 준 에게(사모스) 대학교 교수도 있었다. 토요일 휴식시간에 자신의 집으로 초대해 준 라이프니츠(하노버) 대학교 부총장도 있었다.

"만일 신이 존재한다면 그는 수학자일 것이다."

수학자들은 종종 이렇게 이야기한다. 수학은 그 자체로 매우 중요한 학문이지만, 우주의 운동 법칙과 삼라만상의 자연 현상을 이해하기 위한 도구적 성격이 매우 강한 학문이다. 그래서 경제학자도 수학을 하고, 공학자도 수학을 하며, 생명과학자도 수학을 한다. 내가 여행을 하면서 만난 모든 외국 수학자들과 영어로 소통했듯, 수학으로 자연 및 과학과 대화할 수 있다. 우리가 수학을 포기할 수 없는 명백한 이유가 여기에 있는 것이다.

이 책의 구성에 대하여 몇 가지 밝혀둘 것이 있다. 여행은 비교적 최근에 이루어졌지만 책의 수학적 내용은 오래 전부터 자료를 모으면서 준비를 한 것이다. 여행에 대한 기록이야 특별히 문제될 것은 없지만 수학적 내용과 역사적 사실은 오류를 막기 위하여 정확하게 기술되었는지 모두 확인을 했다. 특히 다른 책에서 인용된 문구는 모두 그 출처를 명확히 밝히려 했다. 이런 노력에도 불구하고 몇 가지 내용은 오래된 자료와 뒤섞인 기록 탓에 인용을 한 것이지 직접 기술한 것인지 분명치 않은 것도 있었다.

대체로 여행한 나라 순서대로 서술하였으나 수학의 발상지인 이집트를 앞에 두면서 최초의 여행지였던 이스라엘은 방문 날짜와 다르게 배치했다. 같은 나라 안에서는 수학자들의 출생 연도, 사건의 발생 순서, 수학적 중요도를 고려하여 배열하려고 했다. 그러다 보니 일부 내용은 나의 여행순서와 다른 순서가 되었으나 이를 위하여 일부러 초고를 수정하진 않았다.

이번 여행기에는 북유럽, 동유럽, 일본의 여행기가 빠져 있다. 책의 내용이 너무 방대해질 것을 염려해 그렇게 한 것이다. 후에 인도와 미국 여행기를 보완해 나머지 내용도 출판하기를 기대해본다.

차례
CONTENTS

머리말 ● 005

Part 01 이집트 ● 013

01. 수학의 시작: 수학 최초의 기록은 여성의 생리주기 ● 015
02. 숫자를 모르면 죽어서도 저승에 갈 수 없다: 죽음의 책 ● 033
03. 우리나라에서도 사용한 태양력: 24절기 ● 043
04. 아라비아숫자를 사용하지 않는 아라비아 ● 053
05. 세계 최초의 도서관이 있던 흔적, 알렉산드리아 ● 062
06. 현기증 나도록 완벽한 수학책, 유클리드의 《원론Element》 ● 074
07. 비극적인 죽음을 맞은 클레오파트라와 히파티아 ● 086

Part 02 이스라엘 ● 097

01. 예수의 생일은 0000년 12월 25일? ● 099
02. 일본 지진은 하느님의 작품? – 종교와 과학의 갈등 – ● 111
03. 예수가 부활할 수학적 확률을 계산한 사람들 ● 122

Part 03 터키 ● 135

01. 왜! 직각은 100도, 1시간은 100분이 아닌가?:
　　바빌로니아 문명의 흔적 ● 137

02. 지워져 있던 양피지 Ms. 355의 비밀 ● 152

03. 한국 나이와 미국 나이: 0이 없는 문화 ● 162

Part 04 그리스 ● 175

01. 조직의 비밀을 지키기 위한 살인: 피타고라스학파 ● 177

02. 이천 년 만에 해결된 문제들: 기하학의 세 문제 ● 191

03. 플라톤, 아리스토텔레스는 수학자: 아테네 학당의 철학과 우주관 ● 207

Part 05 이탈리아 ● 223

01. 아킬레스와 거북의 경주: 세상에 움직이는 것은 없다 ● 225

02. 피타고라스, 부처, 공자는 친구?
　　- 같은 시대를 살다간 인류의 스승 ● 235

03. 아르키메데스의 거울, 최영의 연은 전쟁무기 ● 250

04. 플루타르코스가 기록한 아르키메데스의 무덤을 찾아가다 ● 261

05. 바티칸 시티에 얽힌 두 가지 원 이야기:
   모든 아름다운 디자인은 원에서 나온다 ● 275

06. 수학자보다 앞선 화가들의 기하학:
   레오나르도 다빈치의 원근법과 황금비 ● 284

07. 인간과 인간, 인간과 컴퓨터의 대결: 수학에서 경쟁 ● 302

08. 신의 수학적 창조물은 피보나치수열 ● 311

Part 06 스페인 ● 325

01. 파밀리아 성당의 마방진과 수학 ● 327

02. 살바도르 달리의 십자가에서 배우는 4차원 기하학 ● 340

03. 신비한 수학자 페렐만, 신비주의 수학 카발리즘:
   악마의 숫자 666의 수학적 해석법 ● 350

PART 01
이집트
E G Y P T

수학의 시작:
수학 최초의 기록은 여성의 생리주기

수학의 시작

모든 것에는 시작이 있는 법이다. 수학도 시작이 있었을 것이다. 그러나 마치 강의 원류가 되는 물웅덩이를 찾는 것이 어려운 것처럼, 수학도 그 시작을 이야기하기는 쉽지가 않다. 더구나 수학은 고도의 지적 능력이 있어야 만들 수 있고, 집단의 문화로서 유지해 낼 수 있기에 그 근원을 찾아내는 것은 더욱 어려운 일이다.

인간과 다른 동물을 구분 짓기 위해 사회학자들이 만들어 낸 여러 가지 정의가 있었다. 이를테면 '사회 생활을 하는 동물', '도구를 사용하는 동물', '언어를 사용하는 동물' 등이다. 그러나 이러한 능력은 사람들만의 전유물이 아니고, 동물들도 일정부분 가지고 있음이 최근 동물학자들의 관찰력 증가로 밝혀지고 있다.

많은 과학자들은 수학하는 능력을 인간만의 특징으로 생각하기도 한다. 숫자를 인식하고 사용하는 능력이야 말로 인간만이 가질 수 있는 독보적인 것이라고 생각되기 때문이다. 물건이 몇 개인지 세기 위해 수 및 수학을 사용한 흔적은 아무리 미개한 문명에서라도 발견할 수 있다. 적어도 내가 기르는 '양의 마리 수'나 내가 부양해야 할 '우리 식구의 수'는 원시 문명에서도 반드시 세어 둘 필요가 있었던 것이다. 숫자와 유사한 문자의 발명도 인간만이 가지는 독특한 능력이라고 생각해볼 수 있지만 잉카처럼 아예 문자가 존재하지 않았던 문명도 있었음을 기억한다면, 숫자의 사용이야말로 인간이 진화과정을 통해 자연스럽게 획득한 특징임은 분명해 보인다.

동물도 수학을 한다

이처럼 인간만의 영역으로 생각되던 '수학하는 능력'에 대한 인간의 편견도 최근 과학의 진보에 따라 조금씩 수정되어 가고 있다. 동물도 숫자를 인식할 수 있으며, 계산을 해낼 수 있다는 증거들이 새롭게 나타나기 시작했기 때문이다.

일본 쿄토 대학교의 영장류 연구 센터에서는 한 침팬지에게 1에서 6까지의 물건의 개수를 보여주며 그와 같은 수를 컴퓨터 스크린에서 찾도록 하는 훈련을 성공적으로 수행했다. 이 연구팀은 이를 더 발전시켜 최근에는 1부터 9까지의 숫자와 물건의 개수를 대응시키는 훈련을 진행 중에 있다. 미국 조지아 주립대학교에서도 이와 비슷한 실험을 두 마리의 침팬지에 대해 성공적으로 수행했으며, 3년간의 공백 후에 다시 그들의 기억

■ 쿄토 대학 연구소에서 훈련 중인 침팬지(sciencereligionnews)

을 확인한 결과 실패율이 두 배로 증가하긴 했지만 여전히 숫자를 인식하고 있다는 사실도 확인했다. 침팬지를 대상으로 한 실험만이 아니다. 앵무새, 쥐, 말, 개 등을 대상으로 하는 여러 동물 실험에서도 동물들에게 적절한 훈련만 이루어진다면 숫자를 인식하게 할 수 있다는 결과를 동물학자들은 얻었다. 훈련시간의 차이야 있겠지만, 인간도 훈련 없이는 숫자를 인식할 수 없으니 숫자의 인식이 인간만의 능력이라고는 말할 수 없는 때가 온 것이다.

이러한 동물들의 숫자 세는 능력만을 보면, 브라질의 야노야마(Yanoama) 원주민과 크게 다를 것이 없어 보인다. 실제로 야노야마 원주민들은 3보다 큰 숫자를 나타내는 단어가 없기 때문에 물건의 개수를 그저 '하나', '둘', '많다'로만 구분할 수밖에 없다고 한다. 숫자를 세는 관점에서만 본다면 인간이 침팬지보다 뛰어나다고는 할 수 없는 증거인 셈이다. 물론 문명의 혜택과 교육을 받은 인간은 분명히 이보다 뛰어난 능력을 갖고 있지만 이런 상황에 노출되지 못한 인간의 능력이란 다른 동물과 크게 다를 것이 없는 것이다. 이로 보아 인류는 진화 과정을 통해 발전해 오면서 자연스럽게 숫자의 개념을 갖게 되었으리라 여겨진다. 결국 수학의 시작은 인류의 시작과 같은 셈이다.

숫자 인식 외에도 동물의 수학 능력에 대한 다른 증거가 있다. 아프리카 사하라 사막에 사는 개미는 먹이를 찾으러 멀리 이동하는 것이 보통인데, 어떤 개미도 자신의 집을 다시 찾아가는 데 어려움을 느끼지 않는다.

실험은 이렇게 진행되었다. 멀리 나온 개미를 잡아 그 다리에 보조다리(stilt)를 붙여서 개미의 보폭을 집을 나올 때보다 크게 한 후 돌려보냈다. 실험 결과, 보조다리가 부착된 개미는 자신의 집을 지나쳐 가버려서 집으로 돌아가지 못했다. 개미의 작은 머리에도 정교한 컴퓨터가 내장되어 있어 이동하는 자신의 발걸음 수를 세고 있으며 이를 이용해 집으로 돌아오는 것인데, 갑자기 보폭이 늘어나게 되면 자신의 집을 지나치게 되는 것이라고 이 실험에 참가한 동물학자들은 결론지었다.

수학 최초의 기록은 여성의 생리 주기

그러나 숫자를 기록할 수 있는 능력을 가지고 있는 동물들이 있다는 사실은 나는 아직 들어 본 적이 없다. 오로지 인간만이 할 수 있는 능력 중에 하나가 기록의 능력이다. 이런 능력이 진화 과정의 산물임을 보여 주는 증거들은 아주 많이 있다. 모로코의 한 동굴에서 발견된 조개껍질은 현생인류(Homo Sapiens) 시작 전인 8만 2천년 전의 유물로, 황토색 칠과 함께 일정한 형태의 구멍이 뚫려 있다. 이는 원시 인류가 목걸이 형태의 매듭에 조개껍질을 묶어 놓고 이에 색을 입힘으로써 물건의 개수나 날짜를 세는 데 사용했던 것으로 생각되는 물건이다. 그러나 이 기록을 인류 최초 수학적 기록으로 받아들이기를 선뜻 내키지 않아 하는 학자들이 많이 있다.

고고학자들과 수학자들이 대체로 동의하는 수학적 최초 기록은 3만7천년 전의 유물인 '르봄보Lebombo 뼈'이다. 흥미로운 것은 이 뼈에는 29개의 눈금이 새겨져 있다는 것이다. 이외에도 다른 지역에서 발견된 이 시기의 많은 기록(뼈나 돌에 새겨진 눈금)에서 28에서 30까지의 눈금이 새겨져 있는 공통된 특징이 발견되고 있다. 공통적으로 나타나는 이 숫자의 의미는 무엇일까?

많은 학자들이 이 숫자는 시간의 흐름을 기록한 것이라 추측한다. 좀더 구체적으로 말하면 이런 눈금의 숫자가 자주 발견되는 이유로 여성의 생리 주기와 달의 주기를 생각할 수 있다. 여성에게는 자신의 다음 생리가 언제쯤 있을지 예상하는 것이 민감한 문제이기 때문에, 자신의 다음 생리주기를 예상하기 위해 뼈에 눈금을 새기며 시간의 흐름을 측정한 것이라는 주장이 설득력을 얻고 있다. 달의 주기 또한 여성의 생리주기와 밀접하다고 하니, 수학의 최초의 기록은

■ 29개의 눈금이 새겨진 르봄보(Lebombo) 뼈 – 3만7천년 전의 것으로 여겨지는 이 원숭이 뼈는 아프리카 스와질랜드의 르봄보 산 인근에서 1970년대에 고고학적 탐사 과정에서 발견된 것이다.

여성의 생리주기라는 데에 크게 이의를 제기하기는 어렵다.

이집트 혁명으로 치안이 불안한 상황임에도 굳이 카이로를 찾은 이유도 수학의 시작을 찾기 위해서였다.

예루살렘에서 카이로까지

모세가 건넜다는 홍해를 떠나 이집트 국경을 넘는 데 생각보다 시간이 많이 걸렸다. 출입국 관리소에서는 아예 입국신고서를 받지 않았다. 우리의 관습으로는 이해할 수 없는 일이지만, 그들은 더위가 기승을 부리는 한낮에는 근무를 하지 않는 듯했다. 여기서 다시 400킬로미터를 더 가야 수도 카이로이니 밤늦은 시간이 되어서야 겨우 도착할 수 있을 것 같았다. 밖은 뜨거운 여름 햇볕이지만 입국장 안은 습기가 없어서인지 그다지 덥지 않아 견딜 만했다. 이곳의 여름 더위에 조금씩 적응하는 중이었다.

■이스라엘에서 이집트 국경을 넘었을 때 나타나는 사막. 이집트는 나일 강 일대를 제외하고는 대부분 사막으로 이루어져 있다.

한참을 기다린 후 드디어 국경을 통과했지만 정작 여기서 카이로까지 가는 방법이 문제였다. 카이로행 버스가 운행되고 있는지 분명하지 않았다. 국경을 넘은 사람 중 그 누구도 버스를 기다리지 않는 것을 보면, 이용하기 불편하거나 오랜 시간이 걸리는 것이 분명해 보였다. 국경을 넘으며 지루하게 기다리는 동안 얼굴을 익히게 된 니모라는 팔레스타인계 미국인은 아랍어와 영어를 유창하게 구사했다.

니모의 아랍어 덕분에 현지인들과 함께 이용하게 된 이곳의 소형택시는 우리나라 소형 승합차를 일컫는 말이었다. 빈 좌석이 찰 때까지 하염없이 손님을 더 기다려야만 했다. 우리 둘만으로는 카이로까지 갈 생각이 없는 모양이었.

이집트의 독재자 무바라크를 몰아낸 2011년 시민혁명 때문에 관광객이 줄어서 그렇다고 했다. 시민혁명으로 인해 이집트 내 치안이 엉망이라는 TV뉴스가 한국에서도 연일 보도되었기 때문에 이집트에 들어가는 것이 조금은 불안했다. 꼬박 3시간을 차 안에 앉아 있는 동안 사막의 뜨거운 태양 아래 나는 서서히 녹아내리고 있었다.

움직이는 차창 밖으로 해가 지는 사막의 풍경은 표현하기 어려울 정도로 감동적이었다. 이런 멋진 풍경에 어울리지 않게 옆에서 줄담배를 피워대는 니모 때문에, 여행을 시작하기도 전에 담배 연기에 질식되어 죽을지도 모르겠다는 생각을 하면서 깜빡 잠이 들었다. 지쳐 졸다 깨어보니 거칠 것 없는 사막을 질주하는 자동차의 창 밖으로는 모래바람이 일고 있었다.

카이로에서 멋진 저녁을 즐기게 해주겠다던 니모의 장담과는 다르게 우리는 휴게실 샌드위치로 저녁식사를 대신해야 했고, 자정이 넘어서야 카이로 시내에 들어섰다. 이 늦은 시간에도 시내는 사람들로 북적이고 있었다. 오랜 여행과 기다림, 더위에 축 늘어진 내 몸은 이 새로운 세계를 보면서 다시 긴장하기 시작했다. 동승한 다른 사람들이 다 내리고 난 뒤 제일 마지막으로 숙소에 들었다.

호텔 비엔나! 오래되어 매우 낡은 건물이기는 하지만 한때는 제법 위엄 있는

■ 처음 예약한 숙소는 에어컨도 없고 천장이 드러나 보이는 더러운 곳이라는 현지인의 충고를 받아들여 다시 비엔나 호텔로 숙소를 옮겼다.

건물이었을 것 같았다. 여기저기가 낡고 부서진 부분이 많긴 했지만, 입구와 건물의 주요 부분은 대리석으로 장식되어 있었고 에어컨도 있는 깔끔한 방이었다. 요즘의 시멘트 건물과는 격조가 달라 보이는 운치 있는 이 호텔의 숙박비로 10달러를 지불했다. 두 사람이 함께 쓰는 방이긴 했지만….

수학적 개념의 진화

1960년 벨기에 탐험가 브라우코르(Heinzelin Braucourt)는 아프리카 나일 강 상류 지역에 있는 콩고에서 석기시대 아프리카 사람들이 사용하던 원숭이 뼈를 찾아냈다. 약 2만 년 전의 것으로 보이는 이 뼈의 한쪽에는 차례로 3, 6, 4, 8, 10, 5의 눈금이 새겨 있었다. 수학자들은 이 수에 주목했다. 3과 6, 4와 8, 10과 5는 배수 관계에 있는 수들이어서, 이 시대의 사람들이 2배, 2분의 1배 등의 수학적 의미를 이해하고 사용했음을 짐작하게 해주는 것이었다. 더욱 놀라운 것은 다른 쪽에 새겨진 눈금이었다. 이 눈금은 9, 11, 13, 17, 19, 21의 홀수로만 이루어진 것으로 10과 20 사이의 소수(prime number, 1과 자신 외에는 약수가 없는 자연수)를 모두 나타낸 것이기도 했다. '이상고Ishango 뼈'라고 불리는 이 기록보다 앞선 다른 수학적 흔적이 많이 있다. 그럼에도 이 뼈에 유독 수학자들이 집중하는 이유가 이 소수에 대한 기록 때문이다. 인류의 발생부터 시작되었을 숫자 세기의 단순한 기록보다는 한 걸음 더 나아가 배수, 약수, 홀수, 소수와 같이 진화된 수학적 개념이 들어 있는 최초의 기록이기 때문이다.

최초의 숫자

어떤 것을 숫자로 볼 것인가? 만일 뼈에 새겨진 눈금을 숫자로 생각할 수 있다면, 인류 최초의 숫자 사용은 앞서 보여준 뼈의 기록 연대와 일치하게 될 것이다. 숫자는 물건을 세는 데서부터 시작되었을 거란 추측은 어렵지 않게 할 수 있다. 내가 기르는 양 한 마리, 두 마리 또는 우리 집 식구는 한 명, 두 명 등으로 셌을 것이다. 현재도 아마존 밀림에서 생활하는 원주민 중에는 이런 구체적 대상만을 세는 부족도 있다고 알려져 있다. 이에 비해 구체적 대상 없이 그저 수만을 추상화해서 하나, 둘, 셋 등과 같이 세는 것은 좀더 고차원적인 지적 활동이 된다.

이런 관점에서 뼈의 기록은 매우 원시적이긴 하지만 추상적으로 셈을 하고 기록을 했다는 증거로서 받아들일 수 있다. 그러나 이 방법으로는 많은 것을 셀 수가 없다. 이런 의미에서 숫자는 단순한 눈금 표기법을 벗어나서 큰 수를 간단하게 나타낼 수 있는 기호의 표현법이라 정의할 수 있다.

숫자의 발명은 코페르니쿠스적인 혁명으로 인류 역사에 가장 획기적인 발전에 해당된다. 예를 들어 123을 나타내기 위해 눈금을 123번 반복해 그리는 일에 비해 자릿값이 있는 세 숫자 1, 2, 3만을 사용하는 것은 그 어느 발명품보다 혁

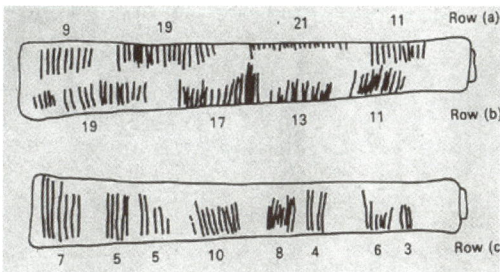

■ 수학적 개념의 진화를 보이는 기록. 이상고 뼈(왼쪽)와 새겨진 눈금의 수(오른쪽).

명적이지 않은가. 자릿값을 갖는 인류 최초의 숫자는 메소포타미아에서 사용되던 '쐐기숫자'이다. 기원전 3500년경부터 사용된 것으로 추정되는 이 숫자는 60진법으로 아직도 그 전통이 살아남아 현재 우리가 사용하는 시간(1시간 = 60분, 1분 = 60초)의 단위가 되었다.

최초의 십진법 숫자, 최초의 수학책, 최초의 수학자

인류 최초의 숫자 기록이 이집트에 있는 것은 아니지만, 십진법을 본격적으로 사용한 수학적 기록은 이집트에 있다. 기원전 3100년경 고대 이집트에서 현재 세계가 공통적으로 사용하는 10진법이 시작되었다. 10, 100, 1000 등에 대응하는 추상적인 의미의 새로운 기호를 만들어 간략하게 큰 수를 나타내는 진보된 현대 숫자의 원형을 이집트에서 찾을 수 있다. 고대 이집트 문명이 현대 모든 문명의 시작점으로 여겨지는 이유가 여기에 있다. 고대 그리스 숫자, 고대 로마 숫자는 모두 '고대 이집트 숫자'에서 비롯된 것이다.

그러나 이집트 십진법은 현재 우리가 사용하는 십진법과는 분명이 다르다. 현대의 십진법은 0, 1, 2, …, 9의 10개의 기호만을 사용해 모든 숫자를 나타내지만 이집트의 십진법은 숫자가 커질수록 새로운 기호가 더 필요한 시스템이었다. 바꿔 말하면 현대의 십진법은 10, 100, 1000 등으로 단위가 바뀔 때, 새로운 기호가 등장하지 않고 그저 0만 추가해 사용하지만 이집트 그림 숫자는 자릿수가 커

■ 이집트 국립박물관에 전시되어 있는 고대 이집트 기록(위쪽). 전문가가 아니면 숫자와 그림문자를 구분하기가 쉽지 않다. 이집트 그림숫자는 각각 막대, 발굽, 밧줄, 연꽃, 손가락, 올챙이(새), 놀란 사람을 나타낸 것이다.

질 때마다 새로운 기호가 나타난다. 게다가 9를 나타내려면 IIIIIIIII와 같이 I를 9번 반복 사용해야만 하는 번거로움도 있다.

이 숫자를 이용해 사칙계산을 하고 삼각형의 넓이를 구하는 인류 최초의 수학책도 역시 이집트에서 만들어졌다. 1858년 영국 스코틀랜드 변호사 린드(Alexander Henry Rhind)는 고대 이집트의 유적지 룩소르(Luxor)를 여행하던 중 재래시장에서 두루마리 형태의 파피루스 종이로 만들어진 수학책을 발견했다. 비록 아주 낡고 오래되어 찢어진 부분이 많은 책이었지만 직감적으로 매우 중요한 물건임을 알아챈 그는 헐값에 책을 매입하여 영국으로 가져왔다. 현재 영국 대영박물관에 보관 중인 이 책은 발견자의 이름을 따서 《린드 파피루스》라고 불린다. 약 3천6백년(기원전 1650년경) 전에 쓰인 이 책에는 덧셈, 뺄셈, 곱셈, 나눗셈 등 사칙계산뿐만 아니라 분수, 수열, 삼각형의 넓이와 피라미드의 부피를 구하는 방법처럼 상당히 어려운 수학적인 내용도 포함되어 있다. 특히 원주율을 이용하지 않고 정사각형을 사용해 구한 원의 넓이는 현대적 계산 결과와도 오차가 크지 않을 정도로 정확하다. 이 책의 저자 아메스(Ahmes)는 이집트 초기의 상형문자를 이용해 책의 서문에 다음과 같이 적어 두었다.

> "정확한 계산 방법뿐만 아니라 지혜, 지식, 비밀의 모든 것을 기록하려 한다.
> 존재하는 사물과 지식으로 들어가는 입구, 그것은 수학이다."

당시는 수학이 신의 비밀을 엿볼 수 있는 창으로 여겨지던 때였다. 문자와 숫자를 이해하고 계산하면서 신과 직접적으로 소통할 수 있었던 서기 아메스는 이곳에 그 비밀을 기록해 놓은 것이다. 자연스럽게 아메스는 수학사에 그 이름이 등장하는 '최초의 수학자'가 되었다.

《린드 파피루스》보다 오래된 수학기록은 많이 있다. 그중에 대표적인 것이 '플림턴 322'라고 이름 붙인 바빌로니아(현재의 이라크) 지역에서 발견된 진흙 점토판이다. 이 점토판에는 쐐기숫자로 여러 가지 숫자들이 기록되어 있다. 그중에서도 가장 흥미를 끈 것은 피타고라스 정리의 대표적인 수인 3, 4, 5의 배수에 대한 기록이다. 이 기록은 학생들이 수학 문제를 풀면서 사용한 연습장 같은 것으로 추측된다. 종이가 없던 당시에는 점토판 위에 문제를 풀고 다시 이를 지워가면서 사용했는데 이 연습장 중 일부가 굳어져 전해 온 것으

■ 최초의 수학책인 린드 파피루스(위쪽). 그보다 오래된 수학기록 플림턴 322(아래쪽)는 미국인 플림턴이 어느 골동품 업자에게서 10달러를 주고 산 것으로, 컬럼비아 대학교에 보관되어 있다.

로 여겨진다. 역시 발견자 플림턴(George Plimpton)의 이름을 따온 이 점토판은 법전으로 유명한 함무라비왕 시대의 것으로, 성경에 기록된 이스라엘 민족의 조상 아브라함이 살았던 3천8백년 전쯤 사용되었으리라 여겨진다. 그러나 이 기록은 책이 아닐 뿐더러 어떤 논리적·수학적 설명도 들어 있지 않아 《린드 파피루스》의 가치와는 비교할 수 없다.

룩소르 가는 길

예전에 읽었던 〈부석사 가는 길〉이라는 단편소설이 생각나는 하루였다. 어느 겨울날 부석사를 찾아 나선 주인공은 끝까지 부석사에 도착하지 못하고 허무하게 이야기가 끝난다는 것이 이 소설에 대한 희미한 기억이다. 나에게도 '룩소르 가는 길'이라 이름 붙이면 딱 맞을 하루가 시작되었다.

조금 서두르면 카이로 박물관을 오후에 보고 밤에 룩소르행 야간열차를 탈 수 있을 만한 시간이었다. 일정상 조금 무리가 있지만 한번 시도해보기로 했다. 룩소르로 가는 야간열차는 인터넷 예약이 되지 않았다. 호텔 주인은 자신들에게 맡기면 기차표를 구해주겠다고 했으나 직접 사는 것이 훨씬 저렴할 것 같아 사양하고 직접 기차역으로 갔다. 그렇게 또 길고도 뜨거운 카이로의 하루가 시작되었다.

카이로 람세스 기차역은 찾기조차 어려웠다. 역은 공사 중이어서 플랫폼과 대기실은 복잡하게 연결되어 있었고 말도 통하지 않아 예매하는 창구를 찾느라고 많은 시간을 보냈다. 겨우 창구 앞에 이르렀을 때 긴 줄이 나를 기다리고 있었다. 여기서 시간을 낭비하면 오늘 박물관 갈 시간이 없어지는 것이다. 어찌 카이로 박물관을 보지 않고 이집트에 다녀왔다는 말을 할 수 있겠는가?

그러나 줄은 좀처럼 줄지 않았다. 창구 앞에 늘어선 사람도 마냥 기다렸다. 도대체 이유를 알 수 없었다. 하염없이 기다릴 수가 없어 직원 전용 출입구 안쪽으로 들어가 표를 팔지 않는 이유를 물었다. 대답은 그저 기다리라는 것이었다.

후에 생각해 보니 이슬람 기도 시간이었을지도 모르겠다는 생각이 들었다. 이미 이집트 국경을 넘으면서 경험한 것이었지만 이곳에서는 고객에 대한 배려나 서비스 정신은 아예 찾아볼 수가 없다. 너무 오랫동안 이곳에서 시간을 지체하다가는 박물관을 관람할 수 있는 기회를 잃어버릴 것 같아 초조했다.

■ 카이로 람세스 기차역은 공사 중으로 매우 복잡했다.

'그래! 일단 박물관부터 가자. 그런 후에 다음을 생각하자.'

일이 복잡하게 꼬이면 일단 제일 중요한 일에 집중하는 것은 당연한 일이다. 다행히 역에서 박물관까지는 멀지 않은 길이니 박물관을 보고 나서 역으로 다시 올 수도 있다. 게다가 기차는 밤새도록 달리는 야간열차이지 않은가?

급한 마음에 택시를 잡아탔다. 지하철로 대여섯 정거장 정도이니 지하철을 타기 위해 계단을 오르내리며 시간을 낭비할 것 없이 택시를 타는 것이 시간을 절약할 수 있는 방법이 되리라 생각한 것이다. '내셔널 뮤지엄'이라고 행선지를 말하니 택시 기사가 머리를 유쾌하게 끄덕이며 외쳤다.

"오케이."

그런데 나를 태운 택시가 도시 고속도로에 접어들 때부터 슬슬 마음이 불안해지기 시작했다. 시내 교통이 막히니 살짝 돌아서 더 빨리 가는 방법일 수도 있겠다고 생각하며 운전기사에게 말을 걸어보았다.

아뿔싸! 그는 영어를 한마디도 알아듣지 못했다. 나는 달리는 택시 안에서 그의 처분만을 바랄 수밖에 없는 처지가 되고 말았다. 화를 낼 수도 없었다. 정확히 내가 현재 어떤 상황인지를 알 수가 없었다. 이 사람이 나를 태우고 박물관으로 가고 있는지, 아니면 다른 곳으로 가고 있는지도 알 수가 없었다. 물어보면 무조건 '오케이'였다. 시간이 너무 많이 흐르는 것 같아 화가 난 것처럼 목소리를 높였다. 그는 이유를 모르겠다는 듯 조금만 기다리라는 손짓을 할 뿐이었다. 한참 동안 나일 강변을 따라 이어진 도시 고속도로를 달린 후, 다시 복잡한 시내 길로 빠져나온 차는 드디어 큰 건물 앞에 섰다. 택시 미터기의 엄청난 요금을 울며 겨자 먹기로 내지 않을 수가 없었다. 바가지요금이라고 항의해보려 해도 상대가 말이 통하지 않으니 방법이 없었다.

억울한 기분으로 차에서 내려 그 건물의 정문으로 들어설 때까지는 그래도 박물관이라는 분명한 희망이 내게 있었다. 그러나 택시기사가 나를 내려준 이곳은 미국 대사관이었다. 나일 강변 드라이브를 실컷 한 후 나는 미대사관 앞에 버려진 것이다. 지하철로 세 정거장이면 충분한 나세르 역까지 가기 위해 결국 나는 다시 다른 택시를 타야만 했고, 박물관에 도착할 무렵에는 이미 관람하기에는 너무 늦은 시간이 되어버렸다. 결국 이날 박물관은커녕 룩소르에도 가지 못했다. 비싼 택시비를 지불한 것보다도 허탕친 하루 때문에 여행 일정이 망가졌다는 사실이 안타까워 홀로 분을 삭일 수밖에 없었다.

룩소르에서 드디어 고대 이집트 숫자를 찾다

1년 후 이집트를 다시 찾은 나는, 이번에는 아예 실수를 없애기 위해 카이로 공항에 도착하자마자 시내에 나가지 않고 룩소르로 직접 가는 비행기를 탈 계획을 세웠다. 새벽 2시의 카이로 공항은 제법 한기를 느낄 정도로 쌀쌀했고 그 시간에도 여전히 여행객을 잡으려는 택시들로 붐비고 있었다. 공항 직원에게 물으니 국내선 비행기는 제3터미널에서 출발하는데 무료 셔틀버스가 있다고 했다.

공항을 나서자 먹이를 노리는 늑대 떼처럼 사방에서 택시 기사들이 몰려들어 제3터미널까지 택시를 타고 가라고 유혹했다. 셔틀버스를 기다릴 거라고 하니 그런 버스는 없다고 하는 사람도 있었고, 1시간을 넘게 기다려야 한다는 사람도 있었다. 그들의 뻔한 거짓말을 이미 경험했으면서도 내 마음은 조금씩 흔들리고 있었다. 쌀쌀한 날씨 속에서 10분 정도 버스를 기다렸다. 같이 기다리는 사람이 주위에 아무도 없으니 그들의 말이 옳을지도 모른다는 생각이 들기 시작했다. 완전히 흔들려버린 마음으로 택시 기사와 흥정을 하려는 찰나 멀리서 셔틀버스의 불빛이 눈에 들어왔다. 이런, 이번에도 또 속을 뻔했구나!

제3터미널에서 5시 30분에 출발하는 비행기를 기다리는 동안 한숨 눈을 붙이기로 하고 잠시 눈을 감았다 뜨니 주위에 남아 있는 사람은 아무도 없었고, 비행기 탑승은 끝나 있었다. 이번에도 룩소르를 못 갈지도 모른다는 걱정에 허겁지겁 짐을 챙겨 뛰어 내려가니 다행이도 아직 게이트의 문이 닫히진 않았다.

룩소르 공항에 도착하니 안내하기로 한 현지 가이드 맘두가 보이질 않았다. 그저 무작정 기다릴 수는 없어 그곳 직원에게 전화번호를 건네주며 연락을 부탁했다. 그는 아직도 자신의 집에 있었다. 확인 전화를 받지 않아서 마중 나올 시간을 알지 못했다는 것이다. 그렇게 복잡한 과정을 거쳐서야 나의 룩소르 가는 길은 비로소 시작되었다.

나일 강 서쪽은 죽은 자들을 위한 곳이었다. 고대 이집트 왕들의 무덤이 모여 있는 왕가의 무덤과 하트셉수트여왕 사원이 대표적인 곳이다. 반대로 나일 강 동쪽은 산 자와 신을 위한 곳이었다. 이곳에는 카르나크신전과 룩소르신전이 있다.

카르나크신전에 들어서는 순간 입을 다물 수가 없었다. 그리스 아테네 신전이나 고대 로마의 원형 경기장에 감탄할 일이 아니었다. 그렇게 웅장하고 아름다운 신전이 이곳에 있었다. 파리의 콩코르드 광장에서 그 웅장함을 보여주던 오벨리스크가 이곳에서 옮겨진 것이라는 설명을 듣지 않았더라도 여기에 남아 있는 2개의 오벨리스크만으로 충분히 아름다운 곳이었다. 입구에서 신전으로 이어지는 통로에는 양의 얼굴을 한 스핑크스와 거대한 크기의 돌기둥이 줄지어 있었다. 이곳을 보지 않고는 이집트의 고대 문명을 이야기할 수 없을 것이다.

■하수셉수트 여왕 사원은 죽은 자를 위한 신전이었다. 이집최초의 여왕인 하수셉수트는 자신을 위한 신전을 나일 강 서쪽에 지었다.

■파괴되어 있는 이 신전의 복구에 결정적인 역할을 한 프랑스인이 혼자서 작업하는 모습도 볼 수 있었다.

■ 카르나크신전의 거대한 돌기둥의 열(왼쪽)을 지나면 사원의 벽에 기록된 고대 이집트 그림숫자(오른쪽)를 발견할 수 있다.

신전의 내부에 도착하니 벽면에 이집트 고대 그림숫자들이 보이기 시작했다. 신에게 바친 재물, 노예, 곡식들의 양을 기록한 것으로 이집트 숫자에 초보 지식을 가진 나조차 분명하게 읽을 수 있는 것이었다.

첫 이야기를 마치기 전, 동물들이 자신의 삶에 수학을 적극적으로 활용하고 있다는 주장에 참고가 될 만한 사건에 대해 생각해보려 한다. 2004년 여름, 미국에서는 매미와의 전쟁을 심하게 치렀다. 특히 한국 교민들이 많이 살고 있는 워싱턴DC 인근 지역에서는 길가는 물론이고 주차장, 심지어 집안의 화장실까지도 매미들이 나타날 정도로 매미 떼는 공포 영화의 한 장면처럼 도시 전체를 휩쓸고 지나다녔다. 그런데 다음 해인 2005년에는 그 많던 매미가 거의 자취를 감추었다.

과학자들은 이에 대한 나름의 설명을 준비했다. 1500여 종의 매미 중에 매기매미(Magi cicada)로 알려진 매미들은 대부분의 삶을 땅속에서 식물의 뿌리 즙을 빨아 먹으며 살다가, 13년이나 17년이 되면 갑자기 세상으로 나온다. '13년 매미'와 '17년매미'가 왜 생겼는지 아직 과학자들은 그 이유까지를 설명하진 못한다. 그러함에도 이 주기가 소수임에 주목한다. 소수를 주기로 택해 같은 종의 매

■ 죽은 자를 위한 곳. 나일 강의 서쪽으로 해가 저물고 있다.

미가 일제히 짧은 기간 안에 나타나면 포식자들로부터 자신의 종족을 보존하는데 매우 유리하다. 또한 13과 17은 공약수가 없으므로 두 종류의 매미가 동시에 나타나는 경우는 매우 드물어(실제로 221년 만에 한 번, 같이 나타나는 경우가 생긴다), 동족 교배를 막아 우성을 보존하려는 의도도 있을 것이라고 추측한다. 인간뿐 아니라 생명이 있는 모든 존재는 수학을 피할 수 없다는 또 다른 증거인 셈이다.

이집트**여행기** 02

숫자를 모르면 죽어서도 저승에 갈 수 없다: 죽음의 책

기하학 발생지 나일 강

　나일 강변에 예쁘게 조성된 공원 옆에는 유람선 선착장이 이어져 있었다. 한낮의 더위를 피하기 위해 새벽 6시부터 시작하여 3시간 동안 나일 강변과 카이로 시내를 걸어보았고, 나일 강을 가로지르는 2개의 다리도 걸어서 건넜다. 카이로에서 제일 어려운 것은 길을 건너는 일이다. 아주 넓은 대로를 신호등 하나 없이 건너는 것은 곡예를 하듯 아슬아슬했다. 공중곡예사의 기분이 이와 비슷하리라. 조금이라도 긴장을 풀면 차가 잡아먹을 듯이 달려왔다.

　이집트인들은 뜨거운 한낮을 피해 주로 밤을 즐긴다. 어젯밤에도 축제처럼 밤늦게까지 시내 곳곳이 사람들의 행렬로 넘쳐났다. 밤새 이어진 축제의 뒤끝은 좀 지저분했다. 여기저기 소변 냄새와 함께 먹다 남은 음식물들이 널려 있었다. 아침 일찍 청소부들이 수거를 하는데도 쓰레기의 양이 너무 많아 정리가 쉽게

■ 카이로 나일 강변 공원에 조성된 정원

안 되는 것처럼 보였다. 지저분함에 비하면 파리와 모기는 매우 적은 편이었다.

1년 동안 미국 조지타운대학교 수학과에 머물고 있을 때 이 학과의 샌드퍼 교수가 카이스트에 강연 초청을 받아 한국을 방문한 적이 있다. 그가 여행을 마치고 돌아와서 나에게 말한 가장 인상적인 경험담이 '고속도로 휴게소의 깨끗한 화장실' 이야기였다. 나는 그 이야기를 들으면서 우리나라가 얼마나 자랑스러웠는지 모른다. 화장실이 나라의 자랑이 될 수도 있는 것이다.

이집트와 카이로 시내를 관통하는 나일 강은 이집트에 풍요와 재앙을 동시에 가져다주는 존재였다. 나일 강에 의해 상류에서부터 실려온 충적토는 하류에 쌓이면서 기름진 농토를 제공해 주었고 이 풍요로부터 나일 문명이 시작되었다. 한편 이 강물은 매년 홍수기가 되면 범람해 농토의 경계를 없애버렸다. 이로 인한 고대 이집트인들 사이에 토지 소유권 분쟁이 끊임없이 일어날 수밖에 없었다. 파라오는 그 해결책으로 기하학자들을 동원했다. 그들에게 토지 측량하는

■ 카이로 나일 강변의 아침

■ 나일 강의 다리 위에서 바라본 나일 강과 카이로

방법과 그 넓이를 구하는 방법을 만들게 함으로써 비로소 분쟁을 해소시킬 수 있었다. 홍수로 인해 농토의 경계가 없어져도 예전과 같은 규모의 농토를 되찾을 수 있도록 도와주었던 측량의 역사는 이집트 국립박물관에 있는 《죽음의 책 Book of Dead》에서 발견할 수 있다.

아침 산책이 과했던 탓인지 숙소로 돌아와 침대에 눕자마자 죽은 듯이 잠이 들었다. 몇 시간 정도의 휴식을 취하자 걸을 힘이 다시 생겨났다. 그 충전에너지를 모아서 다시 박물관으로 돌아갔더니 이제는 투탕카멘의 황금가면과 람세스 2세의 석상이 눈에 들어왔다. 그중에서도 나의 눈을 끄는 것은 당연히 2층 파피루스 전시관에 있는 《죽음의 책》이었다.

죽음의 책

이집트인들은 사람이 죽은 후의 장례절차와 사후 세계에 대해 자세히 기록을 남겼다. 이 책을 《죽음의 책》 또는 《사자의 서》라고 하는데 한 권이 아닐 뿐더러 표준이 있는 것도 아니다. 지역이나 시기에 따라 그 내용은 서로 달랐지만, 두루마리 파피루스에 쓰인 이 책을 죽은 자의 관 옆에 놓아두는 그들의 관습은 오랫동안 지속되었다. 박물관 2층에서 이 책을 보는 순간 아주 친숙한 느낌이

■ 죽음의 책에 기록된 이승과 저승을 이어주는 나룻배.

들었던 이유는 즐겨 보던 영화나 애니메이션에서 마법사들이 미라를 되살리기 위해 이 책을 들고 주문을 외우던 모습을 자주 봤기 때문이다. 저승으로 가는 강을 건너게 해주는 뱃사공의 모습이 그려진 파피루스 앞에서 걸음을 멈추었다. 이 죽음의 책에는 다음과 같이 기록되어 있다고 한다.

> 죽은 후에는 저승으로 가는 길에 접어들게 된다.
> 그 길을 따라가면 강에 이르게 되는데 이 강의 건너편이 저승이다.
> 강을 건너려면 아켄(Aqen)이라는 사공이 젓는 나룻배에 올라타야 한다.
> 이 배에는 '자신의 손가락 숫자를 모르는 사람'은 탈 수가 없다.
> 뱃사공 앞에서 손가락을 세는 음초를 외워야 한다.

고대인들에게 숫자란 마법과 같은 것으로 숫자를 셀 수 있다는 것은 대단한 능력이었다. 오로지 교육받은 사람만이 큰 수를 세고 기록할 수 있었으므로 당시의 수학적 기록은 신관과 같이 특수한 위치에 있는 사람만이 가질 수 있는 능력이었다. 그들은 때로는 마법으로 백성들을 치료하고 주문으로 자신의 예언을 실현시키는 집단이었으므로 숫자를 자유롭게 사용하는 능력은 마법을 부려 구름을 부르고 비를 내리게 하는 능력과 같은 것이었다. 조선시대에 한글이 만들어지기 전까지 글(한자)이 지배계급의 전유물이었던 것처럼 이곳에서도 글과 숫자는 소수의 특권층만의 비밀 암호였던 셈이다.

그러나 신관이 아닌 일반인들도 적어도 자신의 손가락의 숫자는 셀 수 있어야 죽어서도 평안을 누릴 수 있는 곳이 이집트였다. 죽은 후의 삶에 대한 두려움은 인간 모두가 공통적으로 갖고 있는 것이다. 이 두려움을 극복하는 한 방법으로 그들은 수학적 지식의 습득을 생각해 냈는지도 모르겠다.

카이로의 전통시장

호텔 주인이 추천한 차를 타고 니모와 함께 전통시장을 향했다. 차에서 에어컨은 쓸모없는 물건이었다. 자세히 살펴보니 거리의 거의 모든 차가 창문을 열고 달렸다. 에어컨을 사용하지 않는 이유는 무엇일까? 에어컨보다 자연바람이 시원하기 때문인지, 기름값을 절약하기 위해서인지 모르겠지만 대부분의 버스, 택시, 심지어 지하철까지도 창문을 열고 달렸다.

정오가 되기 전 전통시장 칸엘 칼릴리(Khan AlKhalili)에 도착했다. 1,000년의 역사를 자랑하는 이곳은 14세기 이후부터는 피라미드를 보러 오는 관광객보다도 쇼핑을 즐기는 관광객 수가 더 많을 정도로 소문난 곳이었다. 구불구불 돌아가는 골목길마다 전통 공예품이나 시샤 파이프라는 물담배 기구와 찻잔 등의 도예품을 만들어 파는 가게들이 즐비했다. 《린드 파피루스》와 같은 보물을 발견할 수 있을지도 모른다는 막연한 기대감으로 오래된 가게를 기웃거려 봤지만, 대부분

■ 노벨 문학상 수상자 나집 마흐프즈의 단골집으로 유명한 찻집. 벽면에 그의 사진이 걸려 있다.

■ 커피 그리고 물 한 잔. 이집트인들이 즐기는 카페 문화는 이처럼 소박하다.

이 싸구려 복제품뿐이었다. 그저 관광객용 기념품 수준의 물건 외에는 눈에 띄는 것이 없었다.

아랍어에 능숙한 니모를 따라서 전통 찻집에 들어섰다. 아랍권 최초의 노벨문학상 수상자 나집 마흐프즈의 단골집으로 유명한 이 찻집은 일반인은 찾기 어려운 시장 골목길에 위치해 있었다. 나집의 사진이 걸려 있는 찻집 안은 물담배 시샤의 향과 커피의 향이 어우러진 독특한 이집트의 냄새로 가득했다. 그들의 카페 문화는 정말로 대단했다. 이집트 국경에서 카이로로 가던 택시 운전기사는 도착 시간은 아랑곳하지 않고 수시로 휴게소에 들러 커피와 물담배를 즐겼다. 곳곳의 휴게소란 휴게소는 다 들를 정도였는데도 니모는 절대로 불평하면 안 된다고 말하며 이집트인들을 배려하느라고 무척이나 애를 썼다. 휴게소에는 온통 콧수염을 기른 시커먼 남자들만 앉아 있어 사막의 밤바람과 묘한 조화를 이루었다.

잘 믿기진 않지만, 물담배 시샤와 설탕을 듬뿍 넣은 진한 커피와 한 잔의 물을 놓고 길거리 카페에 앉아 신문을 한가롭게 읽고 있는 이 이집트인들의 조상이 현대 수학의 개척자였다. 그들의 고대 문명에 대한 경외심에 때로는 마음이 숙연해지면서도 여기저기 보이는 가난의 흔적 때문인지 이 민족에 대한 존경심이 점점 사그라들고 있는 나를 발견했다.

측량과 죽음의 강

뱃사공 아켄의 시험을 통과한 영혼에게는 다시 한 번 기초 수학인 측량을 통과해야 하는 의식이 남아 있다. 후네페르(Hunefer)의 무덤에 남아 있던 파피루스의 그림을 보면 후네페르의 심장 무게를 저울로 측량하는 모습이 있다. 이 측량에서 심장의 무게가 깃털의 무게보다 가벼운 사람만이 비로소 죽음의 세계에 들어가는 것을 허락받는 것이다.

기하학이 발전한 고대 이집트인에게도 매년 나일 강의 범람으로 사라진 땅의 경계를 되살리는 것은 결코 쉬운 일이 아니었다. 당시 이집트에서 가장 큰 범죄 중에 하나는 다른 사람의 땅을 나의 것이라고 속이는 것이었다.

경계가 없어진 농토는 항상 소유권을 놓고 분쟁의 대상이 되었을 것이라고 쉽게 짐작할 만한 대목이다. 성스러운 사원에서 자위행위를 한 것과 다른 사람의 땅을 나의 것으로 속여 빼앗는 죄는 거의 동일한 무게의 죄목으로 취급되었다. 살아서는 운 좋게 다른 사람을 속였다고 하더라도 죽은 후에는 신 앞에서 심장의 무게를 측정해 그 죄를 판단했던 것이다. 수학은 살아서도 죽어서도 이집트인이 피할 수 없는 것이었다.

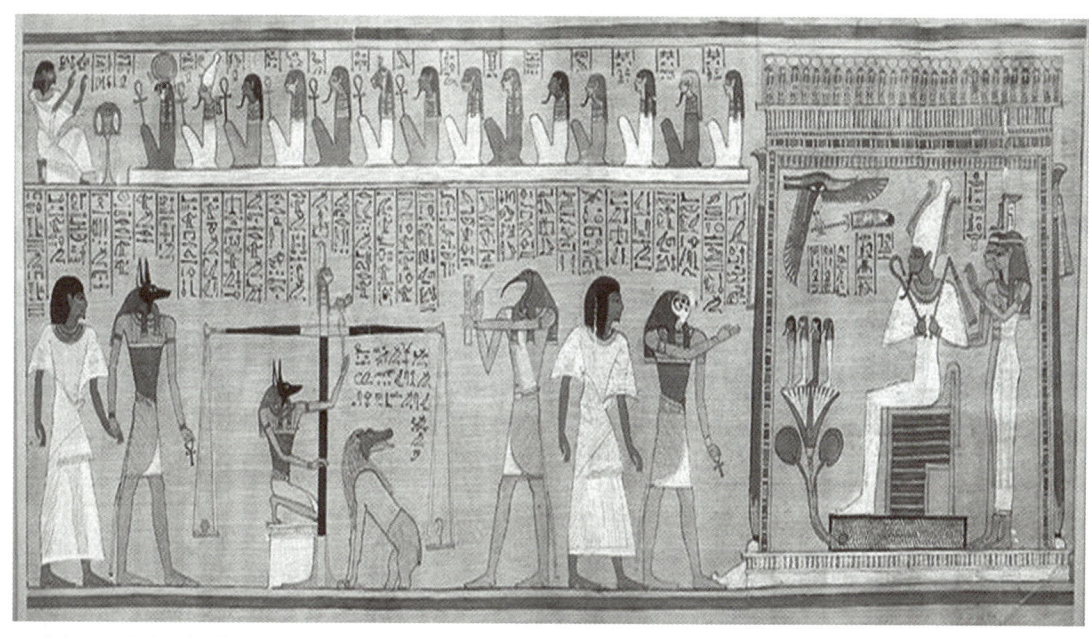

■ 이집트 국립박물과 2층 파피루스 전시관에 있는 그림.
후네페르의 심장과 깃털의 무게를 측정하는 그림이 그려진 죽음의 책이다.

이집트의 죽음의 책뿐만이 아니라 세계 각국의 사후 세계에 대한 기록은 놀라울 정도로 비슷하다. 저승에 도달하기 전에 건너야 하는 강(기독교 문화권에서는 요르단 강이라고 부르기도 함)이 있다. 이 강을 건너기 위해서는 뱃사공의 시험을 통과해야 한다. 고대 이집트 문화는 그리스로 넘어가 뱃사공의 수학 시험 대신 뱃삯을 지불하는 문화로 변한다. 죽은 사람의 혀 아래 노잣돈을 넣어주는 관습이 생긴 것도 이 때문이다. 우리의 전통 장례식에서 저승길 노잣돈으로 쓰라고 망자의 허리춤에 돈을 넣어 주는 것과 같은 이유인 것이다.

다시 찾은 카이로의 모습

독재자 무바라크가 체포되어 수감되어 있던 작년에는 이집트인들의 긍지를 곳곳에서 느낄 수 있었고 평화로웠다. 그러나 오히려 거의 1년 만에 다시 돌아본 타흐리르 광장에는 아직도 군부에 반대하는 민주화 시위가 이어지고 있었고 작년보다 좀더 어수선한 분위기였다. 마침 시나이 반도에서 있었던 한국인 납치 사건과 군인들에 의해 가차 없이 구타당하는 군중의 모습이 텔레비전 전파를 타고 자주 등장했던 탓인지 약간 긴장이 되어 선뜻 무리들 사이로 다가갈 수 없었다.

타흐리르 광장을 중심으로 뻗어 있는 큰 도로의 주유소마다 긴 차량의 행렬이 이어지고 있었다. 이유를 물으니 기름이 부족해서 그렇다고 한다. 이집트는 수요의 90퍼센트 정도를 자국에서 생산되는 석유로 충분히 공급할 수 있는 자원 독립국에 가깝다. 그럼에도 기름이 부족한 이유를 아무도 알지 못한다고 가이드는 말했다. 이 사실 하나만으로 이집트의 현실을 충분히 설명할 수 있다. 석유는 충분하나 일반인은 그 풍족함을 느낄 수 없는 곳이 이집트다.

주유소 앞길을 막고 서 있는 차들 때문에 체증이 심한 카이로 중심가를 벗어나자 기자 피라미드가 한눈에 들어왔다. 1년 만에 다시 찾은 이곳에서 이번에는 피라미드보다 '태양의 배'를 좀더 자세히 살펴보기로 했다.

■ 복원된 태양의 배는 파라오가 죽은 후, 강을 건너 내양에 도달하는 데 사용하도록 만든 것이다.

　기자 피라미드의 옆에 있는 태양의 배 박물관은 파라오가 죽은 후 강을 건너 태양에 이를 때까지 타고 가야 할 배가 복원되어 전시된 곳이다. 5천년 전에 소나무로 만들어진 배는 거의 원형을 그대로 유지하고 있었다. 왕도 죽은 후에는 이 배를 타고 태양신을 만나러 가야만 했다. 다만 그는 평민들과는 다르게 자신의 배를 가지고 있었으므로 뱃사공에게 시험을 치르는 고역은 면제받았을지도 모르겠다. 죽은 후에도 왕과 평민의 대접이 달랐던 곳이 바로 이집트다.

　카이로 시내로 돌아와 마지막 목적지로 국립박물관을 향했다. 짧은 시간이라도 내어 이곳을 다시 찾은 이유는 기억의 희미함 때문이다. 이집트 박물관 내부의 사진 촬영이 금지되어 있으니 지난번 박물관에서 보았다고 믿었던 《죽음의 책》 파피루스의 그림이 실제로 있는 것인지, 아니면 웹에서 찾아낸 것인지 시간이 지날수록 혼동되었다. 제대로 기억하고 기록하기 위해서는 사진으로 남길 필요가 있다는 것을 새삼 느낀다.

■피라미드 내부로 들어가는 길

■내부에서 발견된 파라오의 관에는 '잠들지 않는 눈'이 태양을 향하고 있다.

다시 찾아간 이집트 박물관 2층 24, 29호실에는 분명하게 여러 가지 죽음의 책이 전시되어 있었고, 그중에는 후네페르의 심장 무게를 측정하는 파피루스도 있었다. 전시실 입구에는 뱃사공의 모습이 그려져 있었고 내부에는 죽은자가 태양의 배를 타고 태양신에 이르는 모습 등이 나누어 그려져 있었다. 파피루스나 관의 곳곳에 그려진 태양신을 향한 '잠들지 않는 눈'처럼 나의 기억도 다시 또렷해졌다. 이 '잠들지 않는 눈'은 수천 년 동안 인류의 역사로부터 사라졌다가 신대륙에 새롭게 건설된 나라에서 부활했다. 1776년 7월 4일 영국의 식민지에서 독립한 미국은 자신들의 지폐에 피라미드와 함께 '잠들지 않는 눈'을 새겨 넣었다.

미국이 이집트의 후예라도 되는 것처럼….

우리나라에서도 사용한 태양력: 24절기

2012년 12월 23일은 인류멸망의 날이었다

인류의 멸망에 관한 여러 가지 예언이 있다. 이러한 예언은 때로는 그럴듯한 과학의 모습을 하고 나타나기도 한다. 예언의 날에 별들이 일렬로 서게 되면서 인력의 힘이 평소보다 증가해 현재까지의 균형을 이루던 별의 운동 방향이 바뀌게 된다는 주장이 가장 많이 인용되고 있다. 그러나 아직까지는 여러 유명한 예언서에 기록된 때 천문학적인 특별한 현상이 일어났다는 증거는 한 번도 없었다. 물론 가까운 미래에 예측되는 특별한 천문학적 현상도 없다.

인류멸망설은 주로 각 세기말에 나타나는 현상이다. 역사적 기록을 살펴보면 999년, 1999년에 멸망설이 가장 기승을 부렸다. 이는 새로운 밀레니엄의 시작에 대한 기대감과 불안감의 표현이라고 생각할 수도 있다. 그런데 특별할 것 없는 해인 2012년에 인류멸망설이 한동안 유행처럼 퍼졌던 이유는 무엇일까?

고대 마야인들이 사용하던 달력

고대 마야인들이 사용한 태양력은 한 달이 20일, 1년이 18달로 되어 있는 태양력이었다. 이 마야 달력(Mesoamerican Long Count calendar)의 시작은 기원전 3114년 8월 12일로 한 바퀴를 도는 데 약 5,125년이 걸리는 아주 긴 주기를 가지고 있다. 이 시작을 기준으로 하면 이 달력의 마지막 날은 2012년 12월 21일 또는 12월 23일이 된다. 마야 전설에 의하면 마지막 날에 새로운 세상이 열리고 세계는 다시 태어나게 된다. 이를 어떤 이는 '마지막이 되는 날로서 더 이상의 인류는 없다'는 뜻으로 해석하기도 했다.

■ 고대 마야인들이 사용한 태양력

마야인들이 아주 오래전부터 태양력을 만들어 사용한 것은 분명하다. 그러함에도 이 태양력은 인류 문명의 발전에 특별히 기여한 바가 없다. 이에 비해 이집트인들이 만들어 사용한 태양력은 현재 우리가 사용하는 달력의 기원이 된다. 이집트는 기하학과 태양력의 발생지이다.

카이로에 신축된 박물관 GEM이 태양력의 기원을 설명해 줄 수도 있을 거라는 기대감으로 설레면서 숙소를 나섰다.

GEM

어느 나라건 박물관은 그 나라의 역사와 문화의 집합체다. 특히 고대 태양력이 만들어지는 과정에서 사용되었을 법한 천문 관측 자료를 조금이라도 엿보려 한다면 박물관보다 더 적당한 곳을 찾기는 어렵다. 이집트 카이로 시내에 있는 국립박물관을 돌아본 후 기자에 있는 새로운 박물관 GEM(Grand Egytian Museum)

■ 2013년 개관 예정인 GEM의 입구 모습 상상도. 외관을 장식하는 삼각형 모양의 디자인은 현대 프랙털 기하학의 시에르핀스키 삼각형에서 영감을 얻은 것이다.

에 가보기로 했다. 얼마 전에 읽은 책에는 기존의 이집트 박물관을 대신하게 될 GEM이 이집트에서 대형 국책사업으로 진행하고 있는 역사적인 건축물이라고 적혀 있었다. 특히 시에르핀스키 삼각형으로 외관을 장식해 고대의 피라미드와 현대의 프랙털(작은 구조가 전체 구조와 비슷한 형태로 끝없이 되풀이되는 구조)을 일관되게 형상화하려는 의도가 잘 드러난 디자인을 소개하고 있었다. 이 새로운 박물관의 위치도 그야말로 기가 막히다. 기자의 세 피라미드와 카이로의 중심점을 잇는 직선 상에 세워 고대 기하와 현대 기하를 가장 기본적인 도형(삼각형)으로 연결하는 멋진 아이디어를 드러내고 있다는 것이다.

그런데 아무리 인터넷으로 검색을 해봐도 그곳의 위치를 알아낼 수가 없었다. 만나는 모든 이집트인들도 고개를 갸우뚱하며 GEM을 알지 못한다고 했다. 지나고 나니 시내의 국립 박물관 직원에게 직접 물어보았으면 좋았을 거라는 생각이 든다. 당시에는 이런 생각이 들지 않았으니, 고생을 사서 한 셈이다. 일정상 룩소르에 갈 계획이 취소되어 하루 더 카이로에 머물게 되어 호텔을 옮겼는데 우연찮게도 새로 옮긴 호텔 주인이 지하철을 이용해 GEM에 갈 수 있다며 방법

■ 지하철역 앞에는 각 지역으로 가는 미니버스가 줄지어 있다(위쪽). 미니버스 안은 제대로 앉기 힘들 만큼 비좁았다(아래쪽).

을 가르쳐주었다.

 지하철은 사람들로 가득했다. 모든 창문이 활짝 열려 있었으나 안은 몹시 더웠다. 지하철에서 내려 기자로 가는 미니버스로 갈아탔다. 말이 버스일 뿐, 버스 의자 사이의 간격이 얼마나 좁은지 도저히 무릎을 좌석 앞쪽으로 집어넣을 수 없을 지경이었다. 게다가 만원버스 안의 사람들이 모두 나를 힐끔힐끔 쳐다보기까지 했다. 여행객이 많은 카이로에서도 관광객의 여행 코스는 따로 있어 이런 미니버스에서 외국인을 보는 것은 매우 드문 일인 것 같았다.

 동물원의 원숭이가 되었다고 특별히 기분 나쁠 것은 없었으나 이런 어색한 분위기에서 목적지에 대한 질문을 할 용기가 도저히 생기지 않았다. 그저 얼굴 표정과 몸짓을 이용해 호텔 주인이 아랍어로 적어준 주소를 보여주니 운전기사는 옆 사람에게, 다시 그 사람은 옆 사람에게, 이리하여 자기들끼리 의견을 나눈 후에 나를 기자 피라미드가 보이는 한 사거리에 내려주었다.

 버스에서 내려 한 신사에게 길을 물었다. 그는 오른쪽을 가리키며 5분만 걸어가라고 했다. 내가 읽은 책에도 GEM은 기자 피라미드에서 1.6킬로미터 정도 떨어져 있다고 기록되어 있었다. 뜨거운 태양 아래에서 겨우 기운을 내어 힘차게 5분을 걸었는데도 아무것도 보이지 않았다. 등산길에서 만난 사람들에게 정상까지의 거리를 물었을 때 얻게 되는 5분이라는 대답은 때로는 10분도 될 수 있고 20분도 될 수 있다는 것을 잘 알고 있다. 그래서 나는 다시 10분을 걸었다. 다시

■ 기자 피라미드 인근에 있다는 GEM을 찾기 시작할 때는 한낮이었지만(왼쪽) 시간이 지나면서 건물의 그림자가 길어지고 땅 거미가 내리면서(오른쪽) GEM 찾기를 포기했다.

20분, 30분…. 아무리 걸어도 그 길에서는 내 목적지가 나오지 않았다.

이대로 조금 더 걷다가는 숙소로 돌아가지 못하고 그대로 날이 저물 것만 같았다. 낯선 여행길에서 어둠에 갇히는 것은 얼마나 두려운 일인가?

처음으로 외국여행을 간곳이 샌프란시스코였다. 시내 구경을 하다 어두워질 무렵에야 숙소를 구하려 나섰다. 당시는 인터넷이 없던 시절이라 값비싼 호텔이 아닌 일반 숙소에 대한 정보를 구하기도 어려웠고, 한국에서 미리 예약하기는 거의 불가능한 때였다. 잠시 시내에서 머뭇거리는 사이에 주위는 완전히 어두워졌고 아무도 내 주위에 남아 있지 않았다. 화려한 시내의 상점가와 오피스 불빛도 순식간에 꺼져갔다. 어둠 속에서 혼자 남겨질 때의 그 아득함은 이십여 년이 지난 지금도 외국여행에 대한 기억으로 제일 먼저 떠오르는 것이다.

결국 GEM을 보지 못하고 발걸음을 돌렸다. 돌아오는 길은 이미 걸은 만큼 다시 거꾸로 걸어서 미니버스를 타야 했다. 미니버스는 재래시장과 뒷골목을 돌아다니며 손님을 태웠기 때문에 카이로 변두리에 사는 이집트 서민들의 생활을 직접 눈으로 볼 수 있는 즐거움도 있었다. 이제는 완전히 이집트인이 된 듯했다. 지하철을 타러 가는 도중에 길게 늘어선 줄을 발견하고는 자연스럽게 그 뒤로 줄을 서서 현지인처럼 섞여들었다. 사탕수수 주스와 망고 주스를 파는 가게에 손님이

■ 시내 중심가

몰리는 것은 날씨가 너무 더워서 물만으로는 갈증이 해소되지 않기 때문이었다. 나도 한낮의 더위를 견딜 수 없어 그 자리에서 망고 주스, 사탕수수 주스, 정체를 알 수 없는 하얀색 주스(분유맛) 석 잔을 잇달아 들이켰다. GEM을 보지 못한 아쉬움은 이집트인의 소소한 일상을 엿보는 즐거움으로 대신 채울 수 있었다.

현재 전 세계에서 사용되는 달력은 이집트인이 만든 것

농경사회에서는 계절의 변화에 맞추어 씨를 뿌리고 가꾸고 추수를 하는 것이 중요했다. 매년 반복되는 계절의 정확한 시기에 맞추어 농사를 짓기 위한 기록이 바로 '달력'이다. 계절은 태양의 변화와 정확하게 일치한다. 농사를 짓는 민족에게 태양이 중요한 이유가 여기에 있다.

고대인들은 관측을 통해 계절이 정확하게 365일마다 반복된다는 사실을 발견했다. 이를 주기의 기본 단위 1년으로 정한 것은 아주 자연스러운 일이다. 최초로 태양력을 사용한 고대 이집트인들은 한 달을 30일로 하고 1년을 12개월로 하고 마지막에 5일을 보충해 1년을 365일로 했다. 현대 우리가 사용하는 달력의 기본 틀이 완성된 것이다. 그들이 사용한 수학은 단순한 것이었지만 오히려 현대의 달력보다 때로는 훨씬 유용한 시스템이었다.

이집트인과 마야인이 사용한 태양력의 수학 계산

이집트인 : 365일 = 12개월(1년) × 30일(한 달) + 5일

마야인 : 365일 = 18개월(1년) × 20일(한 달) + 5일

이집트와 고대 그리스 문화를 계승한 로마인들은 이 달력에 4년마다 하루를

더해 사용하는 전통을 800년 가까이 이어 나갔다. 그때도 한 달의 길이는 모두 30일이었다. 그런데 특별한 과학적 근거도 없이 이 단순한 달력을 복잡하게 만든 게 로마인들이다. 8월 이전에는 홀수가 좋고, 8월 이후부터는 짝수가 좋다는 당시의 믿음에 따라 1년의 마지막에 쓸모없이 버려져 있던 5일을 좋은 달에 넣게 되었다. 그러면 좋은 달이 7번 나타나게 되므로 부족한 2일을 가장 추운 겨울의 마지막 달 2월(당시의 2월은 현재의 12월에 해당된다)에서 빼내어 다른 달에 추가함으로써 2월은 28일이 되었다. 거듭 말하지만 현재 달력의 한 달이 28, 30, 31과 같이 일관성 없게 된 것에는 특별한 수학적 근거가 있는 것은 아니다. 오히려 이집트인들이 맨 처음 사용한 한 달 30일이 더욱 주기적이고 수학적이다.

한민족이 사용한 양력, 24절기

태양은 계절의 변화에 결정적인 영향을 주지만 시간에 따라서 그 모습이 변하지는 않는다. 그러나 밤을 밝히는 달은 다르다. 매일 그 모습이 바뀌면서 주기적으로 반복되는 밤하늘 달의 변화 상태를 기준으로 시간을 기록하기 시작한 것이 '음력'이다. 여성의 생리주기가 달의 변화주기와 일치하는 것도 우연이 아니라는 과학자들의 주장이 말해주듯이 매일 모습이 달라지는 달은 대체로 29일(또는 30일)을 주기로 하여 인류의 생활에 중대한 영향을 끼쳐왔다.

달의 주기를 한 달로 정하면 양력과 11일(또는 12일)의 차이가 생기게 된다. 음력을 사용하는 민족들에게 가장 큰 문제는 계절의 변화와 달력이 일치하지 않는다는 것이다. 음력을 사용하는 경우, 이를테면 작년에는 3월 1일에 씨를 뿌렸지만 올해는 3월 1일이 너무 추워서 씨를 뿌릴 수 없는 날이 되기도 한다. 계절과 매년 11일의 차이가 있는 달력을 그대로 사용할 수는 없는 일이었다. 그래서 음력을 사용하는 많은 나라에서는 윤달을 끼어 넣어 계절과 일치하도록 만든 변형된 음력을 사용하는 것이다. 엄격히 이야기하면 그들이 사용하는 달력은 음력(달의 변화를 기준)과 양력(계절의 변화를 기준)의 혼합물이다. 우리나라를 비롯하여 중국과 이스

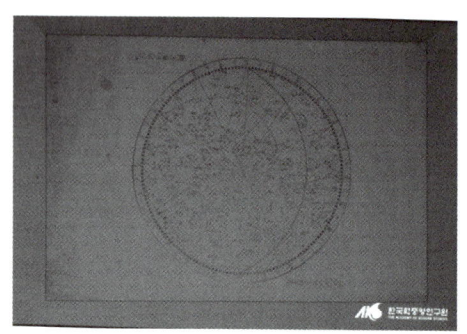
■ 1834년(순조 34) 김정호가 복각한 조선 시대의 천문도 황도남북항성도(黃道南北恒星圖)에 태양의 움직임이 정확하게 기록되어 있다. 우리나라에서도 양력이 매우 중요하게 관찰되고 기록되었다는 증거이다.

라엘 등이 사용했다.

그러나 그렇게 윤달을 넣는 것만으로는 불충분했다. 그리하여 정확하게 태양의 움직임만을 관측하여 농사용으로 만들어낸 달력이 24절기이다. 따라서 24절기는 현대의 양력과 하루 정도의 차이만 있을 정도로 아주 정확한 양력 시스템이다. 이 하루의 차이조차도 서양력의 불규칙성(한 달이 28, 30, 31일)에서 비롯된 것으로 24절기는 거의 정확하게 15일 간격으로 분포되어 있다. 많은 사람들이 잘못 알고 있는 것처럼 우리 민족은 음력만을 사용해 온 것이 아니다.

24절기와 양력

〈봄의 절기〉

2월	입춘 (立春) 2월 4일경	우수 (雨水) 2월 19일경
3월	경칩 (驚蟄) 3월 5일경	춘분 (春分) 3월 20일경
4월	청명 (淸明) 4월 5일경	곡우 (穀雨) 4월 20일경

〈여름의 절기〉

5월	입하(立夏) 5월 6일경	소만(小滿) 5월 21일경
6월	망종(芒種) 6월 6일경	하지(夏至) 6월 21일경
7월	소서(小暑) 7월 7일경	대서(大暑) 7월 23일경

〈가을의 절기〉

8월	입추(立秋) 8월 8일경	처서(處暑) 8월 23일경
9월	백로(白露) 9월 8일경	추분(秋分) 9월 23일경
10월	한로(寒露) 10월 8일경	상강(霜降) 10월 23일경

〈겨울의 절기〉

11월	입동(立冬) 11월 7일경	소설(小雪) 11월 22일경
12월	대설(大雪) 12월 7일경	동지(冬至) 12월 22일경
1월	소한(小寒) 1월 5일경	대한(大寒) 1월 20일경

카이로 지하철에서

카이로 시내에서 지하철을 타는데 어떤 아가씨가 나에게 항의하는 눈빛을 보냈다. '내가 뭘?'

치한으로 몰리기에는 너무 억울했다. 그 아가씨를 쳐다본 적도 없는데…. 억울하다는 눈빛으로 주위를 한 바퀴 둘러보았다. 모두 무심하게 날 바라보았다. 별일 아닌 듯하여 마음을 가라앉히고 창밖으로 스치는 풍경을 보다가 문득 이상한 느낌이 들어 다시 주위를 둘러보았다. 모두 여자들뿐이었다. 칸막이 창틈으로 건너 칸을 들여다보니 남자로 가득했다. 아랍 글자를 읽을 수 없으니 여성전용칸도 구별할 수가 없었던 나는 눈뜬장님 꼴이었다. 다음 정류소에 도착할 때까지 내 마음은 아주 큰 범죄를 저지르고 쫓기는 사람처럼 조바심을 내고 있었다. 정류소에 도착하자마자 도망치듯 내려서 한숨 돌린 다음에야 겨우 다음 차를 타고 이동할 수 있었다.

그토록 찾아 헤맸던 GEM에 대해 전문가에게 물어보았다. 기자 피라미드에서 멀지 않은 곳에 그 장소가 있다니 지난번 내가 아주 엉뚱한 곳을 헤매고 다니진 않은 것 같아 민망함을 덜었다. 그의 설명에 의하면 GEM은 계획만 잡혀 있을 뿐 아직 터파기도 시작하지 않았다고 했다. 이집트의 심각한 경제적 상황 때문에 더는 박물관에 투자할 여력이 없다는 것이다. 이제야 그토록 인터넷으로 검색을 해도 GEM에 대한 설명이나 웹사이트가 나타나지 않은 이유를 알 것 같았다. 아예 존재하지도 않으며 앞으로 언제 착공을 할지도 모르는 건물이었던 것이다.

존재하지도 않는 GEM을 다시 찾는 대신에 640년에 만들어진 도시 올드 카이

■ 이집트 최초의 이슬람사원(왼쪽)과 모세기념 유대회당 시나고그(오른쪽)는 몇 걸음을 사이에 두고 나란히 서 있었다.

로를 찾았다. 모세가 갓난아기인 채로 강물에 실려 떠내려오다 이집트 공주에 의해 발견되어 왕족으로 살게 되었다는 전설의 왕궁터에는 모세기념 유대회당이 있었다. 이웃한 곳에는 이집트 최초의 이슬람사원도 있었고 그 옆으로는 이집트 가톨릭인 콥트교회도 있었다. 구약에 뿌리를 두고 있는 유대교, 기독교, 이슬람교의 사원이 불과 몇 걸음을 사이에 두고 사이좋게 자리하고 있다는 사실이 새삼 새롭다. 현재 이집트인은 90퍼센트가 무슬림이고 10퍼센트가 콥틱이다. 유대교를 종교로 가진 사람은 거의 없다. 중동전쟁의 과정에서 이곳에 살던 유대인들이 불안을 느껴 모두 이스라엘로 이주해 간 때문이다. 세 사원의 공존처럼 종교인들의 삶에도 평화가 올 날이 과연 언제쯤일지….

종말론으로 글을 시작했으니 끝도 종말론으로 마무리하고자 한다. 종말론을 주장한 사람들 중에는 뉴턴(Newton) 같이 위대한 수학자도 있었다. 그는 독실한 기독교 신자로 성경을 여러 가지 방법으로 해석하려고 노력했다. 특히 성경 속에 숨겨진 의미의 문장이 있다고 믿었던 카발라(Kabbalah)의 영향을 많이 받았다. 그만의 독특한 해석과 자신의 과학적 지식을 결합하여 내린 결론은 다음과 같다.

"적어도 2060년까지는 세상의 끝이 오지 않는다."

이집트여행기 04

아라비아숫자를 사용하지 않는 아라비아

아프리카에도 불고 있는 한류

　내일 지구의 멸망이 오더라도 이집트의 카이로를 떠나야 했다. GEM을 찾지 못한 불운이 또 반복된다면 이곳을 떠날 수 없을지도 모른다는 불안감이 생겼다. 예약된 비행기가 나를 위해 언제까지나 기다려 줄 리 없지 않은가? 여행객을 항상 속이려는 것 같은 이집트인들 때문에 경계심을 늦출 수가 없어 조금 피곤했다. 하지만 이는 그들의 가난이 원인이었을 뿐 대체로 이집트인들은 착하고 친절했다. 가끔은 이집트인들이 외국 여행객을 대하는 모습이 수십 년 전 우리나라의 모습과 비슷하다고 느낀 적도 많았다.

　머나 먼 아프리카 땅에도 한류의 바람은 불고 있었다. 수단과 에티오피아 사이의 작은 나라 에리트레아에서 유학 온 두 여학생은 내가 한국인이라고 소개하자 큰 관심을 보였다. 이름이 알려지지 않은 아프리카의 작은 나라에도 한국 드라마는 잘 알려져 있었고 그 영향력은 대단했다. 그들은 한국 드라마 제목과 주

■나에게 친절을 베푼 두 명의 흑인 여자 대학생들의 나라 '에리트레아'는 나중에 지도를 찾아보고서야 그 존재를 알게 되었다.

인공의 이름을 말하면서 친근감을 보였다. 그녀들의 고향이나 이집트의 많은 사람들이 한국 드라마를 좋아하고 즐겨 본다며 신이 나서 이야기해 주었다. 정작 그 드라마를 내가 잘 알지 못하니 민망하긴 했지만 여행 중 이런 이야기를 들을 때마다 한국인임이 자랑스러워지는 것을 보면 한류는 지속되고 격려되어야 할 것이 분명하다. 한류가 한국을 이렇듯 친밀하게 여기고 한국인을 반기게 해주는 역할뿐만 아니라, 한국 상품의 고급화 전략에도 큰 기여를 하고 있다는 것을 다시 한 번 확인할 수 있었다.

그들은 내가 내일 버스를 타고 카이로 공항으로 가는 것을 염려했다. 가능하면 택시를 타는 것이 좋을 거라고 충고를 덧붙였다. 그러나 싼 버스가 있는데 스무 배나 비싼 택시를 탄다는 것은 가난한 여행자로서는 선택의 한계를 벗어나는 일이었다. 내가 결국 버스를 타겠다고 하니 그녀들은 나를 버스 타는 곳까지 한 번 데려다 주겠다고 했다. 그녀들의 예상대로 공항 가는 버스는 이집트 사람들에게도 낯선 노선 버스였다. 이미 밤이 깊은 시간, 30분 이상을 걸으며 같은 지점 주위를 빙빙 돌다가 겨우 버스회사 안내소를 찾아냈다. 그들은 나에게 공항으로 가는 버스 번호를 아라비아숫자로 적어주었다.

다음날 아침 일찍 공항으로 가는 버스가 출발하는 곳으로 갔다. 어제 적어 둔 버스 번호를 들고 그 번호가 적힌 버스가 들어오기만을 기다렸다.

"헉!"

카이로 국제공항으로 가는 버스에는 내가 읽을 수 없는 정체불명의 숫자가 쓰여 있었다.

문제가 생겼다. 버스에 쓰여 있는 버스 번호를 도저히 읽을 수가 없었다. 이집트인들은 우리가 사용하는 아라비아숫자를 사용하지 않고 있었다. 아라비아숫자는 아랍인들이 사용하는 숫자라는 의미지만 정작 아랍인들은 이 숫자를 사용하지 않고 있었고 나는 이 나라에서 글도 숫자도 읽지 못하는 완전한 문맹이었다.

■ 나에게 친절을 베푼 두 명의 흑인 여자 대학생들의 나라 '에리트레아'는 나중에 지도를 찾아보고서야 그 존재를 알게 되었다.

숫자는 세계 공통어가 아니다 – 아라비아숫자와 영국숫자

아라비아와 아랍은 사전적으로는 다른 의미이다. 아라비아(Arabia)는 아라비아반도를 의미하는 것으로 사우디아라비아, 쿠웨이트, 예멘 등의 매장량이 풍부한 유전 지대가 있는 사막 지역이다. 반면에 아랍(Arab)은 아랍어를 사용하고 이슬람을 국교로 정한 나라들의 집합체를 의미한다. 아랍연맹에 속해 있는 22개국이 이에 해당한다. 이들 국가는 언어와 문화적으로 결속되어 있다. 사전적 정의에 따르면 아랍이 아라비아를 포함하지만 일상적으로 우리는 이 두 단어를 혼동하여 사용한다. 이집트 카이로는 이 아랍연맹의 본부가 있는 곳이니 정치적으로는 아랍의 중심부에 있는 나라임은 분명하다.

아랍사람들은 모두 아랍어와 아랍문자를 사용한다. 매우 놀라운 일이다. 인종과 국가는 달라도 그들의 언어를 아랍어, 문자를 아랍문자라고 부르듯 그들의 숫자를 아랍숫자(아라비아숫자)라고 부른다. 그런데 정작 그들이 사용하는 숫자는 우리가 알고 있는 아라비아숫자 0, 1, 2, 3, …이 아니었다. 그들은 우리가 사용하는 아라비아숫자를 '영국숫자'라고 불렀다. 식당 메뉴판, 자동차 번호판, 심지어 돈에도 전혀 이해 못할 숫자가 적혀 있었다.

우리는 수학을 세계 공통어라고 말한다. 언어와 문자는 달라도 세계 모든 나

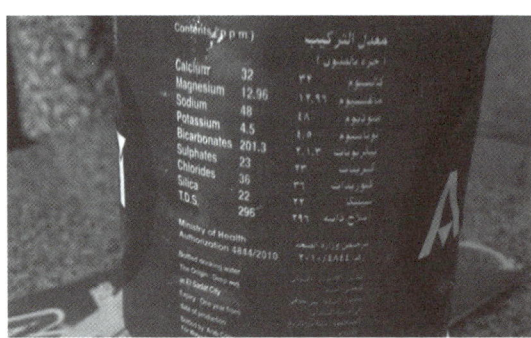

■ 아랍어와 아랍숫자로 쓰인 메뉴판과 관광객을 위해 영어·아라비아숫자로 쓰인 메뉴판(위). 카이로 시내를 달리는 택시의 번호판에는 아라비아숫자가 없었고, 생수 병에도 아랍숫자와 아라비아숫자가 나란히 적혀 있었다.

라가 같은 숫자와 기호를 이용하여 수학을 하고 있다고 믿기 때문이다. 그런데 사실과 달랐다. 아라비아에는 '아라비아숫자'가 없었다. 아니면 아라비아에는 '영국숫자'는 없었고 '아라비아숫자'가 있었다고 해야 하나?

알렉산드로스대왕과 선지자 무함마드는 수학 전도사

현재 세계에서 널리 사용되는 숫자는 두 가지가 있다. '아라비아에서 사용되는 숫자'와 '아라비아숫자(아라비아 사람들이 영국숫자라고 부르는 숫자)'. 이 두 숫자 모두 인도에서 시작된 것이다.

기원전 334년, 고대 그리스 알렉산드로스대왕(Alexandros the Great, 기원전 356~323년) 이 페르시아 원정으로 시작한 정복전쟁이 인도에까지 이르게 되면서 인도는 그리스와 바빌로니아 문명에 영향을 깊이 받게 되었다. 이 과정에서 인도의 숫자도 그리스와 바빌로니아의 형태로 발전되었을 것으로 생각된다. 바빌로니아에서 자릿값의 형태를 빌리고 그리스(이집트)에서 10진법을 빌려다 쓴 것이다.

알렉산드로스가 33세의 젊은 나이에 갑작스레 죽음으로 인해, 인도는 발전된 두 문명과의 연결이 다시 차단되면서 독자적인 문명을 발전시켜 나갈 기회를 갖는다. 언제부터 인도인들이 새로운 숫자를 쓰기 시작했는지 정확히 알 수는 없지만 적어도 400년경부터는 그리스와 바빌로니아의 영향에서 벗어나 자신들만의 독특한 숫자를 만들어 사용하기 시작한 것으로 여겨진다. 7세기 인도 수학자 브라마굽타(Brahmagupta, 598~665년)의 저서 《브라마시단타》에는 이 숫자를 이용해 사칙 계산뿐만 아니라 음수의 계산까지도 정의할 정도로 인도 수학은 발전하게 된다. 이 발전된 수학이 다시 역으로 아랍과 유럽에 수입되는 계기도 역시 정복 전쟁이었다.

610년, 예언자 무함마드(Muhammad, 570~632년)는 서른 살이 되던 날 꿈에서 천사 가브리엘을 통해 신(알라)의 계시를 받는다. 그는 자신이 신의 메시지를 전하는 '신의 사자'임을 자처하며 알라 이외의 어떤 신의 존재도 부정함으로써 메카

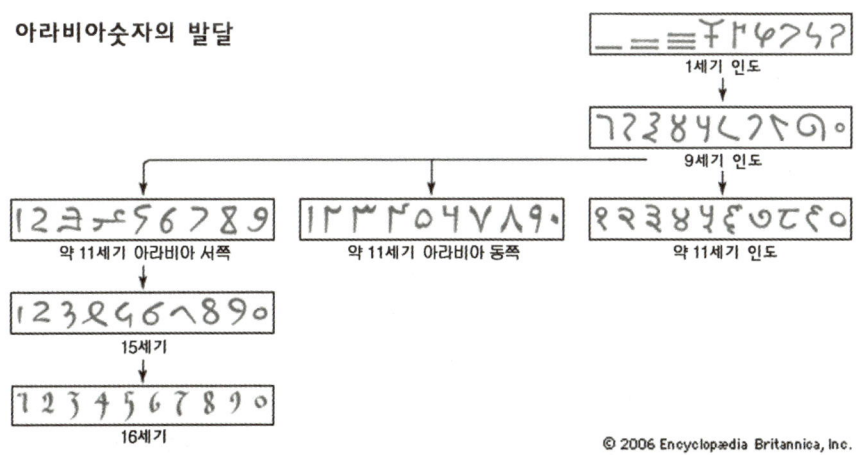

아라비아숫자의 발달

© 2006 Encyclopædia Britannica, Inc.

지배층의 박해를 받기 시작하자 메디나로 피신하여 군대를 양성했다. 이를 통해 정치, 군사, 종교가 결합하는 계기를 만든 무함마드는 강해진 무력으로 메카를 정복하면서 이슬람 공동체를 형성하였다. 그의 사후에 이슬람의 무력은 사라센(Saracen)이라 불리면서 7세기부터는 인도의 서쪽지역까지 정복하여 갔다. 이 과정에서 무슬림은 자연스럽게 인도의 숫자를 배우게 되었으니, 알렉산드로스와 무함마드는 정복과정을 통하여 우수한 수학 문명을 자연스럽게 전파하는 전도사 역할을 한 셈이다.

'지혜의 집'의 도서관장은 수학자

'지혜의 집 The House of Wisdom'은 9세기경 이라크의 바그다드에 설립되었던 도서관이다. 이 도서관에서 무슬림들은 인도의 수학을 배우고 번역했다. 특히 당대 최고의 수학자이자 지혜의 집의 최초 도서관장이었던 알콰리즈미(Al-Khawarizmi)가 쓴 수학책 《알자브르 Al-Jabr》는 인도숫자를 아랍에 정착시키는 중요한 역할을 하게 되었다. 그 후, 10세기부터 아랍에서 본격적으로 널리 사용되기 시작한 인도숫자는 두 가지 종류로 나뉘어, 아랍의 동쪽과 서쪽이 약간 다른 형태의 숫자를 사용하면서 발전되어 갔다. 넓은 땅에 방언이 생기는 이유와 유사한 것으로 생각할 수 있을 것이다. 이 중 서쪽 숫자가 유럽으로 건너가게 되고, 동쪽 숫자는 아랍의 표준이 된다.

이 시기에 아랍을 여행했던 한 시리아 주교는 '9개의 기호'를 이용하여 아랍 상인들이 계산을 능숙하게 하고 있었다고 기록하고 있다. 이 주교는 0의 존재를 알지 못하고 있었던 것으로 생각되지만 여하튼 이 시기에는 이미 0을 포함한 오늘날 형태의 아라비아숫자가 완성되어 있었다. 이 숫자를 이용한 수학책도 여러 권 만들어졌다. 아라비아숫자가 유럽으로 전파되어 사용되기까지는 그 후로도 200여 년의 세월이 더 필요했다. 999년에 로마 교황이 된 실베스테르 2세(Sylvester II)는 스페인을 점령한 무어인들로부터 직접 아라비아숫자를 배운 후, 이를 유럽에 알리기 위해 노력했으나 대중화에는 실패했다.

피보나치의 《리베르 아바치》

아라비아숫자라고 부르든 영국숫자라고 부르든 모두 인도에서 시작된 것이니 인도숫자라고 하는 것이 옳아 보인다. 그러나 한번 굳어진 관습을 돌이키는 것은 쉬운 일이 아니다. 굳이 그 근원을 밝혀 인도-아라비아숫자라고 부르지 않는 한, 대부분의 나라에서는 우리가 현재 사용하는 숫자를 아라비아숫자라고 부른다. 그 이유는 유럽이 이 숫자를 아랍에서 배웠기 때문이다.

13세기 중세 유럽 최고의 수학자 피보나치는 이집트, 시리아, 알제리 등 북아프리카 지역을 여행했다. 그는 이곳에서 자연스럽게 서쪽 아랍에서 사용되는 숫자를 접하게 된다. 1202년이 유럽 수학사에서 중요한 해인 이유는 그해에 피보나치가 새로운 숫자를 사용한 수학책 《리베르 아바치Liber Abaci》를 출간했기 때문이다. 이 책의 제목은 '수판을 위한 책the book of abacus'이라는 의미를 갖고 있지만 실제로는 '수판을 사용하지 않고 계산하는 방법에 대한 책'이라는 뜻으로 사용했다. 이 책을 통해 알려진 인도-아라비아숫자가 당시 유럽의 공용 숫자였던 로마숫자의 복잡한 숫자 계산 방법을 일시에 변화시켰다.

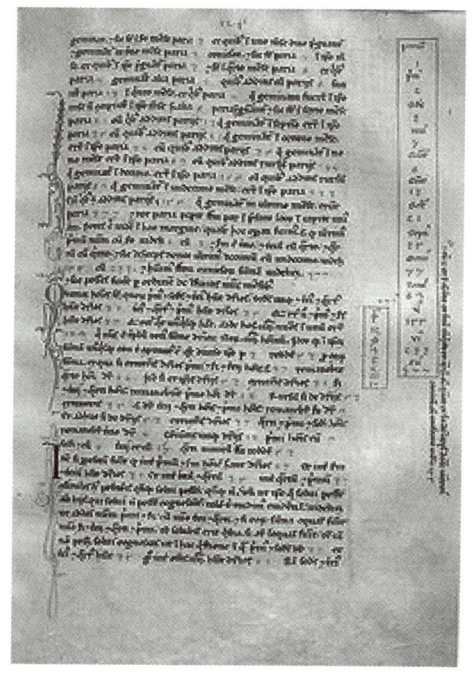

■ 피렌체 국립박물관에 보관되어 있는 《리베르 아바치》의 한 페이지

앞서 이야기한 것처럼 이 책이 유럽에 처음으로 아라비아숫자를 소개한 것은 아니었다. 하지만 이 책을 접한 많은 학자들과 상인들이 새로운 숫자의 편리함에 공감하고 실생활에 사용하기 시작했다. 이 책에서 피보나치는 이 숫자를 인

도숫자라고 불렀으며 다음과 같이 이 숫자의 편리함을 강조했다.

"아홉 개의 인도숫자는 9, 8, 7, 6, 5, 4, 3, 2, 1이다. 이 아홉 개의 숫자와 0이라는 기호를 쓰면 어떤 수든지 표현할 수 있다."

피보나치조차도 당시에는 0을 숫자로 받아들이지 못하고 있었음을 암시해 주는 문장이다. 실제로 9개의 다른 숫자와는 달리, 0은 존재하지 않는 상태(空)를 나타내므로 자신의 값이 존재하지 않는 빈 공간이라는 의미의 기호로 이해되었을 수도 있다.

카이로를 떠나며

이스라엘, 이집트, 터키를 여행하면서 피할 수 없었던 것이 담배연기였다. 아무리 피하려 해도 여기저기에 담배연기가 가득했다. 노천카페는 차 한 잔과 물담배를 피우는 사람들로 북적였고 길거리나 시장은 시가를 피우는 사람들로 가득했다. 여성 흡연자 수는 상대적으로 적긴 했지만 그래도 여기저기서 담배를 즐기는 모습이 보였다. 담배만 생각한다면 우리나라 1970~1980년대와 많이 닮아 있었다. 당시엔 나도 줄담배를 피워댔다. 도대체 자제가 되지 않던 시절이었다. 피우던 담배가 손에서 없어지면 불안해지면서 다시 새로운 담배에 불을 붙이는 것이 습관이 되어 있었다. 아직도 담배는 나에게 유혹적이다. 노천카페에서 니모가 물담배 시샤를 한 모금 권했을 때도 한사코 사양한 것은 혹시나 흡연 유혹에 다시 빠질지도 모른다는 두려움 때문이었다.

지하철 역도 예외는 아니어서, 입구에 자리 잡은 수많은 카페에서 뿜어 나오는 물담배 연기와 향으로 가득했다. 연기를 피하려고 좀더 깊게 사람들 사이로 들어갔다. 담배연기가 사라진 지하철 역 안 깊숙한 곳에는 커다란 시계가 하나 걸려 있었다. 이 시계에도 아라비아숫자는 없었다.

시계의 기원도 따지고 보면 아랍의 천문학 기구 '아스트롤라베astrolabe'에서 찾을 수 있다. 본래 태양, 달, 행성과 지구의 위치 관계를 정확하게 나타내기 위해

■ 지하철역 입구의 시계에도 '아라비아숫자'는 없었다. 시계는 아랍의 '아스트롤라베'라는 천문학 기구에서 시작된 것이다. 이 기구가 아랍에서 유럽으로 전해지면서 함께 쓰여 있던 아라비아숫자가 서양에 조금씩 알려지기도 했다.

만들어진 이 기구는 점차 단순화되면서 갈릴레오 이후에는 시계의 기능만 남게 되었다. 유럽을 여행하다 보면 시계의 원조를 자주 만나게 되는데 체코의 프라하와 스위스의 수도 베른에서 아스트롤라베와 시계가 결합되어 있는 형태를 볼 수 있었다.

아랍에서 시작된 아스트롤라베가 유럽으로 넘어오면서 유럽에 아라비아숫자가 조금씩 알려지기 시작했다. 아스트롤라베를 수입한 상인들은 유럽인들이 이해할 수 있도록 자신들이 사용하는 숫자 옆에 로마숫자를 병기해 두었기 때문이다. 피보나치의 경로와는 또 다른 아라비아숫자의 수입경로가 시계였던 셈이다.

세계 최초의 도서관이 있던 흔적, 알렉산드리아

알렉산드리아 도서관

2002년 완공된 알렉산드리아 도서관(The Bibliotheca Alexandrina)은 이집트의 두 번째 대도시 알렉산드리아에 위치해 있기는 하지만 세계적인 협력으로 건설된 국제적 합작품이다. 이 도서관 건립에 참여한 나라의 기여를 살펴보면 다음과 같다.

건립비용 6,500만 달러 - 이슬람재단(아랍에미리트, 사우디아라비아, 이라크, 오만)
건립비용 3,300만 달러 - 유럽국가 및 법인(프랑스, 스페인, 독일, 이탈리아, 마이크로소프트사)
도서관 현관의 집기와 가구 - 노르웨이
마루(소음을 흡수하는 재질의 참나무) - 캐나다
건물을 지탱하는 검은 대리석 - 짐바브웨

외벽의 화강암 – 이집트 아스완

사무실 가구 – 스웨덴

도서관을 소개하는 안내 책자 – 오스트리아, 그리스

드미트리우스의 동상(고대 알렉산드리아 도서관 건축자) – 그리스

1,000점의 희귀 자료 – 불가리아

자료 자동 운송기기 – 독일

시청각 시설 – 일본

이외에도 미국 자동차회사 다임러크라이슬러는 메르세데스 버스 2대, 지멘스는 인터넷 카페, 미국 샌프란시스코의 벤처기업 창립자 브루스터 칼리는 10억 페이지의 인터넷 정보 보관소를 통째로 기증했다.

도서관 공식 가이드의 설명에 의하면 세계에서 몇 대 안 되는 복사기(책을 표지부터 끝장까지 그대로 복사해내는 기계)가 도서관 입구에 있고, 구글에 탑재된 모든 도서를 무료

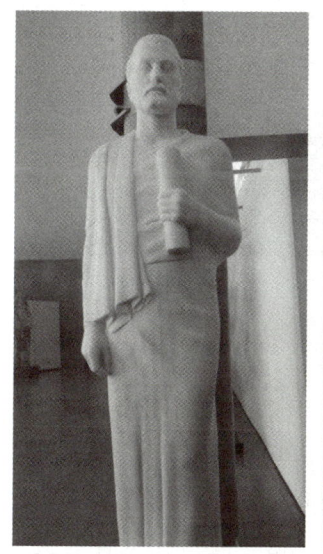 

■ 인류 최초의 도서관을 건립한 드미트리우스의 동상(왼쪽)이 알렉산드리아 도서관 입구에 서 있다.
책을 표지부터 끝장까지 완벽하게 복사해내는 자동 복사기(오른쪽).

■ 알렉산드리아 도서관 외벽에는 120개 언어를 새겨 두었다. 한글로 '름'과 '세'가 새겨 있다.

■ 새롭게 복원된 알렉산드리아 도서관의 내부. 천장에 삼각형 모양의 채광이 매우 인상적이다.

로 이용할 수도 있다. 현재 이집트의 경제력만으로는 불가능해 보이는 이 모든 것이 알렉산드리아 도서관에서는 무료로 일반에게 공개되고 있었다.

1993년 착공에 들어가 옛 도서관 주변의 땅을 파자 스핑크스 시대의 고대 유물이 쏟아져 나왔기 때문에 도서관 착공은 미뤄졌고 2년간 110점의 유물을 발굴한 뒤 옛 위치를 조금 벗어난 지점에서 착공하여 7년 만에 완공했다는 설명도 가이드는 빼놓지 않았다.

　도서관 본관 정면은 지중해를 향해 태양을 빨아들이는 형상을 이루고 있으며, 회색 화강암으로 이루어진 외벽에는 세계 120개 언어가 새겨 있다. 한글도 '름'과 '세' 두 글자가 새겨 있었다. 이 건물이 세계인의 자산임을 다시 한 번 강조하는 의미일 것이다. 이집트의 한 도시에 도서관을 세우는 데 이토록 세계 모든 나라가 참여한 이유는 무엇일까?

■도서관 앞의 분수대 너머, 로마의 카이사르가 대군을 이끌고 공격해온 지중해가 보인다.

알렉산드리아로 가는 길

　아침에 서둘러 람세스 기차역으로 향했지만 이미 알렉산드리아행 기차표는 모두 팔려 자리를 구할 수 없었다.

　"아! 오늘도 고생길이 시작되는구나."

　저절로 한숨이 나와 혼자 중얼거리며 플랫폼으로 들어섰다. 표가 없다고 알렉산드리아에 가는 것을 포기할 수는 없는 일이었다. 그럴 때는 현지인에게 도움을 청하는 것이 또 하나의 방법이라는 것을 이미 경험을 통해 알고 있었다.

　마침 기차의 일등석 입구에서 대화를 나누고 있는 멋진 양복의 젊은 신사들에게 도움을 청했다. 그들은 곧바로 곤란에 빠진 한 외국 여행객을 위해 차장에게 해결 방법을 물어보면서 간곡한 부탁도 마다하지 않았다. 그리하여 예약자가 오면 일어서야 하는 입석이긴 했지만 아주 깨끗하고 시원한 일등석에서 한동안 앉아갈 수 있게 되었다. 컴퓨터로 기차 좌석을 관리하기 전에는 우리나라에서도 종종 쓰였던 방법이다. 비록 좌석이 매진되었다 하더라도 승하차 지점이 다른 전체 좌석을 일괄적으로 관리하는 것이 불가능하기에 어느 구간엔가는 반드시 빈 좌석이 남게 되어 입석표를 가진 사람이 이를 이용할 수도 있는 것이다.

■차표를 구하지 못한 나에게 친절을 베풀어준 이집트 신사들이 기차를 타기 전 담소를 나누고 있다.

　　이집트 국영은행 직원이라고 자신들의 신분을 밝힌 이들은 마침 부족했던 이집트 파운드화도 스마트폰으로 시세표를 검색한 후에 정확한 환율로 환전해주었다. 내가 할 수 있는 최대 감사의 표현이 무엇일까. 내 명함을 건네고 한국에 오면 연락하라고 했더니 정말로 좋아했다. 나에겐 명함을 건넨 다른 이유가 더 있었다. 이집트에서 달러를 사용할 때면 돈을 받는 사람은 반드시 위조지폐인지 자세히 들여다보곤 했다. 아주 많은 위폐가 통용되는지도 모르겠다는 생각이 들었다. 그런데 이곳에서 거슬러 받은 지폐가 대부분 아주 낡고 퇴색된 것이어서 모두 위폐 같아 보였다. 혹시 바꾸어 준 20달러짜리 지폐가 위폐인 경우 그들의 친절은 배신감으로 변할 것이 분명했기 때문에 지폐에 문제가 생기면 연락을 할 수 있는 내 이메일이 기재된 명함을 내민 또 다른 이유이다.

　　기차 옆 좌석의 이집트인이 한국은 추운 나라여서 살아가기 매우 힘들겠다고 말하기에 한국의 여름도 여기처럼 덥다고 대답했더니 무척 놀라워했다. 이곳의 여름 날씨는 무척 뜨겁다. 그러나 햇살을 벗어나면 그늘에 앉아 즐길 수 있을 정도의 더위다. 카이로보다 알렉산드리아가 조금 더 시원해서 달리는 택시에서는 에어컨을 틀지 않아도 좋을 정도였다. 1년 중 여름을 제외한 나머지 기간의 날씨는 매우 온화하며 특히 겨울 날씨는 그중에서도 최고라고 한다. 사시사철 농사를 지으며 풍성한 곡식을 쌓아 놓고 풍요로움을 맘껏 누렸을 것이니, 한철 농사짓고 겨울에 동면을 해야 했던 우리나라의 옛 생활과는 비교할 수도 없는 기후이다. 아직도 기차는 나일 강의 옥토를 따라서 알렉산드리아까지 힘차게 달리고 있었다.

아! 알렉산드리아, 세계 최초의 도서관

기원전 3세기에 세상의 모든 지혜를 모아 놓은 곳, 역사에 등장하는 세계 최초의 도서관이 알렉산드리아에 있었다. 이 때문에 단순한 이집트의 도서관이 아닌 인류 최초의 도서관을 복원하는 작업에 수많은 문명국이 힘을 보탰다.

알렉산드리아는 고대 그리스 문명의 정신적 중심지였다. 아프리카의 북쪽에 위치한 이집트의 한 작은 도시가 어떻게 그리스 문화의 중심지가 될 수 있었을까? 당시 이곳은 알렉산드로스대왕에게 정복당하여 그리스의 일부가 되어 있었으나, 알렉산드로스대왕이 젊은 나이로 갑작스레 죽게 되자 그 장군 중에 한 명이면서 동시에 이집트 총독으로 있던 프톨레마이오스(Ptolemaeus, 기원전 367~283년)가 스스로를 이집트의 왕으로 칭하며 그리스로부터 독립했다. 얼마 되지 않아 이집트 사람들은 프톨레마이오스 왕조를 자연스럽게 자신들의 파라오로 받아들임으로써, 이 그리스 혈통의 왕조는 275년 동안 이집트를 지배하게 되었다. 자연스럽게 프톨레마이오스 왕조의 지배하에 있던 알렉산드리아는 그리스인들과 이집트인들이 섞여 살던 땅이 되었고 고대 이집트 왕조와는 달리 그리스어를 공용어로 사용하는 그리스 문명 세계의 일부가 되었다.

그렇다 해도 어떻게 그리스의 변두리에 불과했던 알렉산드리아가 고대 그리스 문명의 중심지가 될 수 있었을까? 거기에는 그리스의 수도 아테네에서 이곳으로 이주해 온 드미트리우스(Demetrius Phalaerus)의 공로가 컸다. 그는 강한 나라를 만들기 위해서는 전 세계의 지식과 학자들을 알렉산드리아로 불러 모아야 한다고 왕을 설득했다. 이에 새로운 왕조를 세운 프톨레마이오스 1세(이 왕조의 모든 왕은 프톨레마이오스, 여왕은 클레오파트라라는 이름으로 불렸다)는 수도를 알렉산드리아로 정하고 이곳에 당대 최고의 학자들이 함께 모여 토론하고 연구할 수 있는 곳을 만들라고 명했다. 그의 염원을 기초로 기원전 288년 알렉산드리아에 세계 최초의 도서관이 만들어진 것이다.

이 도서관의 힘은 대단했다. 당대 최고의 학자들이 새로운 지식을 찾아 알렉산드리아로 모여들었고, 그들에게 새로운 지식을 배우려는 학생들로 넘쳐났다. 이곳에서 히브리어로 쓰여 있던 구약성서가 학자들에 의해 그리스어로 번역되었으며, 또 고대 그리스의 천문학자 클라우디오스 프톨레마이오스(Claudius Ptolemaeus 또는 톨레미Ptolemy, 기원전 90~168년경), 수학자 아르키메데스가 젊은 시절 공부한

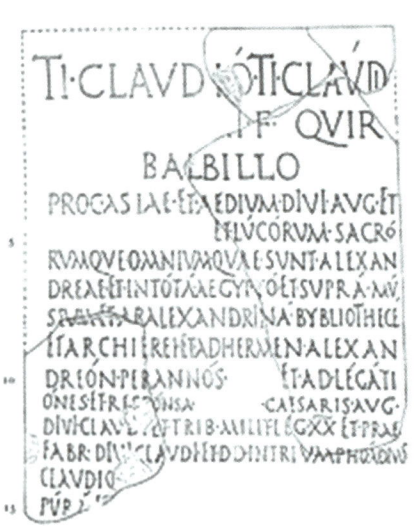

■ 알렉산드리아 도서관의 존재를 알려준 79년경 로마의 기록(왼쪽)과 도서관 내부 상상도(오른쪽).

곳도 이곳으로 알려져 있다.

  당시 보관된 도서는 양피지 70만 두루마리의 분량(두루마리 1개는 책 160권 분량)이나 되었다. 이 왕조는 지중해를 지나가는 모든 선박을 멈추게 한 후 그들이 가지고 있는 귀한 자료를 필사한 뒤 사본을 돌려주고 원본은 도서관에 보관했다고 한다. 또한 알렉산드리아를 지나는 모든 여행객도 자신이 갖고 있던 모든 책을 관리인에게 맡겨야 했다. 그리고 그곳을 떠날 때는 원본은 도서관에 기증하고 사본만 가지고 갔다고 할 정도로 이 도서관 보관 자료의 규모는 실로 엄청난 것이었다. 얼마나 어마어마한 양이었던지 지금도 일단의 고고학자들은 이 도서관의 유실된 자료를 찾을 수 있을 거라고 믿을 정도이다. 이 도서관이 고대 그리스 문명의 중심이 되자 이에 따라 자연스럽게 알렉산드리아는 고대 수학의 중심지가 되었다.

도서관장 에라토스테네스는 수학자

  수학자 에라토스테네스(Eratosthenes, 기원전 276~194년경)는 이 도서관 관장으로 있으면서 여러 가지 수학적 업적을 남겼다. 첫 번째 그의 업적은 지구의 둘레와 반지름을 계산한 것이다. 그는 '지구는 완전히 둥글다'는 가정하에 '평행한 두 직선이 한 직선과 만나서 이루는 동위각은 서로 같다'는 유클리드 기하학의 제5공준을 이용하여 지구의 반지름을 계산했다. 당시 동위각의 기준점으로 잡았던 두 도시는 도서관이 있던 알렉산드리아와 시에네(현재의 아스완)였다.

  그의 두 번째 업적은 소수를 찾는 방법을 고안한 것이다. 이 방법은 '소수는 자연수에서 각 수의 배수를 차례로 지워나갈 때 남는 수'라는 원리를 이용한 것이다. 구체적으로 먼저 2의 배수 4, 6, …을 지우고 남아 있는 수 중에서 3의 배수 6, 9, …를 지운다. 다시 지워지지 않고 남아 있는 수 중에서 5의 배수 10, 15, …를 차례로 지워나간다. 이것을 무한 반복하여 남는 수가 소수인 것이다. 우리는 이 방법을 발견자의 이름을 따서 '에라토스테네스의 체'라고 부른다. 이 방법은 중학교 1학년이면 누구나 배우고 이해할 수 있을 만큼 널리 알려져 있다.

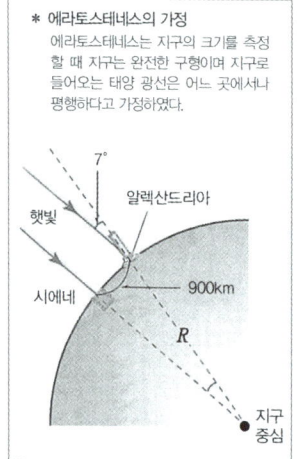

* 에라토스테네스의 가정
에라토스테네스는 지구의 크기를 측정할 때 지구는 완전한 구형이며 지구로 들어오는 태양 광선은 어느 곳에서나 평행하다고 가정하였다.

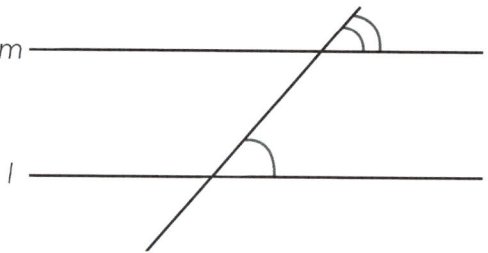

제5공준 : 평행한 두 직선이 한 직선과 만나서 이루는 동위각은 서로 같다.

■ 에라토스테네스가 유클리드 기하학의 제5공준을 이용하여 계산한 지구의 반지름은 4만 5,000킬로미터(정확한 지구의 반지름은 4만 킬로미터)였다.

■ 에라토스테네스의 소수를 구하는 방법
① 2의 배수를 지운다. ② 3의 배수를 지운다. ③ 5의 배수를 지운다. ④ 7의 배수를 지운다.

알렉산드리아 도서관은 건립되고 300년이 지나서 최대의 위기를 맞았다.

기원전 47년 로마의 카이사르(Gaius Julius Caesar, 또는 시저)가 알렉산드리아를 점령하기 위해 함대로 공격을 시작했을 때 항구 근처의 도서관은 불길에 휩싸여 수십만 권의 책을 잃어버렸다. 그러나 다행히도 카이사르의 마음을 사로잡은 클레오파트라 여왕은 전쟁이 끝난 후 도서관을 재건시켰다. 이후로 다시 400년간 '세계 최대'의 도서관은 그 영예를 지켜나갔다. 이후 389년 로마황제가 알렉산드리아에 있는 이교도의 사원을 모두 파괴하라는 명령을 내림으로써 이 도서관은 기독교인에 의해 파괴되었다. 무자비한 파괴에도 남아 있던 일부의 자료는 다시 642년 이슬람의 공격으로 완전히 불에 타 소실되었다. 당시 이슬람 칼리프 오마르Omar는 코란 외의 모든 책은 모조리 태워버릴 것을 명했다.

이 도서관이 파괴된 후 수학사에 등장하는 두 번째 도서관이 현재 이라크의 바그다드에 건설되었던 '지혜의 집'이다. 앞서 언급한 것처럼 이 도서관 최초의 도서관장이었던 알콰리즈미도 대수학 책 《알자브르》를 남긴 유명한 수학자였다.

두 번째 만남

알렉산드리아에서 돌아온 저녁, 시내 중심가를 걷고 있었다. 긴 여행의 피로를 풀기 위해 샤워도 하고 옷도 갈아입은 탓에 아주 가벼운 발걸음으로 카이로 중심가 교차로를 건너는 중이었다. 그런데 갑자기 키 큰 이집트 남자가 앞으로 다가오면서 아주 반갑게 아는 체를 했다. 도대체 누구일까? 며칠 전 아침에도 비슷한 일이 있었다. 길을 걷는데 한 이집트 남자가 다가왔다.

"헤이, 형제."

그러면서 나를 자기 집에 초대하겠다고 했다. 일면식도 없고 내가 초대해달라고 부탁한 적도 없다. 그런데 길 가는 나를 붙잡고 자신의 집으로 초대하겠다니 아무리 선의로 해석하려 해도 도저히 이해할 수 없었다. 그 이유를 물으니 자신의 어린 딸들에게 외국인과 대화할 기회를 주고 이집트 문화를 소개하겠다는 것이었다. 하도 간곡하게 요청하기에 딱 잘라 거절할 수 없어 바쁘다는 핑계를 대고 다음에 보자고 약속을 했던 적이 있었다. 혹시 그때 그 남자인가? 아니었다. 그 사람은 키가 나만 했는데 지금 이 사람은 나보다 머리 하나가 더 있었다.

나는 잘 모르겠다는 표정으로 한참을 머뭇거렸다. 그러자 그는 멋쩍게 웃으면서 오늘 아침 알렉산드리아로 가는 기차 이야기를 꺼냈다. 세상에! 그토록 입에 침이 마르도록 감사하다고 말하고 한국에 오면 연락하라고 내 명함까지 준 사람이었는데 하루가 채 지나기도 전에 얼굴을 까맣게 잊어버린 것이다. 본래 인간의 약속이란 부질없고 허무한 것이라고는 하지만, 나의 무심함에 대한 부끄러움은 어찌할 수 없었다.

다시 찾은 알렉산드리아 도서관

일 년 만에 다시 알렉산드리아 도서관을 찾게 된 나는, 도서관의 중요한 비공개 서적들을 보기 위해, 미리 이메일을 통해 도서관장과 연구원장을 만나기로 약속을 해 두었다. 그런데도 막상 도착해보니 리셉션을 맡아보는 직원은 연구원장으로부터 아무런 지시도 받은 것이 없다고 했다. 도서관 가이드를 받으며 잠시 실내를 구경하고 있으면 확인한 뒤 곧 만나게 해주겠다는 직원의 말만 믿고 이곳저곳을 한참이나 기웃거리며 구경을 했지만 약속한 사람은 끝내 나타나지 않았다. 마지막에 돌아온 대답은 연구원장이 약속을 잊고 오늘 출근하지 않았다는 것이다. 이미 이 도서관 건물에 대해서는 작년에 설명을 들었기 때문에 가이드의 안내는 의미가 없었다. 수학과 관련된 오래된 도서를 구경하고 싶다는 나의 요구를 거절하기 어려워서 출근을 하지 않았다고 말하고 있는지도 모르겠다는 생각이 들었다.

발길을 돌려 도서관과 비슷한 시기에 건립된 세계 7대 불가사의 팔로스 등대를 찾았다. 기원전 280년경에 세워진 높이가 110미터나 되는 탑 모양의 등대로 55킬로미터 밖에서도 볼 수 있도록 나무나 송진을 태워 불을 밝혔다고 한다. 현재 팔로스 섬은 육지와 연결되어 있지만, 등대는 없었다. 14세기 대지진으로 붕괴되어 돌무더기의 잔해만 남아 있던 이곳에 1480년 술탄 카이트베이의 명령으로 요새를 지었기 때문이다. 물론 이 요새에 사용된 많은 돌은 팔로스 등대에 사용되었던 것일 것이다.

■ 팔로스 등대 자리에 위치한 카이트베이 요새(위)와 알렉산드리아 도서관 앞 광장(아래)에는 젊은이들로 넘쳐나고 있었다. 젊은이들이 즐겨 찾는 데이트 장소임이 분명했다.

이집트여행기 06

현기증 나도록 완벽한 수학책, 유클리드의 《원론 Element》

첫사랑의 경험

수학에는 노벨상이 없다. 그래도 노벨상을 받는 수학자가 많이 있다. 러셀의 패러독스로 유명한 영국의 수학자 러셀(Bertrand Arthur William Russell, 1872~1970년)은 1950년 노벨문학상을 수상함으로써 수학자로서뿐만 아니라 철학자, 문화비평가로서도 명성을 얻었다. 그는 다음과 같은 자신의 경험을 글로 남겼다.

"나는 열한 살이 되는 해부터 형을 가정교사로 하여 유클리드(Euclid, 기원전 325~265년경 또는 에우클레이데스Eucleides)의 《원론》을 읽기 시작했다. 이것이야말로 내 일생에서 가장 큰 사건으로 눈부신 첫사랑의 경험처럼 현기증 나는 것이었다. 이 세상에 이토록 달콤한 것이 존재할 것이라고는 상상도 하지 못했다."

러셀뿐만 아니다. 수학에 별 재미를 느끼지 못하다가 기하학을 배우면서 비로소 수학의 원리를 이해하고 그 '달콤함'을 맛보게 된 사람들이 남긴 유사한 경험의 기록은 많이 있다. 문학가 양주동(1903~1977년)은 수필집 《문주 반생기》에서 자신과 기하학의 만남을 아주 흥미롭게 설명하고 있다. 1920년경 양주동이 신학문을 배우기 위해 중학교에 입학했다. 두 번째 맞은 기하 시간(당시에는 수학을 기하와 대수로 나누어 배웠던 것 같다)에 선생님은 '대정각(맞꼭지각)의 크기는 같다'는 정리를 증명해 보라고 학생들에게 주문했다. 양주동은 말했다.

"두 막대를 가위 모양으로 놓고 벌렸다 닫았다 하면 알 수 있습니다."
"그것은 비유일 뿐 증명이 아니다."

선생님은 수학적 증명법을 알려주었다. 그는 그때의 감동을 다음과 같이 표현했다.

멋모르고 '예, 예' 하다 보니 어느덧 대정각(a와 c)이 같아 있지 않은가! 그 놀라움, 그 신기함, 그 감격! 나는 그 과학적, 실증적 학풍 앞에 아찔한 현기증을 느끼면서, 내 조국의 모습이 눈앞에 퍼뜩 스쳐 가는 것을 놓칠 수 없었다. 현대 문명에 지각하여, 영문도 모르고 무슨 무슨 조약에다 '예, 예'하고 도장만 찍다가, 드디어 '자 봐라, 어떻게 됐나'와 같은 망국의 슬픔을 당한 내 조국! 오냐, 신학문을 배우리라. 나라를 찾으리라. 나는 그날 밤을 하얗게 새웠다.

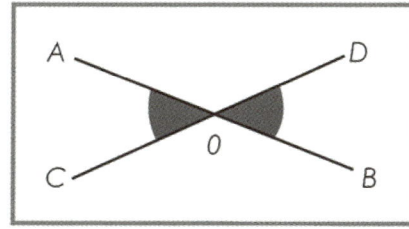 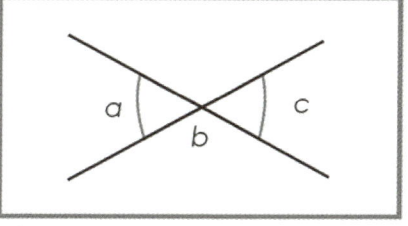

■ 맞꼭지각은 같다는 수학적 증명은 다음과 같다. a+b=180°, b+c=180° 이므로 a=c

■ 유클리드가 학생들을 가르치던 곳에는 알렉산드리아 대학교가 세워져 있었다(왼쪽). 알렉산드리아 대학교 내부 모습(오른쪽).

러셀과 양주동이 현기증 나도록 놀라워했던 수학이 유클리드의 《원론》에 있는 기하학이다. 이 책은 유클리드가 알렉산드리아에서 정리하여 집필했으며, 그의 학생들은 이 책으로 기하학을 공부했다. 유클리드가 학생들을 가르치던 곳에는 현재 알렉산드리아 대학교가 세워져 있다.

이집트에 대한 존경심!

무임승차로 차 안이 소란했다. 이 광경이 낯설지 않은 이유는 어릴 적 나의 경험 때문일 것이다. 무전여행을 다녀온 사람의 무용담을 어느 영웅담보다 가슴 떨면서 들었던 어린 시절의 기억이 있다. 사소한 일에 악이 바치지 않아도 좋을 만큼 풍요로워진 우리나라에 감사하다는 생각이 들었다. 우리는 먹고살 만해지면서 옛날보다 정직하고 온순하며 친절해졌다.

그러나 이집트인들이 현재의 가난 때문에 우리에게 절대로 무시당할 나라는 아니다. 오래전에 보았던 영화가 있다. 이 영화에서 미국으로 이민 온 그리스인이 자신의 딸과 결혼을 하려는 미국인에게 자신들이 경제적으로 가난하다고 무시하지 말라는 뜻으로 한 이야기가 생각이 난다.

"너희 조상이 한 끼 식사를 해결하기 위해 나무에 올라가 열매를 딸 때 우리 조상들은 철학을 이야기했다."

이집트인이야말로 다른 인종들이 한 끼 식사를 해결하기 위해 나무에 올라가 열매를 딸 때 피라미드를 건설하고 도형의 넓이를 구하고 현기증 나도록 아름다운 책인 《원론》을 만들어낸 민족이다. 분명 더 존경받고 사랑받아야 할 민족이다.

《원론》의 시작은 단순하다
《원론》은 다음과 같은 23가지 정의와 5개씩의 공준과 공리로부터 시작한다.

● 정의
1. 점이란 어떤 부분도 갖지 않으며 크기도 없다.
2. 선은 폭은 없고 길이만 있다.
3. 점들이 곧고 바르게 놓여 있는 선이 직선이다.
   :

● 공준
1. 한 점에서 또 다른 한 점으로 직선을 그릴 수 있다.
2. 선분을 무한히 연장하여 직선을 만들 수 있다.
3. 한 점을 중심으로 임의의 반지름을 갖는 원을 그릴 수 있다.
4. 모든 직각은 서로 같다.
5. 한 직선이 두 직선과 만날 때 어느 한 쪽에 있는 내각의 합이 두 직각보다 작을 경우 이 두 직선을 무한히 연장하면 그 쪽에서 만난다.

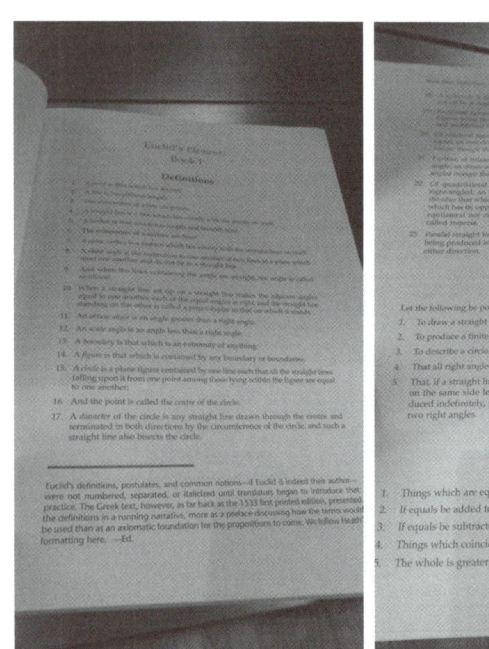 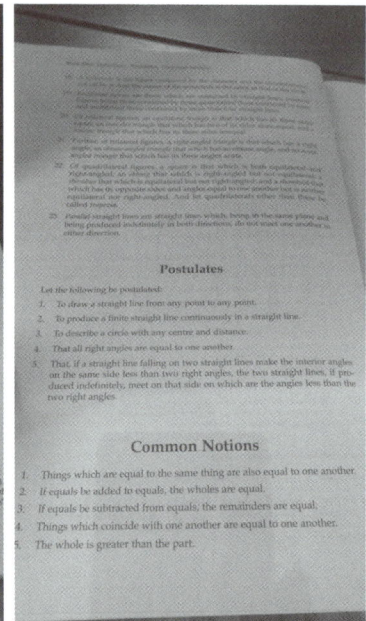 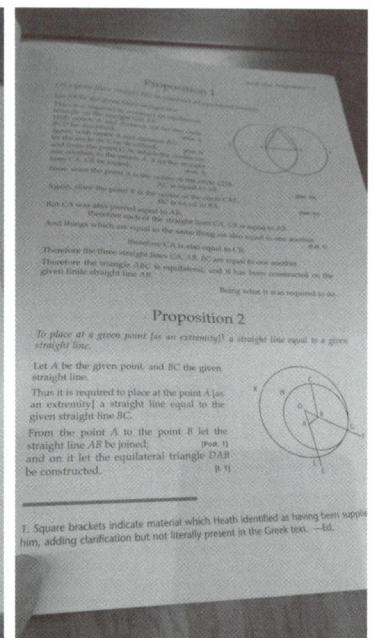

■ 알렉산드리아 도서관에 보관되어 있는 유클리드 《원론》의 첫 장(왼쪽)은 23가지의 정의로 시작하여 둘째 장(가운데)은 5개씩의 공리와 공준으로 구성되어 있다. 이로부터 13권의 모든 내용을 증명한다(오른쪽).

● 공리

1. 동일한 것과 같은 것들은 모두 서로 같다.
   (a=b, a=c이면 b=c)

2. 같은 것에 어떤 같은 것을 더하면 그 전체는 서로 같다.
   (a=b이면 a+c=b+c)

3. 같은 것에서 어떤 같은 것을 빼면 나머지는 서로 같다.
   (a=b이면 a−c=b−c)

4. 서로 일치하는 것은 서로 같다.

5. 전체는 부분보다 크다.

*괄호의 내용은 원문에는 없는 것으로 독자의 이해를 돕기 위해 넣은 것이다.

《원론》에서는 모든 명제를 증명하지만 이 10가지의 공리와 공준은 증명하지 않는다. 아니, 좀더 정확히 말하면 증명할 수 없는 것들이다. 유클리드는 이 10가지의 전제가 수학의 시작이라고 생각했다. 이로부터 이 책 13권에 있는 모든 명제와 정리들을 증명해 나간 후, 마무리로 이 세상에 '정다면체는 5개밖에는 없다'는 정리를 증명한다. 이 책의 마지막 내용은 플라톤의 기본 철학과 일치하는 것이다. 플라톤은 다섯 개의 정다면체 중 네 가지 도형은 물질의 상태를 상징하고 나머지 한 도형은 모든 우주를 아우르는 물질로 생각했다. 유클리드는 플라톤의 아카데미에서 공부한 학생이었고, 이 책은 플라톤의 철학을 증명하기 위해 쓰인 것이라는 주장도 있다(MacTutor History of Mathematics Archive, 영국 세인트앤드루스대학교에서 운영하는 웹 사이트 참조).

이 책에 실린 대부분의 증명은 유클리드 이전의 것으로 여겨진다. 하지만 독립적으로 존재했던 증명들을 한 가지 논리적 체계 속에 엮어놓음으로써 완전한 기하체계를 구성한 유클리드의 업적은 대단한 것이다. 이 책은 성경 다음으로 가장 많이 팔린 베스트셀러로 기록되어 있으며 유럽 인쇄술이 발명되었을 때 최초로 출판된 책 중에 하나로도 유명하다.

《원론》의 수학이 2,000년 넘게 이어지면서 논증적인 추론 방법이 철학과 과학적 사실을 탐구하는 기본원리로 자리 잡게 되었다. 근대적 교육이 도입된 이래로 유럽에서는 이 《원론》을 수학 및 논리학 교과서로 활용해왔다. 세계의 모든 중고등학교에서 수학을 중요한 과목으로 가르치며 대학 입시에서 수학 성적이 중요한 선발 기준이 되는 것도 이 책에서 보여준 수학적 사고력이야말로 모든 과학의 기초가 된다고 믿기 때문일 것이다. 공리로부터 시작된 수학적 증명만이 절대적 진리를 찾아낼 수 있는 완전한 방법이기 때문이다. 따라서 한번 증명된 수학적 증명은 아무리 세월이 흘러도 그 진실성을 의심받지 않는다.

과학에서는 물질의 기본 단위나 빛의 정체에 대해 증명하지만, 과학의 진전에 따라 진실과 거짓이 서로 뒤바뀌기도 한다. 이런 과학적 증명과 비교해 보면 수학적 증명의 확실성을 더욱 쉽게 이해할 수 있다. 이를테면 '각의 3등분을 할 수 없다'는 수학적 증명이 완성된 이후에는 세계 어느 수학 학술지도 이에 대한 반대의 논문을 게재하지 않고 있으며 심사 의뢰조차도 하지 않는다. 한 번 수학적으로 증명된 사실은 그 진위가 바뀔 수 없기 때문이다.

영국 작가 클라크(Arthur C.Clarke)는 유클리드의 수학적 증명을 이렇게 이해했다.

"아무리 유능한 과학자가 의심의 여지가 없는 진실이라고 강조해도 그 증명은 다음날 번복될 수 있다. 과학적 증명은 변덕스럽고 엉성하기 때문이다. 그러나 이와는 반대로 수학적 증명은 절대적이며 의심할 여지가 없다."

유클리드 기하학에서 가장 문제가 된 것은 제5공준이다. 제5공준은 다른 것과 비교하여 문장의 길이도 길고 그 뜻도 복잡했기 때문이다. 이후로 많은 수학자가 제5공준을 좀더 단순한 문장으로 바꾸려고 시도하기도 했고 공준에서 빼려고도 했다. 그 결과 2,000년이 지난 후 1800년대에 이르러 '비유클리드 기하학'이라는 전혀 새로운 기하학이 출현하게 됐다.

유클리드에 대한 전설

유클리드의 생애는 전혀 알려진 것이 없다. 태어난 연도는 물론이고 죽은 시기나 외모 등도 전혀 기록된 바가 없으므로 현재 우리에게 알려진 그의 일화나 모습들은 여러 작가들의 상상력에 기인한 것이다. 분명한 것은 그가 기원전 300년경에 알렉산드리아에 살았다는 사실과 《원론》이라는 책을 저술한 것이다. 프로클로스(Proclus)의 기록에 따르면, 프톨레마이오스 1세가 유클리드에게 《원론》을 배울 수 있는 왕도가 없느냐고 묻자, 유클리드는 기하에는 왕도가 없다고 대답했다 한다.

알렉산드로스대왕이 그의 스승 아리스토텔레스에게 물었다는 것과 같은 내용인 것을 보면, 이 일화는 그저 전하는 이야기인 것 같다. 유클리드와 프톨레마이오스 1세가 살았던 시기를 비교해보면 사실일 가능성이 거의 없기 때문이다. 15세기 스토바이우스(Stobaeus)가 쓴 《그리스 수학의 역사》에는 이런 이야기도 전해 온다.

> 유클리드가 자신의 《원론》을 제자들에게 가르치고 있었다. 그때 한 제자가 다음과 같은 질문을 했다.
> "이것을 배워서 무엇을 얻을 수 있습니까?"
> 그러자 유클리드는 자기 노예에게 말했다.
> "저 자에게 동전 한 닢을 던져 주어라. 그는 무엇이든지 자기가 배운 것으로부터는 꼭 본전을 찾으려는 인간이니까!"

현대에도 가끔씩 수학에 대하여 이런 질문을 하는 사람이 있다. 대답은 2,500년이 지난 지금도 비슷할 것이다. 수학자는 그 수학이 어느 곳에 쓰일지 크게 신경 쓰지 않는다. 음악가나 화가가 자신의 한 작품으로 인류의 발전에 기여하려고 특별히 애를 쓰지 않는 것처럼 말이다.

알렉산드리아에서 만들어진 책 중에 유클리드 《원론》과 비교될 만한 책이 한 권 더 있다. 당대 천문학에 대한 모든 지식을 모아놓은 클라우디오스 프톨레마이오스의 저서 《알마게스트Almagest》도 《원론》처럼 13권으로 이루어졌다. 이 책은 피타고라스에서 아리스토텔레스로 이어지던 우주관을 정리한 것이다. 지구가 우주의 중심이고 태양을 비롯한 다른 행성들은 지구의 주위를 도는 것이라는 천동설을 1,000년 동안이나 모든 사람들이 믿게 만든 결정적 역할을 했다. 유클리드의 《원론》과 더불어 가장 오랫동안 사랑받은 과학책이라고 할 수 있다.

이 책과 유클리드 《원론》은 결정적 차이가 있다. 《알마게스트》는 1,400년 후에 코페르니쿠스와 케플러에 의해 완전히 쓰레기통으로 던져졌지만 유클리드의

《원론》은 2,500년이 지난 현대에도 사랑을 받고 절대적 진리로 받아들여지고 있다는 것이다. 앞서 언급한 바와 같이 이것이 수학과 과학의 진리체계의 차이다.

알렉산드리아에서의 후회

알렉산드리아의 뒷골목은 가난이 넘쳤다. 어느 나라건 뒷골목이 가난한 것은 특별히 이상할 것도 없는 일이다. 하지만 알렉산드리아의 가난은 골목을 벗어난 길에서도 많이 보였다. 기찻길 옆 농경지에서는 아직도 소를 이용하여 전통적인 방법으로 밭을 일구는 모습도 심심치 않게 보였다.

이집트에 머무는 시간이 길어질수록 체감 물가는 계속 내려갔다. 이 나라의 생활에 적응하면 할수록 좀더 값싸게 물건을 사거나 이용할 수 있는 방법을 하나씩 배워나가게 된 것이다. 이집트에서는 모든 물건값을 무조건 반으로 깎으면 된다는 조언을 듣고 나름 조심했지만 엄청나게 바가지를 썼다는 것을 나중에

■ 알렉산드리아의 좁은 골목길은 교통 혼잡을 피할 수 있는 방법이다.

서야 알게 되었다. 물건값을 반으로 깎는 흥정은 우리나라에서도 예전에는 종종 볼 수 있었던 풍경이다.

가난한 이에 대한 연민을 가지면서도 알렉산드리아에서는 야박하게 택시비를 깎았던 나의 인색함이 여행 내내 후회가 되었다. 아침에 바꾼 파운드화가 거의 다 바닥나버렸기 때문에 돈을 아껴 써야 한다는 부담감이 있었다. 게다가 이미 한 번 택시를 타고 혼난 경험이 있었기에 도서관을 벗어나기 전, 알렉산드리아 대학생에게 물어 목적지를 아랍어로 적어두었다. 또 대략적인 택시비도 함께 물어서 내심 적당한 요금을 생각하고 택시를 탄 후 기사에게 대학생이 적어준 종이쪽지를 내밀었다.

아! 그도 역시 글을 읽지 못했다. 그래도 기사는 최선을 다했다. 중간중간 차가 신호를 받아 멈추면 옆의 기사에게 쪽지를 보여주며 나의 행선지를 알아내려고 노력했다. 그러다 보니 생각보다 시간이 지체되었다. 조금 서둘러 달라고 몸짓을 했더니 교통이 막히는 큰길을 빠져나와 골목길로 들어섰다. 이 골목의 가난한 풍경이 알렉산드리아의 아름다운 해변과 함께 여행 내내 강한 기억으로 남게 되었다. 원래 길보다 더 멀리 돌아 '폼페이 필라' 앞에 도착할 즈음에는 예상보다 요금이 초과했을 거라 짐작되었지만 탈 때 흥정한 금액만을 주고 차에서 내렸다. 그는 기가 막힌 표정으로 나를 쳐다보았다.

다시 찾은 알렉산드리아 대학교

1년 후, 다시 찾은 알렉산드리아에서 지난번에는 만나지 못한 유클리드의 후예를 직접 만나보기로 작정했다. 도서관에서 승용차로 5분 정도의 거리에 있는 알렉산드리아 대학교 수학과 입구는 허름하여 이집트의 가난함이 물씬 풍겼다. 유럽의 공립대학교처럼 이집트 공립대학교도 무료 교육이 이루어지다 보니 학생 수는 엄청나게 많고 교수의 수는 상대적으로 적다. 가이드의 설명에 따르면 카이로 대학교의 경우 교수가 6,000명이고 재학생 수가 무려 20만 명에 이르러,

■ 알렉산드리아 대학교 수학과 건물

어떤 강의실은 1,500명이 앉아서 수업을 듣는 경우도 있다고 한다. 무료 교육도 좋지만 투자가 뒤따르지 않으면 부실교육을 벗어나기 어려운 것이 현실임을 알게 된 기회였다.

입구에서 학과장 마흐무드 교수가 나를 기다리고 있었다. 그의 뒤를 따라가다 일단의 교수들을 만났다. 그들은 아주 유쾌하게 학과장의 뒤를 따라서 연구실로 올라가면서, 먼 곳에서 찾아온 나를 아주 열렬하게 환영해 주었다.

이곳에도 유클리드는 없었다. 알렉산드리아 대학교뿐만 아니라 알렉산드리아 도서관을 비롯하여 그 어느 곳에도 유클리드를 추억하게 할 돌멩이도 하나 없었다. 그의 석상은 물론이고 이름을 딴 길거리조차도 없으니, 경제적 형편이 허락한다면 이곳에 기념관은 몰라도 유클리드 동상 하나쯤은 한국인의 이름으로 만들어 기부하고 싶다는 생각이 들었다.

그래도 수학과 교수들은 유클리드를 기억하고 그의 후예라는 자부심을 가지

■ 알렉산드리아 대학교 수학과 교수(왼쪽)와 이를 인터뷰하고 있는 동아일보 구자룡 기자(오른쪽)

고 있었다. 마흐무드 교수는 피라미드로 대표되는 이집트 고대 문명은 수학과 물리학이 발전했던 결과라고 강조하면서도 현대 이집트의 초라한 현실에는 자괴감을 보였다. 한국이 어떻게 그토록 짧은 시간에 수학을 잘하게 되었는지 궁금해했다.

비극적인 죽음을 맞은 클레오파트라와 히파티아

여성의 수리 능력

2010년 4월에 발표된 'OECD 남녀 평균 임금 차이'에 대한 통계에 의하면 우리나라는 그 격차가 38퍼센트로 21개 회원국 중에 최악이라고 한다. 이 통계에 의하면 가장 임금 격차가 적은 벨기에조차도 차이가 9.3퍼센트나 났다. 남녀평등이 실현되고 있다는 나라에서조차 남녀 간의 임금 차이가 많든 적든 여전히 존재하고 있는 것이다.

수학에도 남녀 차별적 편견이 있었다. 일반적으로 여자는 언어능력이 뛰어나고 남자는 수리능력이 뛰어나다는 선입견이 우리 사회에 자리잡고 있다. 그러나 최근에 발표된 국제학력평가 시험 결과분석에 의하면 수학에서 남녀 사이에 유의할 만한 성적의 차이는 발견되지 않은 것으로 알려졌다.

이와 관련하여 좀더 구체적인 연구 결과도 있다. 최근의 한 연구에 따르면 대체로 사춘기 이전까지는 여성이 남성에 비해 수리능력이 우수하나 사춘기를 전후로 이 양상이 뒤바뀌어 청년기부터는 줄곧 남성이 보다 우수한 수리능력을 보인다는 것이다. 또 다른 연구에서는 남성이 기하 문제와 같이 상상력과 추리력이 필요한 영역에서 뛰어난 반면에 여성은 연산이나 대수 문제와 같이 직선적이고 명확한 답이 요구되는 영역에서 좋은 결과를 얻는다는 주장도 있다.

남녀 차별의 결과인지 능력의 차이인지 정확히 알 수는 없지만 역사에 등장하는 여성 수학자가 많지 않은 게 사실이다. 그 소수의 여성 수학자 중 최초로 역사에 등장하는 여성 수학자 히파티아의 흔적이 이곳 이집트 알렉산드리아에 있다.

현대 이집트의 파라오였던 무바라크 대통령

호텔 주인의 소개를 받고 이집트의 밤 문화를 즐기기 위해 인근 전통 음식점으로 갔다. 우리가 갈 곳을 정하면 호텔 종업원이 친절하게 그곳까지 안내해주었다. 그의 친절은 그저 소개비를 챙기기 위한 것이라고 동행한 다른 투숙객이 귀띔해 주었지만 내가 상관할 바는 아닌 것 같았다. 음식점 안은 생각보다 사람이 적고 어두웠으며 담배연기로 가득했다. 그 분위기가 마음에 들지 않아 시내를 구경하고 싶다는 핑계를 대고 자리에서 일찍 일어나 밤거리로 나왔다.

어두운 밤, 도시의 거리 곳곳에는 사람들이 모여서 무엇인가 열심히 논쟁을 하고 있었다. 현대의 마지막 파라오로 불리던 이집트 독재자 무바라크 대통령의 재판에 대한 여론의 관심이 비등(飛騰)하고 있었다. 카이로와 알렉산드리아 시내 곳곳에는 무바라크에 대한 저항의 흔적이 여기저기 남아 있었다. 마치 긴 축제와 같은 밤이 끝나고 다시 아침 해가 뜬 것처럼 이집트의 일상은 평화로워 보였으나 광장 가까운 건물 벽에는 항쟁을 독려하는 듯한 각종 구호가 가득했다. 간혹 불에 탄 빌딩도 여기저기 보였다. 나의 대학시절을 회상하면 이집트 민주화 투쟁 과정에 대한 느낌이 없을 수 없다.

■ 이집트 도시의 담벼락에는 독재자 무바라크에 대한 저항을 독려하는 각종 구호가 가득하다.

무바라크는 1981년 전임대통령이 암살된 이후 집권하여 30년 동안 이집트를 통치한 인물이다. 대통령이 되기 전에 이미 6년 동안 부통령을 지냈고 그전 6년 동안은 공군 대장으로 활동했으니 권좌에만 42년 동안 있었던 셈이다. 그는 전임대통령의 암살을 계기로 발령한 비상사태를 오랫동안 유지하며 통치 기반을 마련했다. 또한 친미와 친이스라엘의 외교노선을 유지함으로써 아랍권에서는 드물게 이집트를 개방적인 서구의 분위기로 만들었다.

영원할 것 같았던 그의 권력도 2011년 튀니지에서 시작된 재스민 혁명의 파도를 비껴갈 수는 없었다. 반정부 시위가 확대되자 결국에는 2011년 2월, 대통령직을 사임하고 한 휴양도시로 내려갔다. 하지만 그해 4월 결국 자신의 통치를 지탱해 주었던 한 축인 경찰에 의해 부패와 권력남용 혐의로 체포되어 재판에 넘겨졌다.

30년 동안 철권통치를 해 온 현대 이집트의 '파라오' 호스니 무바라크 전 대통령이 시위대 학살과 부정 축재 혐의로 법정에 섰다. 죄수복을 입고 환자용 이동침대에 누운 채 피고석 철창에 들어가 있는 독재자의 말로는 비참했다. 중동 역사상 처음으로 국민에 의해 법정에 선 독재자의 모습을 보며 '아랍의 봄'에 저항하며 시민들을 유혈 진압하고 있는 리비아와 시리아의 독재자들은 어떤 생각을 할까……. _《동아일보》 2011년 8월 4일

여왕 클레오파트라

현대 이집트 파라오의 끝이 비참하듯, 고대 이집트의 마지막 파라오의 끝도 매우 비극적이었다.

기원전 48년, 이집트의 여왕 클레오파트라(Cleopatra, 기원전 69~30년)는 남편 프톨레마이오스 14세와의 권력투쟁에서 패하여 강제로 유배된 상태였다.

그녀는 자신의 권력을 지키기 위해 로마제국의 카이사르를 이용하기로 했다. 로마군을 이끌고 알렉산드리아에 입성한 카이사르의 마음을 사로잡기 위한 그녀의 노력은 성공했다. 카이사르의 힘을 등에 업고 자신의 정적들을 모두 제거한 후 강력한 권력을 유지하던 그녀는 카이사르가 암살된 후에는 그의 뒤를 이어 로마 최고의 실력자가 된 안토니우스를 유혹했다. 이후 10년 동안 안토니우스와 사랑을 이어나가면서 권력을 유지할 수 있었다.

클레오파트라의 사랑을 지키기 위해 안토니우스는 로마의 동방 지배권을 자신의 것으로 만들려고 했다. 그러나 이를 반대하던 옥타비아누스와의 전쟁에서 결국 패하여 그가 죽음을 맞게 되자 그녀도 자살을 택함으로써 고대 이집트 마지막 파라오로서의 삶을 마쳤다.

그녀의 영향력은 살아서나 죽어서나 막강한 것이었다. 그녀의 이야기는 영국의 문호 셰익스피어(William Shakespeare)의 《안토니와 클레오파트라의 비극》의 소재가 되는 등 각종 문학작품의 창작 소재가 되었고 현대에도 각종 영화, 연극, 뮤지컬의 소재로 사용되고 있다. 특히 우리는 파스칼(Blaise Pascal)이 자신의 저서 《팡세Pensées》에서 남긴 그녀의 아름다움에 대한 찬사로 그녀를 기억하고 있다.

"클레오파트라의 코가 조금만 더 낮았더라면 세계의 역사는 바뀌었을 것이다."

최초의 여성 수학자 히파티아

학자에 따라서는 기원전 6세기경 피타고라스의 제자로 시작하여 그의 아내가 되었던 테아노를 최초의 여성 수학자라고 주장하는 사람도 있지만 그녀의 수학적 활동에 대한 기록은 전혀 남아 있지 않다. 수학적 업적이 역사 기록에 등장하는 최초의 여성 수학자는 히파티아(Hypatia, 370~415년 또는 350~370년)다. 그녀가 활동하던 알렉산드리아는 유클리드와 디오판토스(Diophantos, 200년경)가 《원론》과 《산술Arithmetica》이라는 최고의 수학책을 저술한 곳으로 세계

■ 히피티아의 초상화

지성의 중심이었으나 더는 그리스 땅이 아니었다. 여왕 클레오파트라의 죽음 이후 이집트는 로마의 식민지 아이깁투스(Aegyptus)로 전락한 것이다. 그나마 이어지던 알렉산드리아의 명성도 히파티아가 죽음으로써 완전히 쇠퇴한다. 그녀의 죽음도 클레오파트라처럼 비극적이었다. 여왕 클레오파트라의 죽음 이후 이 왕조가 이집트 역사에서 사라졌듯이 한 여성 수학자의 죽음 이후 고대 알렉산드리아도 문화의 중심에서 잊혀갔다.

히파티아는 그리스 시대의 마지막 수학자라고도 불린다. 그녀는 알렉산드리아 도서관의 관장으로 알려진 테온(Theon Alexandricus)의 딸이다. 아테네에서 플라톤과 아리스토텔레스의 철학을 공부했고 알렉산드리아에 돌아온 후에는 학생들에게 철학과 수학을 가르쳤다. 그녀는 수학자였던 아버지의 영향으로 특히 대수학에 관심을 갖고 있었다. 특히 디오판토스의 《산술》에 대한 그녀의 해석은 다양한 부정방정식의 풀이로 이어졌으며, 유창한 강연과 탁월한 문제해결력으로 학생들로부터 큰 주목을 받았다.

그녀는 철학과 수학의 경계가 분명하지 않았던 당시에 피타고라스의 철학 계승자로 자처했다. 당시 유럽을 휩쓸고 있던 기독교의 사상과 정면으로 배치되는

것이었다. 그녀의 사상은 신의 본질과 사후세계에 대한 관점에서 신플라톤주의자로 분류되면서 특히 기독교인들의 미움을 샀다. 자신은 진리와 결혼했다고 말할 만큼 수학적 논리체계에 완전한 믿음을 가지고 있었던 그녀를 알렉산드리아 대주교 키릴루스(Cyrilus)는 특히 미워했다. 그때는 로마 가톨릭교회가 신보다 자신의 이성을 더 믿는 수학자와 과학자들은 이교도로 단정하고 무자비하게 탄압하던 시절이었다. 결국 414년 어느 봄날, 기독교도들에 의해 그녀는 옷이 벗겨졌고 산 채로 살이 뼈에서 조각조각 떨어져 나가는 고통 속에서 죽음을 맞았다. 그것도 모자라 죽은 몸은 다시 화형에 처해졌다.

■근대 화가들은 비극적인 죽음을 맞이한 히파티아를 소재로 그림을 많이 그렸다. 그녀의 죽기 전의 모습을 그린 작품.

우리는 그녀가 살해된 정확한 이유에 대해 알지 못한다. 당시 로마를 지배하던 기독교도의 광신적 믿음만으로는 설명하기 어려운 잔혹성이 있기 때문이다. 기독교인들은 하루 종일 수학을 연구하고 아스트롤라베에 빠져 있는 그녀가 악마의 마술로 사람들을 혼미하게 만드는 작업을 하는 것으로 이해했다는 기록도 있다. 중세의 마녀사냥과 같은 광신적 믿음이 있었음을 추측할 수 있을 뿐이다.

히파티아의 잔인한 죽음을 목격한 많은 학자들은 더는 자유롭게 자신의 철학을 말할 수 없는 시기가 왔다는 것을 깨닫고 점차 알렉산드리아를 떠나갔다.

그러면서 고대 그리스문화의 중심도시는 역사에서 완전히 잊혔다. 그로부터 1,500년이 지난 후 나폴레옹의 군대가 이집트로 진격했을 때 알렉산드리아는 한가한 시골 어촌으로 변하여 옛 영화의 흔적을 전혀 찾아볼 수 없었다고 기록되어 있다.

히파티아 이후로 수학에 여성의 이름이 다시 등장하는 것은 거의 1,000년이 지난 후인 르네상스 시대에 이르러서이다. 이탈리아 볼로냐에 살던 마리아 아녜시(Maria Gaetana Agnesi, 1718~1799년)는 자신의 아버지의 뒤를 이어 교황으로부터 이탈리아 볼로냐 대학교의 수학과 학과장으로 임명을 받는다. 여성으로는 처음으로 수학교수가 된 그녀도 히파티아처럼 수학자 아버지를 두고 있었다.

유명한 수학자들 중에는 수학자 집안에서 태어난 경우가 많다. 수학적 재능이 대물림된다거나 유전적 특징이 있을 수도 있지만, 어렸을 적부터 아주 자연스럽게 수학을 배울 수 있는 환경에 있었기 때문이라는 주장이 더 설득력 있어 보인다. 수학적 재능을 부모로부터 물려받을 확률은 남자가 여자보다 높다는 연구 결과도 있다.

파라오의 건축물 피라미드

기자 피라미드는 이집트의 파라오가 권력의 최고조에 이르렀을 때 만들어진 건축물이다. 이 피라미드를 보기 위해 호텔에서 소개해준 기사의 차를 타고 낯선 투숙객과 동행에 나섰다. 기사는 우리를 피라미드 입구에 있는 한 사무실로 데려갔고 그곳에서부터 가격흥정은 시작되었다. 그들은 어차피 피라미드를 보러 들어가면 입장료와 가이드 비용을 내야 하는데 이것을 패키지로 싸게 해 주겠다는 것이다. 결국 그들에게 설득당한 마음 약한 투숙객은 그곳에 남고 불필요한 가이드 비용이 아깝다고 생각한 나만 홀로 피라미드 입구에 들어섰다.

입구에 있던 소년들이 벌떼처럼 내게 모여들더니 안내를 하기 시작했다. 여러 사람이 한꺼번에 떠들어대니 도통 정신을 차릴 수가 없었다. 피라미드가 보이는

■ 혼자 여행하는 외국인들은 피라미드에서 여러 봉변을 당하기도 한다.

■유럽 곳곳에 있는 오벨리스크는 이집트에서 직접 가져온 것(왼쪽-파리)이거나 이를 흉내낸 것이다. (오른쪽-로마)

사막의 한 모퉁이로 나를 데려간 이 소년들은 말을 타고 구경할 것과 그에 따른 가이드 팁을 요구하기 시작했다. 그제야 상황 파악이 되었지만 이 상황을 벗어날 방법이 마땅히 없었다. 가이드나 말이 필요 없다고 해도 이미 시작한 것이니 돈은 내라는 것이다. 떼로 몰려들어 마치 내가 부당하게 자기들이 당연히 받아야 할 팁을 착취한 것처럼 큰소리로 돈을 요구했다.

'그래 까짓 것, 큰 돈도 아닌데!'

10달러를 꺼내주니 이번엔 다른 사람이 자기는 다른 팀이니 자신들 계산은 따로 해야 한다며 목소리를 높였다. 순간 나의 인내심도 바닥이 나버렸다. 나의 분노를 보더니 그제서야 그들은 슬그머니 사라져버렸다.

고대 이집트에서는 나라의 상징으로 독수리 엠블럼(emblem)을 사용했다. 이것을 로마가, 다시 오스트리아가, 그리고 독일이 가져가 마음대로 사용하더니 미국은 아예 쌍둥이 독수리를 엠블럼으로 쓰면서 자신들의 지폐에 새겨 넣기까지 했다. 원조의 허락을 받은 것일까? 고대 이집트의 강성함과 그 문명의 화려함을 부러워한 흔적이다.

이집트에 대한 부러움을 표현한 또 다른 흔적이 있다. 유럽의 대도시 광장이면 어김없이 중앙에 자리 잡고 있는 오벨리스크다. 바티칸의 성베드로 광장에도, 파리의 콩코드 광장에도, 미국 워싱턴의 내셔널몰에도 오벨리스크가 서 있다. 그중 미국을 제외한 다른 나라의 오벨리스크는 자신들이 만든 것이 아니라, 고대 이집트 유물을 자신의 나라로 옮겨 놓은 것이다. 이집트의 문명이 현대 문명에 얼마나 깊게 남아 있는지를 보여주는 좋은 예이다.

PART **02**

이스라엘
ISRAEL

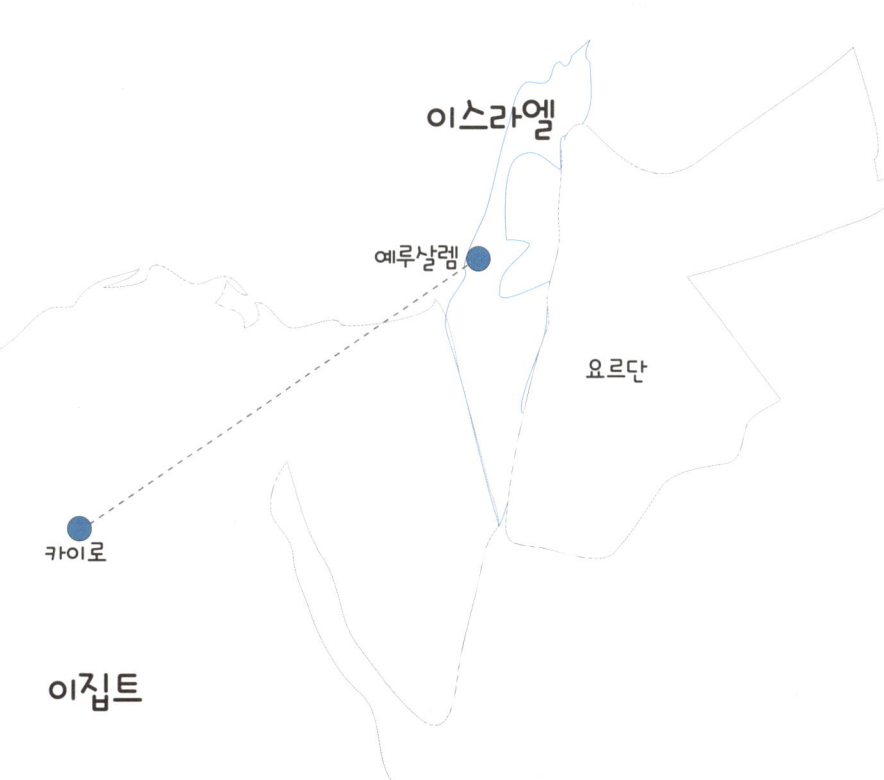

이스라엘여행기 01

예수의 생일은 0000년 12월 25일?

예수의 생일 0000년 12월 25일은 없다

한동안 명절만 되면 TV에 자주 나오던 할리우드 영화 〈백 투 더 퓨처〉가 있다. 영화에서 주인공은 타임머신을 타고 예수를 만나러 가겠다고 결심한 후 타임머신에 0000년 12월 25일을 입력한다. 그는 예수를 만날 수 있었을까?

0000년 12월 25일이 입력된 타임머신은 예수가 태어난 시점으로 우리를 데려다주지 않는다. 우리 역사에 0000년 12월 25일은 존재하지 않기 때문이다. 우리가 사용하는 달력에 0000년이 존재하지 않는다 하여 예수가 태어나지 않은 것은 아니다. 예수가 태어난 것은 사실이지만 정작 그의 탄생일을 기준으로 만들어진 달력에는 예수의 생일이 없다는 말이다. 나는 이 타임머신으로는 만날 수 없는 예수를 만나러 직접 예루살렘으로 향했다.

예루살렘 성

아침 일찍 눈을 떴다. 아직 시차가 적응이 되지 않은 탓도 있고, 전날 무더운 날씨에 예루살렘을 둘러보느라 지쳐서 저녁 일찍 잠자리에 든 탓도 있을 것이다. 아직 새벽 4시가 되지 않은 시간이었다. 다시 예루살렘 성에 들어가 보기로 하고 숙소를 나섰다. 며칠 안 되는 여행기간에 이 성에만 네 번을 들어가게 되는 것이다.

예루살렘 성은 복잡하여 도무지 정신을 차릴 수가 없었다. 처음에는 가벼운 마음으로 성 안에 들어갔다가 복잡한 도로에서 길을 잃고 수많은 사람들의 소음에 넋을 잃어버린 채 탈진된 상태로 숙소에 돌아왔다. 내가 본 것이 무엇인지도 기억나지 않을 만큼 정신이 쏙 빠지게 만드는 곳이었다. 다음날 아침 더워지기 전에 다시 성 안으로 들어갔으나 역시 정신을 차릴 수가 없었다. 성안 도시는 미로처럼 얽혀 있었기 때문에 지도는 더는 쓸모가 없었다. 한번 길을 잘못 들어가면

■ 예루살렘 성 안의 모습

되돌아 나와서 자신의 위치를 파악하는 것도 불가능했다. 그렇다고 사람들에게 길을 물을 형편도 되지 않았다. 좁은 골목에 그토록 많은 가게와 사람들이 모여 있어 잠시라도 걸음을 멈추면 뒷사람들에게 밀려버리는 탓도 있지만, 물건을 흥정하기에 바쁜 가게 주인들은 한가하게 여행객에게 길을 가르쳐줄 사정도 아닌 듯 보였다.

그래도 이전의 경험이 도움이 되었던지 이번에는 다마스커스 게이트에서 시작하여 겨우 자바 게이트로 빠져나올 수는 있었다(성 안으로 들어가는 문 중에 가장 큰 것이 자바 게이트다).

이미 해는 높이 떠올라 있었고 날씨는 무더워져 갔다. 그곳에서 잠시 쉬고 있는데 눈에 들어오는 사람이 있었다.

"예루살렘 무료 안내."

그래! 가이드가 있다면 이 복잡한 예루살렘을 쉽게 볼 수 있겠다. 그늘이라고

■예루살렘 성의 한 입구인 다마스커스 게이트

해봐야 작은 몇 그루의 나무가 만들어내는 손바닥만한 것이 전부인 성 앞의 광장에서 1시간을 기다린 후에야 겨우 가이드를 따라 예루살렘 성 안으로 들어갈 수 있었다. 이들의 뒤를 쫓아다니며 건물, 성벽, 언덕의 위아래를 오르내리다보니 비로소 성안의 지형이 눈에 들어왔다.

통곡의 벽

네 번째로 다시 들어간 예루살렘 성 안은 암흑이었다. 성 안의 골목길 위에는 또 다른 건물들이 세워져 있어 마치 지붕이 덮여 있는 것과 같은 모양이었다. 전기 불빛 하나 없는 길에 들어서니 가끔 천장의 빈틈으로 들어오는 새벽빛 외에는 길의 방향조차 찾을 수 없을 만큼 캄캄했다. 두려움이 밀려왔다.

이 두려움의 느낌은 낯설지 않다. 어린 시절에도 혼자 성당에 가는 일이 자주 있었다. 초등학교 저학년 시절에 복사(성당에서 미사를 올릴 때 신부 옆에서 도와주는 소년)를 시

■새벽녘의 예루살렘 성은 캄캄하여 방향을 찾기조차 힘들었다.

■ 이른 새벽 통곡의 벽 앞에는 많은 유대인들이 모여 있었다(위). 통곡의 벽에 다가가지 못하고 멀리 떨어진 곳에서 울고 있는 한 여자의 사연은 특별히 남다를 것 같았다(오른쪽).

작했는데, 겨울철 새벽미사를 준비하기 위해서는 깜깜한 새벽에 집을 나서야 했다. 집을 나서서 성당까지 가는 길은 멀지는 않으나 예루살렘 성 안의 길과 비슷하게 생긴 좁은 시장 길을 통과해야만 했다. 천장이 덮인 그 길에 들어서면 달빛도 불빛도 보이지 않고, 오직 저 먼 곳에 출구만이 새벽빛으로 보일 뿐이었다. 당시 나는 이 좁은 길에서 악마와 돌을 던지며 싸우다가 쫓기는 꿈을 꾸곤 했다. 그 느낌이 아직까지도 두려움으로 남아 있다.

통곡의 벽!

그 이름만으로도 가슴 아픈 여러 슬픈 이야기들이 가득한 곳이라는 느낌이 전해지는 곳이다. 특별하게 갈 곳이 있는 것은 아니었다. 그저 걷다 보니 내 발길은 자연스럽게 '통곡의 벽'을 향하고 있었다. 아직 아침이 채 밝지도 않은 시간인데도 그곳에는 놀랍도록 많은 유대인들이 전통복장을 하고 벽 앞에 모여 기도를 올리고 있었다. 이 많은 무리 중에서도, 외따로 떨어져서 기도를 올리고 있는 한 여인의 모습이 더욱 절절한 느낌으로 다가왔다.

통곡의 벽이 둘러싸고 있는 황금사원(또는 바위사원)은 유대인의 정신적 고향이다. 다윗 왕은 이곳에 하느님의 성전을 세우기를 원했지만 그 뜻을 이루지 못하고 죽었다. 그의 아들 솔로몬 왕이 아버지의 뜻을 이어 성전을 건설했지만 바빌론

■ 황금사원 안에 있는 전설의 바위 파운데이션 스톤(Foundation Stone, 주춧돌). 하느님이 아담에게 자신의 믿음을 증명하기 위해 아들 이삭을 재물로 바치려 했던 곳이다. 모세가 하느님과 맺은 계약인 십계명이 새겨진 궤가 있던 곳이기도 하다.

의 침입으로 파괴된 것을 기원전 20년경 헤로데왕이 재건했다. 예수는 유월절 직전에 예루살렘 성 안의 이 황금사원에서 율법학자들과 논쟁을 벌이는 과정에서 큰 소동을 일으킨다. 그를 십자가에 못 박히게 한 직접적인 원인을 제공한 장소가 바로 이곳이다. 이 황금사원 안에 있는 전설의 바위(Foundation Stone: 주춧돌)가 하느님에 의하여 인간의 조상 아담이 생명을 얻은 곳이며, 아브라함이 자신의 믿음을 증명하기 위하여 아들 이삭을 재물로 바치려고 했던 곳이며, 모세가 하느님과 맺은 계약인 십계명이 새겨진 궤가 있던 곳이기도 하다.

역설적으로 보이지만, 유대교 최고의 성지에 있는 건축물은 유대사원이 아닌 이슬람사원이다. 예언자 마호메트가 하늘로 올라가 알라를 만났다는 승천 바위가 유대인의 주춧돌과 같은 것이다(마호메트는 하늘에서 알라를 만나고 다시 지상의 메카로 내려왔다고 한다). 무슬림은 폐허가 된 유대교 성전 위에 자신들의 황금사원을 세우고 이슬람 4대 성지 중 한 곳으로 공표했다. 비록 이스라엘의 영토지만, 종교 충돌의 염려 때문에 이슬람교도가 아닌 사람들은 이 사원에 들어갈 수 없도록 출입이 통제된다. 예루살렘 성 안의 어떤 건물도 유대인이 마음대로 변경할 수가 없다는 불문율이 존재하는 곳이다. 통곡의 벽 앞에서 매일 통곡하면서도 이슬람사원인 황금사원을 헐어내고 하느님의 성전을 지을 수 없는 이유도 여기에 있다.

■ 예루살렘 성벽에서 내려다본 황금사원의 모습

■ 통곡의 벽은 남자와 여자가 나뉘어 기도할 수 있도록 분리대가 설치되어 있다. 이 분리대가 유대인과 무슬림이 갈등하게 되는 원인이 되기도 했다.

헤로데왕은 예수 생일을 알아내는 열쇠

통곡의 벽을 세운 헤로데(헤롯)왕(Herod the Great, 기원전 73~4년)은 예수 생일을 알아낼 수 있는 열쇠를 가지고 있다. 예수의 탄생과 죽음에 대한 정확한 역사적 연대 기록은 없지만 그의 탄생에 관해 기록한 신약성경 〈마태오의 복음서〉와 〈루가의 복음서〉를 들여다보면 많은 사실을 추측해낼 수 있다.

예수께서 헤로데왕 때 유베들레헴에서 나셨는데 그때에 동방에서 박사들이 예루살렘에 와서

"유다인의 왕으로 나신 분이 어디 계십니까? 우리는 동방에서 그분의 별을 보고 그분에게 경배하러 왔습니다."

하고 말했다. 이 말을 듣고 헤로데왕이 당황한 것은 물론, 예루살렘이 온통 술렁거렸다. 왕은 백성의 대사제들과 율법학자들을 다 모아놓고 그리스도께서 나실 곳이 어디냐고 물었다. 그들은 이렇게 대답했다.

"유다 베들레헴입니다. 예언서의 기록을 보면, '유다의 땅 베들레헴아, 너는 결코 유다의 땅에서 가장 작은 고을이 아니다. 내 백성 이스라엘의 목자가 될 영도자가 너에게서 나리라' 했습니다."

그때에 헤로데가 동방에서 온 박사들을 몰래 불러 별이 나타난 때를 정확히 알아보고 그들을 베들레헴으로 보내면서

"가서 그 아기를 잘 찾아보시오. 나도 가서 경배할 터이니 찾거든 알려주시오."

하고 부탁했다. 왕의 부탁을 듣고 박사들은 길을 떠났다. 그때 동방에서 본 그 별이 그들을 앞서가다가 마침내 그 아기가 있는 곳 위에 이르러 멈추었다. 이를 보고 그들은 대단히 기뻐하면서 그 집에 들어가 어머니 마리아와 함께 있는 아기를 보고 엎드려 경배했다. 그리고 보물상자를 열어 황금과 유향과 몰약을 예물로 드렸다. 박사들은 꿈에 헤로데에게로 돌아가지 말라는 하느님의 지시를 받고 다른 길로 자기 나라에 돌아갔다.

_ (마태오의 복음서 2장 1~12절)

한 수학자의 예수 생일 계산

최초로 예수가 태어난 생일을 계산한 사람은 디오니시우스(Dionysius Exiguus, 470~544년)라는 로마 가톨릭교회의 수도사다. 로마 멸망기였던 당시에 수학을 공부했던 사람은 교회의 수도사들뿐으로 수학을 공부했던 목적은 기도와 돈이었다. 수도사들에게는 각 시간에 맞는 기도문이 따로 존재한다.

새벽기도, 아침기도, 정오기도 등을 정확하게 정하여진 시간에 하려면 수학의 힘이 약간 필요했던 것이다. 물론 교회 재정 상태와 헌금 계산에 필요한 수학은 좀더 세속적이긴 하지만 역시 중요한 목적이었다. 교황은 그중에서도 가장 뛰어난 수학자를 선발하여 교회의 중요한 날을 계산하도록 명했다. 부활절 날짜의 계산을 말이다.

기독교의 부활절은 유대인의 유월절과 거의 일치한다. 예수가 죽기 전에 제자들과 함께한 최후의 만찬이 유대인의 전통의식이었던 유월절 만찬이다. 당시 유대인들은 전통적인 음력을 사용했기 때문에 따라서 성경에 기록된 모든 시간도 음력이다. 그러나 가톨릭을 국교로 정한 로마는 양력을 사용하고 있었기 때문에 성경의 축일을 정확하게 지키는 일은 음력을 양력으로 변환해야만 가능한 일이었다.

교회 입장에서 보면 기독교 최대의 축일인 부활절을 로마의 달력에 맞추는 일은 매우 중요한 일이었다. 게다가 부활절을 당시에 사용하는 양력으로 정확하게 변환이 가능하다면 다른 축일은 이날을 기준으로 하여 쉽게 계산할 수도 있는 일이었다. 디오니시우스는 200년 동안 사용할 수 있도록 부활절의 정확한 날짜를 표로 만들어 교황에게 보냈다. 그는 교회의 역사에 깊은 지식을 갖게 된 후 예수의 탄생 연도를 정확히 계산할 수 있다는 자신감이 생겼다. 오랜 계산 과정 끝에 그가 교회에 기록된 각종 역사적 사건들을 종합하여 내린 결론은 525년 전에 예수가 태어났다는 것이었다. 그는 당시 최첨단 수학을 사용했던 뛰어난 수학자였다.

디오니시우스는 예수가 태어난 해가 모든 기록의 시작이 되어야 한다고 믿었다. 당시에 로마가 사용하던 달력은 로마의 건국 기원을 바탕으로 한 것과 로마 황제 디오클레티안(Diocletian)의 왕위 취임일을 바탕으로 한 것이 있었다. 새로운 왕의 취임을 기준으로 하는 기록은 세계 모든 문화의 공통된 특징이다.

서양뿐 아니라 동양도 같은 연대 기록을 가지고 있다. 이를테면 한글은 세종 28년에 공포된 것이다. 기독교인에게 예수의 생일이 다른 기준보다 더 앞서고 중요한 일임은 당연하다. 디오니시우스는 예수가 태어난 해를 A.D.(Anno Domini, '우리 주님'이라는 뜻의 라틴어. 기원후) 1년으로 정하기로 했다. 그런데 당시에 이미 예수의 생일로 알려져 기념되고 있던 12월 25일의 날짜는 굳이 바꿀 이유가 없었다. 그 날짜에서 6일이 지나면 어차피 새로운 해가 되기 때문이다. 이 역사적 결정에 따라서 예수의 생일은 0000년 12월 25일이 된 셈이다. 바꿔 말하면 디오니시우스는 예수의 탄생년을 A.D. 1년으로 정하고 생일은 6일 전으로 그대로 둠으로써 1년 전 12월 25일이 탄생일이 된 것이다.

A.D.라는 연도 표시 방법에 대칭되는 의미로 B.C.(Before Christ, 예수 탄생 전. 기원전)라는 표현을 최초로 사용한 사람은 베데(Venerable Bede, 672~735년)이다. 베데는 디오니시우스가 만든 부활절 계산표가 끝이 나자 이를 잇는 계산표를 만든 수도사다. 그도 당대 최고의 수학자이긴 했지만 0000년이 필요하다는 생각을 하지는 못했다. 사실 0000년이 역사의 달력에서 빠진 것은 이 두 사람의 잘못만은 아니다. 당시의 첨단 수학에는 0이라는 숫자는 없었다. 그들이 알고 있던 숫자는 1, 2, 3과 같은 자연수와 2분의 1, 3분의 2 등과 같은 유리수가 전부였던 것이다. 숫자 0이 유럽에 소개된 것은 이들이 죽고 나서도 600년이 더 지난 후였다.

이들의 실수로 달력에서 0000년 12월 25일이 없어졌다면, 디오니시우스가 계산한 예수의 생일은 −0001년 12월 25일(기원전 1년 12월 25일)이 되어야 한다.

예수의 생일은 -0001년 12월 25일도 아니다

우리는 디오니시우스가 예수의 탄생 연도를 계산했을 때 사용했던 역사적 사실이나 기록이 무엇이었는지 알지 못한다. 그럼에도 현대의 신학자들이나 과학자들은 예수의 탄생 연도가 잘못 계산되었다는 사실에는 의견을 일치하고 있다. 예수가 죽은 지 60여 년 후에 기록된, 예수의 생애에 대한 기록(《마태오의 복음서》, 《루가의 복음서》)에서는 공통적으로 헤로데왕의 통치시대에 예수가 태어났다고 기록하고 있다. 그런데 분명한 역사적 사실은 헤로데왕은 이미 기원전 4년에 죽었다는 것이다. 또한 루가의 기록에 의하면 예수의 부모는 인구조사 때문에 베들레헴에 갔다. 이때의 인구조사도 기원전 6~4년에 이루어진 것이다.

일부 천문학자들은 다른 기록을 주시했다. 동방박사를 이끌어준 별에 대한 기록이다. 과학자들은 예수의 탄생 연도를 전후로 하여 발생한 천문학적 현상에 대한 역사 기록과 행성들의 위치를 역추적하여 별의 특별한 현상이 일어났을 가능성을 계산했으나 어떤 단서도 찾지 못했다.

현재 대부분의 학자들이 동의하는 예수의 탄생 연도는 기원전 6년 또는 기원전 4년이다. 예수의 생일이 12월 25일이라는 신뢰할 만한 기록도 물론 전혀 없다.

통곡의 벽을 떠나며

통곡의 벽에서 기도를 마친 유대인들은 무료로 제공되는 커피와 빵으로 아침식사를 대신했다. 호기심 가득한 눈으로 음식을 나누어주는 식당 앞을 기웃거리는 나를 보고 유대 전통의상을 잘 갖춰 입은 한 신사가 손짓을 하며 안으로 들어오라고 했다. 멈칫거리다가 그의 거듭된 호의에 안으로

■ 통곡의 벽에서 기도를 마친 사람들이 아침식사로 커피와 빵을 먹고 있다.

들어섰다. 그런데 정작 식당에서 빵을 나누어주는 사람은 여행객에게는 음식을 제공할 수 없다고 거절을 했다. 민망한 마음이 들어 얼른 자리를 나오려는데 나를 불렀던 유대인이 빵과 커피를 새로 받아 나에게 건네주었다. 나는 숙소를 나서기 전 이미 아침식사를 마쳤는데, 생각지도 않게 아침을 두 번이나 먹는 호사를 누렸다. 통곡하는 유대인에 대한 연민이 그들이 건네준 빵과 커피 때문만은 아닐 것이다.

이스라엘 여행기 02

일본 지진은 하느님의 작품? -종교와 과학의 갈등-

지진은 하느님의 경고라는 목사님

일본 센다이 지역에서 일어난 지진으로 온통 지구촌이 시끄러웠다. 내가 기억하는 센다이 모습은 아름답고 평화로운 곳이었다. 지진이 일어나기 두 달 전이었던 2011년 1월, 센다이 인근의 리후시(梨符市)에서 며칠 묵으며 센다이 해변을 거닐었던 나에게는 TV에 반복적으로 나오는 쓰나미가 밀려오는 해변의 모습은 너무나 공포스럽고 낯설기만 했다. 이런 상황에서 한 교회 원로 목사의 신문 인터뷰가 여러 사람의 기분을 상하게 한 모양이다. 그는 일본 지진은 '하느님의 경고'라는 표현을 했다. 이 목사가 보기에는 기독교를 잘 받아들이지 않는 일본이 하느님의 노여움을 사기에 충분하다고 생각되었나보다. 그러나 잘 살펴보면 아시아지역에서 일본만이 하느님을 잘 받아들이지 않는 나라는 아니다. 오히려 우리나라만이 거의 유일하게 기독교가 크게 번성하고 있는 나라이다. 일본, 중국, 홍콩, 태국, 베트남, 싱가폴, 인도네시아…. 어느 나라도 기독교의 힘이 우리나라와 같지는 않다.

"나는 자신을 믿지 않는다는 이유로 자신의 창조물을 심판한다는 신을 상상할 수가 없다."

아인슈타인(Albert Einstein)의 말을 인용한 여러 글과 함께, 기독교 국가에서도 일어난 각종 지진과 해일의 피해 증거도 제시하면서 이웃의 불행을 하느님의 뜻으로 풀이한 목사를 조롱하는 글로 인터넷이 넘치고 있다. 이는 과학적인 사실로 설명할 수 있는 현상에 하느님을 끌어드린 것에 대한 비난으로 해석할 수도 있을 것이다. 그러나 이 원로 목사만을 비난하기 힘든 부분이 있다. 드러내놓고 말하지는 않지만 많은 목사, 신부들과 기독교인에게 자연재해는 하느님이 인간을 심판하시는 것으로 인식되는 것이 아주 자연스러운 일이다. 성경에 기록된 많은

■종교재판을 받는 갈릴레오(Joseph-Nicolas Robert-Fleury, Galileo before the Holy Office, 1847, Musee Luxembourg)

사건들을 보면 하느님은 자연의 힘을 빌려 인간을 심판했기 때문이다.

역사적으로 보면 종교와 과학의 갈등은 이번이 처음은 아니다. 가장 유명한 사건이 지동설을 주장한 갈릴레오(Galileo Galilei)의 종교재판이다. 1616년에 열린 재판에서 갈릴레오는 자신의 주장을 철회함으로써 목숨을 보존하지만, 이보다 앞선 1600년에 신부 부루노(Giordano Bruno)는 지구가 우주의 중심이 아니라는 주장을 했다 하여 화형에 처해졌다. 이후로도 종교적 믿음과 다른 과학적 사실을 발표한 과학자들은 교회로부터 많은 비난을 받아왔는데 그중에 대표적인 것이 다윈의 진화론이다.

'평화를 갈구하나 평화롭지 못한 곳'
– 예루살렘을 안내하는 가이드북에는 이렇게 쓰여 있었다.

예루살렘에서 갑자기 일본 센다이 지진을 떠올린 이유는 이곳도 평화롭지 못한 곳이라는 느낌 때문이었다. 본래 예루살렘이라는 명칭은 '준비된 평화'라는 의미라고 한다. 하지만 역설적이게도 예루살렘의 역사는 평화와는 거리가 멀다. 유대교, 기독교, 이슬람교가 각기 자기네 성지라고 주장하는 예루살렘 성은 한 변의 길이가 1km쯤 되는 살짝 어긋난 정사각형 모양의 성벽으로 둘러싸여 있는 지역이다. 이 좁은 지역을 네 구역으로 나눠 유대인, 기독교인, 무슬림, 아르메니아인이 거주하고 있으니 종교적 갈등이 없을 수 없다. 이 작은 성 안에서 나는 아담, 아브라함, 다비드, 솔로몬, 예수, 무함마드를 동시에 만난다.

예루살렘 성은 유네스코가 세계문화유산으로 지정하면서도 국명(國名)을 표기하지 못한 곳이다. 땅은 이스라엘에 속하지만 문화유산으로 신청을 한 나라는 요르단이다(1967년 3차 중동전쟁 이전까지는 예루살렘의 일부는 요르단 영토였다). BC 1000년경 다비드 왕이 무력으로 예루살렘을 점령하고 이스라엘의 수도로 정한 이래, 예루살렘의 역사는 그야말로 전쟁과 대립으로 이어져 왔다. 유대교, 기독교, 이슬람교도들은 서로 자신들의 성지인 이 도시를 차지하기 위하여 기꺼이 목숨을 바쳤다. 특

■ 세계 평화를 기원하며 예루살렘 성벽을 따라 걷고 있는 젊은이들은 성지 순례객으로 보인다(왼쪽). 예루살렘 성문 앞의 경비병의 중무장 모습을 보면서 이곳이 종교와 과학, 종교와 종교의 전쟁터라는 생각이 들었다(오른쪽).

히 '잃어버린 성지의 회복'이라는 명분으로 일으킨 십자군 전쟁은 그 긴 기간만큼이나 많은 예루살렘 사람들을 죽음에 몰아넣었다.

창조론, 진화론, 지적설계론

1920년대 미국에서는 젊은이들의 도덕성 타락이 다윈의 진화론 때문이라는 기독교 원리주의자들의 주장이 힘을 얻기 시작했다. 이들은

> "진화론을 가르쳐 아이들의 영혼을 더럽히는 것보다는 아이들의 목구멍에 독을 채워 넣는 것이 낫다."

는 주장을 하면서 공립학교에서 진화론의 교육을 몰아내려 했다. 이렇게 시작된 이 운동은 40여 년에 걸치면서 '진화론과 창조론의 동등한 수업'을 요구하는 형태로 바뀌어 갔다. 이들의 주장은 간단하다. 진화론은 과학의 형태를 하고 있지만 아직은 모순이 많고 증거가 부족한 가설에 지나지 않으므로 창조론과 함께 학습되어야 학생들이 어느 한 쪽의 편견에 빠지지 않을 수 있다는 것이다. 이 길고 긴 논쟁은 1987년 미국 연방 대법원에서 진화론의 승리로 끝을 맺게 되었다.

이후로 자녀에게 진화론을 가르치는 것을 거부하는 부모들은 자신의 아이들을 창조론을 가르치는 미션스쿨로 전학시키거나 홈스쿨링(학교에 보내지 않고 집에서 부모가 자녀를 가르치는 것으로 미국에서는 정식 교육과정으로 인정하고 있다)으로 지도하여 왔다.

그러나 종교적 믿음은 쉽게 포기하기 힘든 법이다. 창조론으로는 더 이상 싸움을 이어갈 수 없게 된 기독교 단체들은 이후로 창조 과학론, 지적설계론 등의 다양한 형태로 이 논쟁을 끌고 나갔다. '인간이 적절하게 환경에 맞게 변화해 온 것은 사실'이지만 다윈이 주장하는 것처럼 우연히 이루어진 것이 아니라 지적인 존재(하느님이라고 부르지는 않지만 어떤 절대자)에 의하여 계획적으로 이루어진 변화라는 지적 설계론이 2000년대에 들어 더욱 설득력을 얻게 되었고, 마침내 2004년 미국의 펜실베니아 주 도버지역 교육위원회에서는 이 지적설계론을 진화론과 동등한 위치에서 교육하기로 결정했다. 이때부터 미국 전역은 다시 '진화론, 창조론, 지적설계론'의 논쟁으로 휩싸여 갔다. 과학과 종교가 적절히 타협하는 모습을 갖춘 지적설계론은 많은 미국인들의 지지를 얻었지만, 이어진 재판에서 그 결과는 또 한 번 진화론의 승리로 싱겁게 끝나고 말았다. 판결 요지는 단순하다.

'지적설계론은 창조론을 새롭게 이름붙인 것에 지나지 않으며, 창조론은 과학이 아니고 종교'

라는 것이다. 흥미로운 것은 이 재판의 주심 판사는 아주 독실한 기독교인이었다는 것이다. 이 재판 결과는 이후에 이어진 다른 재판에서도 바뀌지 않고 지속되었다.

■ 지적설계론 재판의 주요 논점에 대한 포스터

하느님과 창조론에 대한 미국인의 통계

세계에서 가장 과학이 앞선 나라는 미국이다. 그래서 우리는 때로 미국이 가장 이성적이고 과학적인 사고를 한다고 자연스럽게 믿게 된다. 그러나 종교에 관한 몇 가지 통계 숫자를 살펴보면 미국에 대한 이런 선입견이 오해라는 것을 알 수 있다.

2001년에 발간된 '미국의 풍습과 제도(The USA Customs and Institution)'에 따르면 미국인의 90%는 하느님을 믿으며, 86%는 기독교인이고, 80%는 성경에 있는 사후세계를 믿는다고 한다. 또, 2005년 10월 실시된 갤럽 조사에 따르면 53%의 미국인이 '하느님이 성서에 나온 방법으로 인간을 지금 모습 그대로 창조했다'고 믿으며, 31%는 인간이 '수백만 년에 걸쳐 다른 생물체로부터 진화해왔지만 그 과정은 신이 주관한 것이다'라고 답했다. 오직 미국인의 12%만이 '인간이 다른 생명체로부터 진화했으며 그 과정에 하느님은 아무 관계가 없다'고 답했다.

이외에도 미국 지폐에 새겨진 국가 모토(motto)는 '우리는 하느님을 믿습니다(In God We Trust)'이고, 국기에 대한 맹세에서는 미국을 '하느님의 나라(one nation under God)'라고 부르는 것을 보면, 미국은 지구상의 가장 강력한 기독교 국가임이 분명하다. 과반수에 달하는 미국인이 창조론을 믿고, 당시의 부시 미국 대통령이 공개적으로 지적설계론을 가르쳐야 한다고 주장(2005년 8월 텍사스 언론과의 인터뷰)을 함에도 불구하고, 재판 결과는 번번히 진화론의 승리로 매듭지어지며, 과학과 종교를 굳이 구분하는 미국을 어떻게 이해하여야 하는가.

종교에 대한 나의 생각

앞서 말한 것처럼, 세계에서 가장 유명한 수학자 중에 한 사람 유클리드의 업적은 《원론 The Elements》의 저술이다. 성경 다음으로 세계에서 가장 많이 팔린 책으로 알려져 있는 《원론》은 현대 과학의 바탕이 되는 논리적 추론이 어떠한 것인가를 분명히 보여주는 책이다. 근대적 교육이 도입된 이래로 유럽에서는 이 《원론》을 교과서로 삼아 교육해 왔다.

그런데 이 책에도 증명하지 않고 참으로 믿는 몇 개의 사실들이 있다. 이러한 것을 '공리', '공준'이라고 하는데 이를 증명하지 않는 이유는 '증명을 할 수 없기 때문'이다. 수학에서조차 증명할 수 없는 것이 존재한다는 사실이 보통 사람들에게는 아주 낯설게 들리겠지만, 과학자들에게는 아주 흔한 일이다. 과학에서는 대체로 증명하지 않고 믿게 되는 사실을 '가설'이라고 부른다. 따라서 '공리', '공준', '가설'을 바꾸면 그 결론도 바뀌게 되며 참과 거짓이 뒤바뀌는 경우도 있다. 신의 존재에 대한 논쟁도 이와 같은 논리적 한계가 있다고 나는 믿는다. 신앙의 문제는 증명의 문제라기보다는 '공리', '공준', '가설'의 문제인 것이다.

모든 공립학교에서는 '창조론을 가르쳐서는 안 된다'는 1987년의 미국 대법원 판결과 최근의 지적설계론에 대한 판결을 신의 존재에 대한 판결로 해석할 필요는 없다. 단지 과학과 종교는 '공리'가 서로 다른 영역이라는 것일 뿐이다. 신의 존재

■ 미국 지폐에는 '우리는 하나님을 믿습니다(In God We Trust)'라고 쓰여 있다.

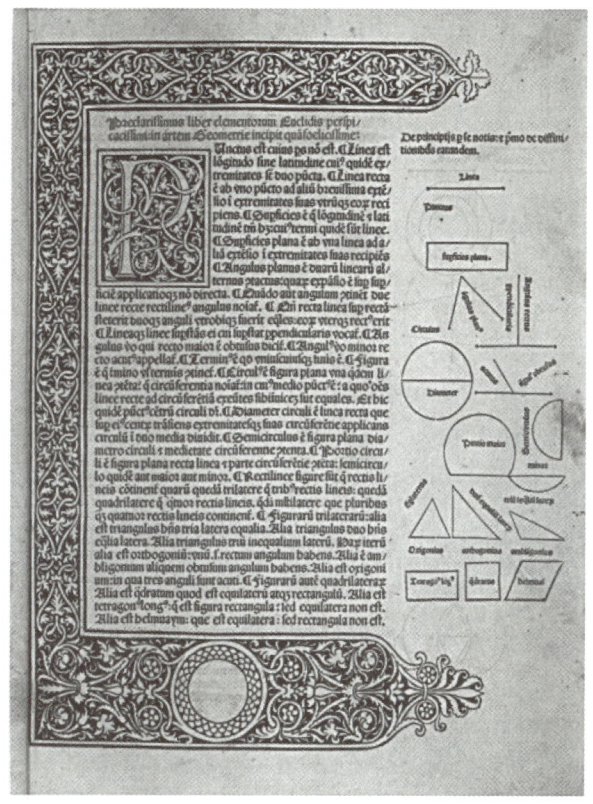
■ 유클리드 원론 중의 한 페이지(http://images.search.yahoo.com/images/view)

를 공리가 다른 과학적 수단(수학적 사고)을 이용하여 증명하려는 시도 자체가 의미가 없기 때문이다. 신의 존재는 믿음의 영역이지 과학적 사고력의 영역은 아니다.

히브리 대학교

예루살렘 히브리 대학교의 입구는 무장한 경비원으로 철통의 보안을 이루고 있어 여행객이 학교에 선뜻 발을 내딛기 어려운 분위기였다. 마치 공항을 빠져나갈 때처럼 입구에서부터 가방을 검색하고 방문 이유를 묻는다. 1979년 10월 26일 아침, 등굣길에 만난 계엄군 이래로 실탄이 든 총을 휴대한 경비원을 대학교에서 만나기는 처음이다. 기가 죽은 나는 학교에 들어가서도 한동안 기분이 살아나지 않았다. 더욱이 학교 안에서 검색대 쪽을 향하여 기념으로 사진을 한 방 찍었다가 카메라의 사진과 소지품까지도 샅샅이 검사를 받게 된 후로는 전쟁터의 취재기자처럼 바짝 긴장을 하고 다니지 않을 수 없었다.

히브리 대학교 입구에는 이 학교에서 학생들을 가르친 적이 있는 과학자 아인슈타인의 자전거 타는 모습이 실제 크기의 사진으로 재현되어 있었다. '움직일

 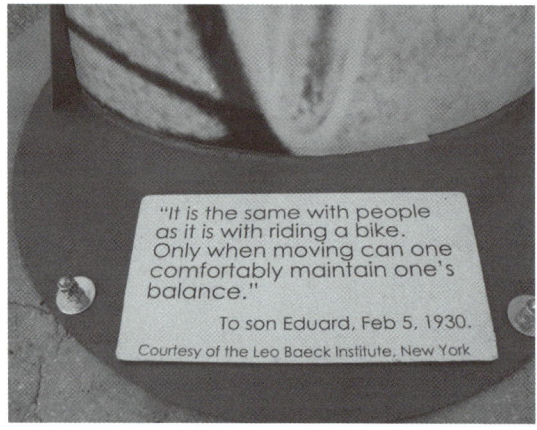

■ 히브리 대학교 안에 있는 아인슈타인 자전거 타는 사진(왼쪽) 아래에는 '움직일 때만 균형을 유지할 수 있다'는 아인슈타인 말이 적혀 있다.

■ 히브리 대학의 정문은 공항의 출국대를 연상시킨다. 이 사진 한 장 때문에 무장 경비원이 달려와 내 카메라와 소지품에 대한 보안검열을 심하게 했다.

때만 균형을 유지할 수 있다'는 아인슈타인의 글이 인상적이었다.

대학교만이 아니었다. 국회를 비롯한 모든 공공 기관 앞의 출입구는 삼엄한 경비가 이루어지고 있었다. 심지어 백화점의 입구에도 검색대와 경비원이 배치되어 있는 것을 보면 이스라엘의 공공장소는 반드시 총을 든 경비원과 보안 시스템을 갖추도록 한 법이 있지 않을까 하는 짐작을 해본다. 이스라엘 성의 입구 역시 군인과 경찰들이 경비를 서고 있었다.

이집트 카이로에서 아기 예수를 만나다

예루살렘 여행 일 년 후 예수와 헤로데왕의 인연을 이집트 카이로에서 다시 만난 것으로 이야기를 마무리해야 할 것 같다. 예수가 태어나자 헤로데왕은 모든 어린아이를 죽일 것을 명령했다. 이 소식을 접한 마리아와 요셉은 아기 예수를 보호하기 위하여 먼 곳으로 피난을 떠나기로 결심한다. 그들이 이스라엘로부터 나귀를 타고 이집트로 피난을 와서 3년간 머물렀다는 전설 속의 교회가 이집트 카이로에 있었다.

'아부 사르가 교회' 또는 '예수피난 교회'라고 불리는 이 교회는 소박한 느낌의 콥틱 교회로 로마 교황청과는 독립적으로 자체의 교황을 보유하고 있는 종교단체다. 가장 완벽하게 초기 기독교의 모습을 보존하고 있는 이들은, 예수 제자 베드로를 제1대 교황으로 삼는 로마 가톨릭과는 달리, 사도 바울을 자신의 제1대 교황으로 삼으며 2000년 동안 독특한 전통을 이어왔다.

교회는 작고 아담했으며 작은 나무 기둥조차도 성경에 얽힌 이야기를 가지고

■이집트 카이로에 있는 예수 피난교회로 가는 골목길의 길거리 책방

있을 정도로 고대 교회의 원형을 그대로 유지하고 있었다. 이곳에 있던 동굴에서 아기 예수는 헤로데왕이 죽었다는 소식이 들릴 때까지 머물렀다고 전한다. 예수가 태어난 때부터 죽을 때까지 겪었던 갈등과 분쟁은 이후에는 더욱 더 확대된 모습으로 나타났으니, 기독교인들이 그토록 원하는 평화는 어쩌면 하늘나라에만 있는 것일지도 모를 일이다. 예수가 실제로 살았다는 건물 지하는 지금은 출입이 금지된 상태였다.

■예수 피난교회 입구

예수가 부활할
수학적 확률을 계산한 사람들

예수의 두 번째 무덤을 찾다

　예수가 골고다에서 처형당한 후 처음 매장된 무덤 터(현재의 성묘교회)는 임시로 사용되던 곳이었다. 당시 유대인들의 장례 풍습은 사람이 죽으면 임시 무덤(동굴과 같은 곳)에 매장을 한 후, 어느 정도 시간이 지나 살과 내장이 없어지면 뼈만 추려서 조그만 상자 모양의 석관에 넣어 두 번째 무덤에 옮겨 놓는 것이었다. 이 두 번째 무덤은 대체적으로 모든 가족들의 관을 한곳에 모아두었기에 가족 무덤의 성격을 갖는다.

　2007년 3월, 미국 TV 채널 디스커버리에서는 다큐멘터리 〈잃어버린 예수의 무덤〉을 방영했다. 1980년 이스라엘 예루살렘 인근 지역 탈피옷(Talpiot)에서 아파트 공사 중 한 가족의 무덤을 발견했는데 최근에 여러 증거들을 분석한 결과, 이 무

■ 예수가 십자가를 짊어지고 골고다에 오르다 세 번째로 쉬었다는 십자가 길의 제9지점.

덤이 2,000년 동안 잃어버렸던 예수의 두 번째 무덤이라는 것이다.

 사실 이 주장은 새로운 것이 아니었다. 이미 30여 년 전에 발굴에 참여한 일부 이스라엘 고고학자들에 의해 제기된 주장이었으나 감당하기에는 너무나 충격적인 이슈였기 때문에 몇몇의 관계자만 알고 다시 묻어둔 것이었다. 그런데 이번에는 아예 예수가 부활할 확률을 수학적으로 계산한 후, 이 무덤의 주인을 예수라고 발표해버린 것이다. 나는 일단 예수의 죽음이 있었던 장소 골고다를 보기 위해 성묘교회로 향했다.

골고다 언덕의 성묘교회

 예수의 죽음은 유대교와 기독교 간 종교 갈등의 시작점이 된다. 예루살렘 성의 제일 큰 문인 자바 게이트를 지나 왼쪽 길을 따라가니 십자가 길이라 불리는 야트막한 경사로가 나타났다. 이 길이 골고다 언덕에 이르는 길이다. 아랍어로 '해

■ 성묘교회의 한 창문 아래에 놓여 있는 사다리는 아무도 손댈 수 없다. 이 교회의 열쇠는 이슬람 측에서 관리한다.

골의 장소'라는 의미의 골고다는 예수가 처형당했던 장소로 본래는 예루살렘 성 밖에 있던 곳이었다. 성을 확장하면서 성의 안쪽에 속하게 된 이곳에는 사람의 두개골 모양을 한 바위가 있었다는 이야기가 전하는 곳이다.

예수의 무덤에 대한 성경 기록, 〈요한의 복음서〉 19장 39~41절은 단순하다.

이에 예수의 시체를 가져다가 유대인의 장례 법대로 그 향품과 함께 세마포로 쌌더라. 예수께서 십자가에 못 박히신 곳에 동산이 있고 동산 안에 아직 사람을 장사한 일이 없는 새무덤이 있는지라. 이 날은 유대인의 준비일이요 또 무덤이 가까운 고로 예수를 거기 두니라.

예수가 십자가에 못 박혀 죽음을 맞이한 뒤 안장되었던 무덤 자리에는 현재 교회가 세워져 있다. 골고다의 정확한 위치를 알지 못했던 동로마제국의 황제는 예수가 매달렸던 '진짜 십자가'가 발견되었다는 소식을 접하고 난 뒤, 이곳에 성묘교회를 건립했다. 십자가의 길 제10지점부터 제14지점까지에 위치하는 이 교회도 예루살렘과 운명을 같이했다. 전쟁으로 파괴되고 다시 건축되는 과정을 거치면서 교회 내부는 가톨릭교, 그리스정교, 기독교, 시리아정교, 아르메니아정교 등의 여러 교파가 각각 구획을 나누어 사용하게 되었고, 정작 교회의 열쇠는 이슬람 측이

■감람산의 아침. 이곳에서 예수는 예루살렘에 들어오기 전 마지막 설교를 했다.

소유하게 되었다.

　성묘교회의 어느 창문 아래에는 그들의 갈등을 상징적으로 보여주는 작은 사다리가 세워져 있었다. 종교 간의 갈등으로 긴장이 이어지자 1853년 예루살렘을 지배하던 이슬람 술탄은 각 공동체 간의 영역을 확고히 정한 후, 영원히 현재 상태를 유지하라는 포고령을 내린다. 이 명령이 내린 날부터는 그 어느 쪽도 자신들의 뜻대로 이 교회를 손댈 수 없게 되었다. 누군가가 아무 뜻 없이 가져다놓은 창문 아래의 외벽 사다리도 제거하려면 예루살렘 성 안의 모든 종파가 합의를 이루어야 할 수 있는 일이 돼버렸다. 그때부터 사다리는 항상 같은 자리에 놓여 있게 되었다고 한다. 십자가의 길을 따라 걷는 여행객의 마음도 무거워지는 곳이다.

예수 부활에 대한 도전

때마침 2007년, 전 세계에서 비슷한 줄거리의 소설이 인기를 끌고 있었다. 베스트셀러 소설 《다빈치코드》와 다큐멘터리 〈잃어버린 예수의 무덤〉이 결합되면서 예수의 부활에 대한 부정적 결론에 대중들의 관심은 커져갔다. 무덤의 발굴과 검증 과정에 고고학자와 수학자 등이 참여했기 때문에 상당히 과학적인 것으로 보였다. 게다가 이 다큐멘터리를 제작하면서 직접 해설자로 출연한 사람이 영화 〈타이타닉〉으로 명망이 높았던 카메룬 감독이었기에 언론의 관심은 매우 고조되어 있었다. 그들은 프로그램을 방영하기 전에 기자회견을 갖고 아주 자신 있게 그들이 믿는 증거를 제시했다. 같은 해에 그 증거는 《예수의 무덤The Jesus Family Tomb》이라는 책으로 출간되기도 했다.

기독교의 핵심 교리는 예수의 부활에 있고 최대 축일 역시 예수가 다시 살아난 부활절이다. 기독교를 제외한 현대의 어떤 종교도 인간의 모습으로 태어난 신이 죽은 후에 다시 부활한다는 교리를 갖고 있지 않다. 예수가 부활함으로써 인간이 아니라 하느님과 동격임을 증명한 것으로 믿는 것이다. 따라서 부활의 교리에 도전하는 것은 기독교의 기본 정신에 도전하는 것이다.

예수가 부활한 것이 옳다면 뼈를 묻어놓은 두 번째 무덤이 있을 수 없다. 이는 곧, 예수가 부활한 것이 아니라는 확실한 증거가 된다. 그것이 이 TV 프로그램에 대해 기독교계에서 침묵할 수 없는 이유였다. 종교계의 반응은 매우 거칠었다.

탈피옷의 무덤이 예수의 무덤일 확률

이 무덤에서 발견된 9개의 관 중에 6개는 그 관의 주인 이름과 가족 관계가 다음과 같이 새겨 있었다.

'요셉의 아들 예수, 마리암네, 마리아, 예수의 아들 유다, 마태, 요세.'

《신약성경》에 의하면 요셉과 마리아는 예수의 어머니와 아버지 이름이다. 요세는 예수의 형제 중 한 사람의 이름과 일치한다. 이런 가족 관계를 바탕으로 그들이 성경에 나오는 예수의 가족이라고 제시한 증거는 두 가지이다.

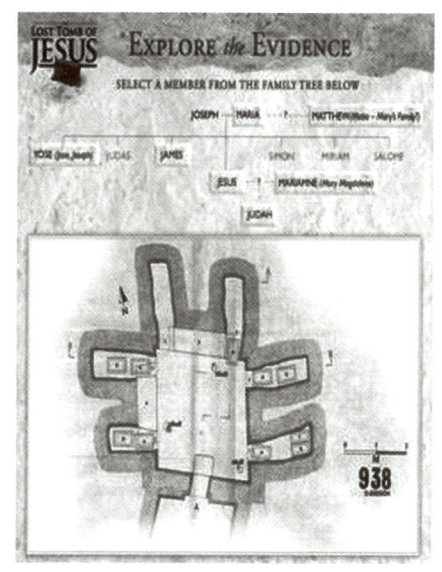

그 첫째는 DNA 분석 결과이다. 예수라는 이름이 붙여진 관의 DNA는 마리암네라는 이름이 붙여진 관의 DNA와는 아무런 혈연관계가 없지만 나머지관의 DNA와는 혈연관계가 있다는 것이다. 이 필름의 제작자는 다음과 같이 설명했다.

"DNA 분석 결과, 이 샘플들이 한 무덤에서 나왔고 그 무덤이 가족 무덤이라고 가정한다면, 예수와 마리암네 두 사람은 아무런 혈연관계가 없기 때문에 부부였을 가능성이 무척 높아진다."

이 주장에 따르면 예수는 마리암네(성경의 막달라 마리아)와 결혼을 하여 유다라는 아들을 두었다는 것이다.

두 번째 증거는 수학적인 확률로서 논쟁의 핵심이 된다. 캐나다 토론토 대학교의 수리통계학과 교수인 퓨에버저(Andrey Feuerverger)는 당시의 인구와 이름의 희소성 등을 고려하여 이 무덤의 주인들이 신약성경에 나오는 예수의 가족과 이름이 같을 확률을 계산했다. 당시 보통의 유대인들은 가족의 성을 사용하지 않고 이름만을 사용했기 때문에 이름이 같은 사람을 만나는 것은 어려운 일이 아니었다. 이 중에도 예수나 마리아라는 이름은 매우 흔하여 시장에서 마리아라고 큰 소리로 부르면 10명 중에 2~3명이 돌아다 볼 정도였다고 한다. 따라서 마리아나 예수의 이름이 무덤에서 발견되는 것도 매우 흔한 일로 확률이 높은 것이다.

그러나 이런 흔한 일도 반복적으로 일어날 확률은 매우 적어진다. 예수, 마리아, 요세 등의 이름이 발견되는 무덤은 많을 수 있지만, 이 이름이 한 무덤에서 동시에 발견될 확률은 매우 적은 것이다. 당시 유대인들이 사용하던 이름의 사용빈도를 분석한 결과는 다음과 같다.

- 요셉의 아들 예수가 나올 확률은 190분의 1
- 마리암네가 나올 확률은 160분의 1
- 요세가 나올 확률은 20분의 1
- 마리아가 나올 확률은 4분의 1

예수의 가족으로 알려진 이 모든 사람의 이름이 한 무덤에서 발견될 확률은 각각의 확률을 모두 곱한 값인 243만 2,000분의 1이 된다. 이 결과를 아주 적극적인 의미로 해석하면 이 무덤의 주인이 성경에 기록된 예수가 아닐 확률은 240만분의 1, 즉 거의 틀림없이 예수의 무덤이라는 것이다.

퓨에버저 교수는 좀더 보수적이고 신중하게 계산하기로 했다. 이 확률에 역사적 기록이 가질 수 있는 편향성을 제거하기 위해 다시 4를 곱하고, 예루살렘 근처에서 그동안 발굴된 무덤의 개수 1,000을 곱하여 600분의 1을 얻었다. 이는 아주 보수적으로 해석하여도 600분의 1의 확률로 예수가 아닌 사람이 이 무덤의 주인이 될 수 있다는 뜻이다. 600번 중에 599번은 예수의 무덤이라는 의미이다. 통계적으로 이야기하면 신약성경의 예수와 이 무덤의 주인이 거의 일치한다는 결론에 도달하는 것이다.

수학적 논리 추론에 대한 의심

수학에서는 물론이고 모든 논리적 추론에서 옳은 결론을 얻기 위해 가장 중요한 것은 전제이다. 논리적 추론이 옳은 경우에도 그 전제가 다르면 전혀 엉뚱한 결론에 도달하기도 한다. 이 논쟁도 여기에 초점이 맞추어져 있다.

퓨에버저 교수가 전제로 한 것은 다음과 같다.

- 마리암네는 그의 아내다.
- 요세는 그의 형제다.

이 전제에 대한 증거는 무덤의 어디에도 없다. 특히 막달라 마리아가 예수의 부인이라든가, 마리암네가 막달라 마리아라는 증거는 성경에서도 그 근거를 찾을 수 없다. 일부 외경(성경에서 제외된 초기 기독교 기록) 또는 소설에나 등장하는 예수의 가족 관계를 전제로 한 논리적 추론인 셈이다. 특히 이곳이 가족 무덤이라는 증거도 없이 두 사람이 서로 혈연관계가 없다는 것만으로 이들이 부부라고 주장하는 것은 확실한 느낌을 주기에는 약간은 허술한 느낌이 많이 드는 대목이다. 논쟁이 뜨거워지자 수학적 확률을 계산했던 퓨에버저 교수는 논쟁에서 빠져나왔다.

"나는 어느 무리 중에 있는 사람들의 이름이 특정한 역사적 시점에, 주어진 조건에 우연히 맞을 확률을 계산한 것일 뿐, 이 가족이 신약성경의 사람들과 같다는 주장을 하는 것은 아니다."

논쟁이 치열해지자 초기 무덤 발굴에 참여한 고고학자 중에서도 이들의 주장을 부정하는 사람이 생겨났다. 가난한 나사렛 사람 예수가 고향이 아닌 예루살렘에 가족무덤을 가질 리 없었을 거라는 주장도 있었다.

현재 기존의 무덤과 25미터 정도 거리에 발굴되지 않은 무덤이 있다. 다큐멘터리 제작자들은 이 무덤의 주인이 예수의 또 다른 친척이나 제자일 수도 있다고 믿고 있다. 이 무덤이 발굴되면 논쟁은 좀더 뜨거워질 것이다.

이스라엘을 떠나며

예루살렘에서 버스를 타고 국경을 넘어 이집트의 수도 카이로로 향했다. 이 길은 모세가 자신의 민족을 이끌고 이집트를 벗어나 '젖과 꿀이 흐르는 땅, 가나안'으로 향했던 길이다. 새벽 첫차를 타기 위해 고속터미널에 도착했지만 오후 표를 제외하고는 이미 대부분이 매진이었다. 오후 차를 타게 되면 오늘 중으로 이집트의 국경을 넘을 수 있을지 장담할 수도 없는 데다가 설령 이집트 국경까지는 가까스로 도착할 수 있을지언정 카이로에는 도저히 갈 수 없는 시간이었다. 이집트의 황량한 사막에서 하룻밤을 보내야 하는 사면초가의 상황에 놓이게 된다

■이스라엘 국회의사당에 걸려 있는 유대계 프랑스인 샤갈의 태피스트리. 유대 지도자 모세를 머리에 뿔이 난 형상으로 묘사했다.

는 끔찍한 생각에 고개를 절레절레 흔들며 어떻게든 이 버스를 타야만 한다고 나는 생각했다. 버스 관계자를 붙잡고 사정해 보아도 뾰족한 방법이 없었다. 그저 혹시 예약자가 나타나지 않으면 빈자리가 생길지도 모르겠다는 답변만 돌아올 뿐이었다.

 그래도 기다렸다. 1시간이 지나 버스가 떠나려 할 때는 이미 모든 좌석이 만원이었다. 그때 실망하는 내 눈빛을 보면서 운전기사가 나에게 물었다.

"정 그렇게 급하면 서서 갈 수는 있어요."

 그리하여 나는 고속버스 안에서 4시간을 선 채로 이스라엘의 국경도시 엘랏을 향해 갔다. 차창 밖의 풍경은 적막했다. 이곳은 풀 한 포기 자라지 않는 곳으로 도저히 사람이나 짐승이 살 수 있는 곳이 아니었다. 심지어 바다까지도 마찬가지였다. 물고기가 살 수 없을 정도로 염도가 높은 바닷물은 사람이 들어가도 둥둥 떠오르는 곳으로 이름조차 '죽음의 바다, 사해'다. 지금은 곳곳에 이스라엘의 리조트가 건설되어 있어 사해의 황량함을 어느 정도 덜어 주고는 있지만 푸른 산과 맑은 계곡물에 익숙한 내게는 여전히 낯선 풍경이다. 모세가 그토록 원했던 가나안 땅이 이토록 거칠고 메마른 곳이었단 말인가? 이집트를 벗어난 모세는 예루살렘에 도착하지도 못하고 생을 마감하지 않았던가?

 이스라엘에 도착한 첫날 텔아비브행 지하철에서 만난 한 이스라엘 교수는 더는 유대인은 유대교를 믿는 민족이 아니라고 이야기했다. 그의 말에 의하면 최근 통계에서 이스라엘 사람 중 50퍼센트가 '종교가 없다'고 대답했다고 하니 더는 유대교는 유대인의 종교라고 할 수 없겠다. 오히려 한국의 크리스천(기독교와 천주교를 합한) 수가 50퍼센트를 넘지 않을까? 그는 자신도 종교가 없는 유대인이라고 말하면서도, 유대교는 유대인의 정체성을 결정하는 구심점이라는 사실을 분명히 말하려고 했다. 종교로서가 아니라 문화와 관습으로 자리한 것이다. 2,000년 이상 나라 없이 지내온 민족의 정체성을 언어나 인종적 특성에서 정의하는 것은 매우 어려울 것이다. 그러나 이제는 유대교를 믿는 사람을 유대인으로 정의하던

■홍해 연안의 아름다운 도시 엘랏의 입구.

시절도 지난 듯하다.

　풀 한 포기 살지 않는 황량한 사막을 지나 사해를 바라보며 한참을 버스로 이동하여 다다른 이스라엘과 이집트의 국경도시 엘랏은 아름다운 오아시스였다. 햇살은 온화하고 홍해에서 불어오는 바람은 시원하며, 바닷물도 생명으로 넘쳐나고 있었다.

PART **03**

터키

T U R K E Y

왜! 직각은 100도, 1시간은 100분이 아닌가?: 바빌로니아 문명의 흔적

어색한 단위 – 직각은 90도, 1시간은 60분

'왜, 직각은 100도, 1시간은 100분이 아닐까?'

누구나 한 번쯤은 생각해 보았을 문제다. 수학의 기본은 단위다. 정해진 단위에 따라 수많은 수학 식이 만들어진다. 수학적 단위 중에 가장 어색한 것이 각도와 시간이다. 누구나 초등학교 시절의 추억에는 각도기를 이용하여 각도를 재는 법과 시계를 읽는 법을 배우던 기억이 있을 것이다. 그런데 아무래도 부자연스러워 눈에 거슬리는 것이 있다. 직각이 90도라는 것이다.

우리는 10이 되면 단위가 바뀌는 십진법에 익숙하기 때문에 한 마디가 매듭지어지는 수는 10이거나 100이어야 자연스럽다. 예를 들어 100밀리미터는 1미터가 되고 1,000미터는 1킬로미터가 된다. 그런데 각도만큼은 직각을 90도로 하고 한 바퀴를 완전히 돌면 360도라고 한다. 시간의 경우는 더욱 심하다. 일관성이 전혀 없다. 때로는 60을 한 묶음으로 하여 큰 단위가 되기도 하고, 때로는 12 또는 24를 한 묶음으로 하여 큰 단위가 되기도 한다. 어떤 때는 시작 값이 0이고 어떤 때는 시작 값이 1이다. 하루는 24시간, 1시간은 60분, 1분은 60초이며, 1초는 100등분을 하거나(이 경우에는 특별한 단위가 없다) 1,000등분을 한다. 게다가 1년은 365일이고 12개월로 되어 있다. 또 한 달은 28일, 30일, 또는 31일로 되어 있다. 시간을 정하는 각 단위에 사용되는 숫자가 서로 달라 어느 것 하나 일관성이 없으니 시계를 읽는 방법과 각 달의 날수를 기억하는 방법은 교육을 통하지 않고는 습득할 수 없다. 무슨 특별한 과학적인 근거가 있어서 그렇게 각도와 시간을 정하는 단위마다 그 크기가 다른 것일까?

깜짝 놀랄 정도로 아름다운 도시, 이스탄불!

도시가 형성된 기원전 660년 이래로 2000년 넘게 세계 정치·종교·예술·역사의 중심지였으며, 그리스시대에는 비잔티움(Byzantium), 동로마제국 시대에는 콘스탄티노플(Constantinople)이라고 불렸던 곳이다. 1453년 술탄 메메드 2세가 이곳을 점령하면서 다시 이슬람의 중심적인 도시가 되었으며, 이로 인해 동로마제국의 가톨릭과 오스만제국의 이슬람 문명이 어울어진 곳이다.

터키의 이스탄불은 곳곳이 모스크였고, 그 내부는 온갖 기하적도형의 장식으로 가득했다. 우상숭배를 금지하는 이슬람 교리에 따라 사람, 동물, 식물 등의 형상으로는 장식을 하거나 건물을 지을 수 없기 때문에 오직 직선, 원 등의 기하적 형상만 이용하여 만든 종교 건축물이 그렇게 아름다울 거라고는 상상도 못했다. 이슬람 건축과 장식에 매료된 네덜란드 화가 에셔(Maurits C. Escher)가 '테셀레이션'이라는 매우 일반화된 이슬람 건축물의 장식 방법을 자신의 예술 세계로 끌어들였다는 사실은 익히 알고 있었지만 실제로 직접 그 아름다움을 보고서야 화가의 마음을 깊이 공감할 수 있었다. 터키인들이 스스로를 세계의 중심, 유럽 문화의 핵이라고 자랑하는 이유를 이제는 이해할 수 있을 것 같다.

■ 이스탄불의 한 다리 위에서는 낚시꾼들이 한낮의 여유를 즐기고 있었다.

■ 동쪽에서 바라본 이스탄불의 모습. 1유로면 이용할 수 있는 주민들의 통근 페리를 타고 바다로 나가 유람을 즐겼다.

■ 이스탄불의 한 이슬람사원 내부의 모습. 천장과 벽은 온통 기하적 도형으로 가득하고, 코란의 글귀가 장식처럼 적혀 있다.

    동양과 서양을 잇는 이스탄불 바닷가의 다리 밑으로는 유람선이 지나가고, 그 다리 위에는 많은 낚시꾼들이 몰려서 낚시를 즐기고 있었다. 도시는 놀랍도록 깨끗하고 활기가 있었다. 서울의 강남과 강북이랄까? 두 바다 마르마라 해와 흑해를 가로지르는 다리를 기준으로 이스탄불의 서쪽은 유럽, 동쪽은 아랍의 풍경을 하고 있었다. 바다인데도 물은 호수처럼 잔잔했고 물비린내조차 나지 않았다. 이집트 카이로의 더위에 비하면 오후 4시의 이스탄불의 햇볕은 오히려 따뜻했다. 지중해의 산들바람이 미치도록 기분 좋게 하는 곳, 이곳은 이스탄불이다. 아야소피아('하기아소피아'라고도 부른다)와 블루 모스크 사이에 앉아서 다시 한 번 모스

■ 이스탄불의 밀리언스톤은 동로마시대에 좌표평면의 원점 역할을 하던 돌이다.

크의 웅장함을 느껴보았다. 해가 기울자 날씨는 심지어 춥기까지 하여 긴팔 옷을 배낭에서 꺼내 입지 않으면 저녁에는 돌아다니기가 쉽지 않았다. 그래도 덥지 않아서 여행하기에는 참 좋은 날씨였다. 숙소로 돌아오는 길은 이미 해가 져서 블루 모스크와 아야소피아는 조명으로 더욱 화려하게 빛나고 있었다.

이스탄불의 중심에 놓여 있는 어느 돌 앞에 발길이 멈췄다.

'밀리언스톤million stone!' 100만 달러짜리 돌이라는 의미가 아니다. 거리를 나타내는 단위 마일(mile)에서 온 단어다. 마일의 라틴어 어원은 밀리아(millia)로 1,000이라는 의미를 가지고 있다(1,000년을 밀레니엄이라고 부르는 것도 같은 라틴어 어원을 갖기 때문이다). 따라서 마일은 1,000걸음이라는 뜻으로 사용된 로마의 거리 단위인 것이다. 바로 이 돌이 유럽의 모든 길의 시작점이자 세계의 중심점이라는 의미이다. 모든 길은 로마로 통한다고 했던가. 동로마의 수도 콘스탄티노플(이스탄불)은 비잔틴 시대에 세계의 중심이었고 그 중심의 중심에 밀리언스톤이 있었다.

당시에는 모든 도시의 위치나 거리는 이 돌을 기점으로 계산되었다. 데카르트가 수학에 좌표계를 도입하고 원점을 정하기 전에도 이스탄불의 중심에 있던 밀리언스톤은 지구 좌표평면의 원점으로 사용되고 있었고 이스탄불은 거리의 단위 마일뿐만 아니라 각도와 시간의 단위를 정하고 세계로 전파시킨 중심도시의 역할을 하였다. 도시 곳곳에 시계탑이 있고 한 궁전에는 시계박물관이 있는 것도 시간의 발명자인 이슬람 문화와 무관하지 않을 것이다.

복잡한 단위의 근거

역사는 어딘가에 그 흔적을 남긴다. 시간에서 사용되는 혼돈스러운 단위는 수학이 발달되어온 과정의 흔적이다. 농사를 짓는 것이 가장 중요했던 고대 문명에서는 태양의 움직임을 관찰하는 것이 수학자의 중요한 임무였다. 고대인들은 자신들의 경험과 관측에 의하여 계절은 정확하게 365일마다 반복된다는 사실을 발견했다. 때문에 이를 주기의 기본 단위 1년으로 정한 것은 아주 자연스러운 일이다. 1년을 12달로 정한 것은 고대 점성술에서 중요시하던 황도에 있는 12개의 별자리 때문으로 여겨진다. 중국 문화권에서도 이와 유사한 12지신(자, 축, 인, 묘,······해)을 사용했지만, 이런 문화가 없었던 마야 문명은 1년을 18달로 구분했다. 결국 이런 1년을 12달로 정한 것은 과학적 편리함보다는 그 당시의 자연 철학과 종교적 믿음에서 비롯된 것이라 짐작할 수 있다. 물론 360일 동안 대략 달이 12번 모양이 바뀐다는 사실도 1년을 12달로 정하는 데 매우 중요하게 작용했을 것이다. 하루를 오전과 오후의 12시간으로 나눈 것도 같은 이유일 것이다.

그래도 아직 궁금증이 남는다. 왜 한 시간을 60분으로 정했을까?

고대문명 중에서도 천문학에 관한 연구와 기록을 가장 많이 남긴 문명이 바빌로니아 문명이다. 그런데 이 문명은 60진법이라는 아주 독특한 숫자 표시 방법을 사용하고 있었기 때문에 60에 이르러서야 새로운 단위가 나타난다. 이를테면 새로운 단위를 '백'이라 하면 바빌로니아 인들은 숫자를 다음과 같이 세었다.

1, 2, 3, 4, ···, 59, 백,
백1, 백2, 백3, 백4, ···, 백59, 2백,
2백1, ···

따라서 이들에게는 한 묶음이 60으로 이루어지는 것이 너무나 당연했다. 그들이 1시간을 60분, 1분을 60초로 만든 사람들이다.

태양을 기준으로 대략 360일 정도면 계절이 반복된다는 사실을 발견한 고대 바빌로니아인들은 1회전을 360도라는 단위로 정했을 것으로 생각된다. 따라서 1도는 하루가 되는 셈이 된다. 이를 4계절로 나누면 한 계절은 직각 90도가 된다. 게다가 직각이 90도면 정삼각형의 한 각이 60도가 되므로 여러 삼각형의 성질을 쉽게 표현할 수 있다.

수학적인 관점에서 보면 12와 60은 다른 수에 비하여 약수를 많이 갖는 수이다. 약수가 많은 수는 수학적 응용에 편리하다. 네 숫자 360, 90, 60, 12는 지구의 1회전과 정삼각형이 교묘하게 결합되면서 얻어진 숫자들인 셈이다.

이런 수학적 단위가 적절히 결합됨으로써 삼각함수의 계산에 편리성을 주었기에 오랜 세월 동안 이 문화유산이 유지되어온 것이다.

잊힌 단위, 1시간은 100분, 직각은 100도

많은 사람들이 단위마다 다른 숫자가 사용되는 각도와 시간의 단위에 불편함을 느낄 것이다. 모든 단위를 십진법으로 통일하면 혼동과 불편함이 줄어들 게 분명하다. 예를 들어 섭씨온도를 살펴보면 물이 어는점을 0도라고 하고 끓는점을 100도라 하고 그 사이를 100등분하면 1도의 크기가 정해지듯이 각도도 직각을 100등분하여 1도를 정하면 이 혼란스러운 문제는 해결되지 않을까?

실제로 이런 시도가 있었지만 현재는 거의 잊힌 단위가 있다. 1700년대 후반, 프랑스 왕 루이 16세는 지역마다 다른 측정단위를 국가적으로 통일하여 편리하게 사용할 수 있는 방법을 연구하는 전문가들의 모임을 결성했다. 이 모임을

■ 랄랑드의 초상화. 그의 못생긴 외모는 여러 기록에 남아 있을 정도로 독특하고 기이했다고 한다.

■ 프랑스 혁명 달력(왼쪽)과 십진법 시계(오른쪽)는 10을 기본 단위로 했다.

가장 헌신적으로 이끈 사람이 랄랑드(Joseph Jérôme Lefrancois de Lalande, 1732~1807년)다. 그는 핼리혜성이 관측되는 새로운 시점에 관한 예언을 하는 등 여러 뛰어난 과학적 업적으로 유명했지만 '매우 못생긴' 외모로도 잘 알려져 있었다. 그는 프랑스 과학학술원의 멤버로서 자신의 명성과 혼란스러운 시대 상황을 잘 이용하여 새롭고 혁신적인 단위를 도입했다.

이 모임에서 연구한 결과물이 현재 우리가 사용하는 '미터법'이다. 1미터의 길이, 1리터의 부피, 1그램의 무게를 정하고 각각의 1,000배를 킬로의 단위로 정한 것이다.

프랑스 혁명 과정에서 루이 16세뿐만이 아니라 많은 귀족들이 단두대에서 목이 잘렸다. 덕분에 귀족들이 사용하던 가발을 만들어 내던 공장은 완전히 고객을 잃어버릴 정도로 혁명은 극단적으로 과거와 다른 새로운 것을 원하던 시절이었다. 혁명정부는 옛 왕정과 완전히 단절할 수 있는 새로운 달력을 원했기에, 랄랑드는 10의 배수를 기본으로 하는 달력 시스템을 제안했다.

프랑스 공화정이 새롭게 탄생한 1792년 9월 22일을 새로운 달력의 첫째 해와 첫째 날로 정하고 한 달은 30일로 하고 1주일을 10일로 정했다. 이 새로운 달력을 만드는 일은 폐업했던 가발 공장에서 주로 맡아서 했다. 이 제안이 혁명정부에 의하여 채택되자, 1795년에는 한 발 더 나아가 시간과 각도도 10의 배수를 기본으로 정했다.

● 하루 = 10시간, 1시간 = 100분, 1분 = 100초, 직각 = 100도(그레이드)

직각을 100등분하여 그중 하나의 크기를 1그레이드(grad, gradian)로 정함으로써 직각은 100그레이드, 평각은 200그레이드, 완전한 한 바퀴의 각은 400그레이드가 되었다. 이 새로운 각은 사용하기 편리한 부분이 있었다. 프랑스 혁명을 거치면서 정착된 미터법과 이 시스템이 어울리면 여러 가지를 간단하게 나타낼 수 있었다. 예를 들어 적도에서 1그레이드의 호의 길이는 100킬로미터이고, 1분(하루가 10시간인 단위에서) 동안 지구는 40킬로미터의 속력으로 회전한다.

그러나 새로운 달력의 사용은 오래가지 않았다. 프랑스 혁명 시작 후 10년이 지나도 단위가 통일되지 않고 혼란이 계속되자 나폴레옹은 새로운 달력을 폐기했다. 이에 따라 다른 단위의 사용도 새로운 달력의 실패와 함께 곧바로 추진력을 잃어버리게 되었다. 그나마 독일 등으로 전파가 되어 1980년대까지도 명맥을 유지하던 그레이드조차 최근에는 완전히 사라져 버렸다.

오늘날 공학이나 과학에서 사용하는 각도는 이제 90분법도 아니다. 새로운 각의 단위로 라디안(radian)을 사용한다. 이는 순수하게 과학적 편리함에 의해 만들어진 것이다. 이 라디안은 여러 계산을 아주 단순하게 하는 힘을 가지고 있다. 특히 미분이나 적분에서는 이 단위를 사용하지 않으면 여러 공식과 계산 결과가 달라질 수도 있다.

프랑스 혁명 이후에는 국제적인 단체나 국가가 주도하여 십진법을 시간에 넣으려는 시도는 없었다. 그러나 개인이나 작은 규모의 단체들에 의한 시도는 아주 많이 있었다. 이중에 비교적 최근에 이루어진 시도로, 1998년 10월 23일 스위스 시계 제조 회사 스와치(Swatch)는 하루를 1000등분하여 '비트'라는 시간 단위를 만들었다. 이에 따르면 하루의 시작(자정)은 000비트이고 마지막은 999비트가 되며, 정오는 500비트가 된다. 이 시간을 그들은 '인터넷 시간'이라고 정의했으며 실제로 시계를 생산하여 팔기도 했다.

밀리언스톤의 단위 – 마일

이스탄불의 이정표 밀리언스톤에서 사용된 단위 '마일'은 시간이나 각도의 단위보다 훨씬 복잡하고 규칙성도 없다. 1마일은 1,760야드이고, 1야드는 3피트가 되며 1피트는 12인치다. 심지어 당시에는 돈의 단위조차 10의 배수로 표현하지 않고 있었다. 예컨대, 오랫동안 영국에서는 1파운드가 20실링, 1실링이 12펜스라는 화폐제도가 유지되어 왔다. 또 21실링을 1기니, 5실링을 1크라운이라고 불렀다. 옛날 사람들이 현대인보다 훨씬 복잡한 수학적 계산법 아래 살았음은 분명한 사실이다.

1548년에 벨기에에서 태어난 수학자 스테빈(Simon Stevin)은 이런 계산이 많은 시간과 노력의 낭비를 초래할 뿐만 아니라 여러 가지 혼동의 원인이 된다고 생각했다. 최초로 수학에 소수(小數, 0과 1사이의 실수) 표현법을 도입하는 등 여러 수학적 업적을 세운 스테빈은 10진법만이 이런 혼란을 막는 유일한 방법이라고 확신했다. 만약 거리를 재거나 무게를 달고 돈을 지불할 때 모든 것이 10의 배수 단위로 사용된다면 세상은 좀더 살기 쉬운 곳이 될 것이라고 그는 확신했다.

이 스테빈의 주장에 매우 깊은 감명을 받은 미국인이 있었다. 후에 미국 대통령이 된 토머스 제퍼슨(Thomas Jefferson)은 프랑스가 미터법을 도입하기 수년 전인 1790년 미국 의회에 새로운 단위 사용을 제안했다. 이 개혁안은 그의 강력한 주장에도 당시의 미국 연방의회에서 단 한 표차로 부결되었다. 그 이래로 미국은 현재까지도 마일 단위를 여전히 사용하고 있다.

나이아가라 폭포의 추억

10여 년 전, 나는 미국 미시간 대학교(University of Michigan)에 한 여름 동안 머문 적이 있었다. 그곳에서 멀지 않은 곳에 미국인들의 신혼 여행지로 유명한 나이아가라 폭포가 있다.

대학교가 있는 도시를 출발하여 디트로이트를 지나면 곧 바로 캐나다로 이어지는 고속도로가 있다. 미국 고속도로는 차가 많지도 않고, 거의 평지에 직선 모양으로 되어 있어, 운전을 하다보면 속도감을 못 느끼고 과속하기 쉽기 때문에 나는 특별히 길가의 속도제한 표지판에 주의하면서 운전을 했다.

미국을 지나 캐나다를 들어서는 순간, 속도 제한 표지판의 숫자가 크게 바뀌었다는 사실을 발견했다. 보통의 미국 고속도로는 속도 제한이 60마일에서 70마일 정도이다. 그런데 캐나다 국경을 넘으니 이 속도 제한이 100으로 표시되어 있는 것이다. 운전하고 있던 자동차의 속도계를 보았다. 이 자동차의 계기판에는 80 이상의 눈금은 아예 표시되어 있지도 않았다.

'어떻게 할까?'

망설이던 나에게 순간, 무제한의 속도로 달릴 수 있다는 독일 고속도로 '아우토반'이 떠올랐다.

'아마도 내가 듣지 못한 탓이리라.'

캐나다에도 비슷한 고속도로가 있고, 이 고속도로는 제한 속도가 100마일이라고 판단한 나는 더 이상 촌티 나게 망설일 이유가 없었다. 엑셀을 힘차게 밟으

■ 미국에서 본 나이아가라 폭포. 사진의 다리가 두 나라의 국경선으로, 폭포의 건너편이 캐나다이다.

니, 자동차의 속도계 바늘은 80을 넘어, 얼마인지도 모르는 빈 곳을 가리키고 있었다.

주의의 풍경은 미국과 전혀 다를 것이 없었다. 언어도 같고, 집의 모양도 같고, 사람들의 생김새도 같고, 산천의 모습도 같았기에 이 두 나라가 사용하는 속도 단위가 다르다는 사실은 꿈에도 생각할 수가 없었다. 한참을 달리는 동안, 너무나 많은 차들을 추월하면서 캐나다 사람들의 점잖은 운전 자세를 칭찬하다가, 비로소 이곳의 100이라는 표지판은 100km를 의미한다는 것을 깨달았다. 그동안 교통경찰이 없었다는 사실에 가슴을 쓸어내리며.

목성 우주 탐사선을 떨어뜨린 NASA의 실수

이와 같은 실수를 나만이 하는 것은 아닌가 보다.

1999년 NASA는 목성 무인 우주 탐사선의 성공적인 발사에 흥분해 있었다. 엄청난 금액(1억 2천 5백만 달러)이 투입된 목성 기후 궤도 탐사선(MCO; Mars Climate Orbiter)은 미 항공우주국이 오랫동안 심혈을 기울인 작품이었다. 이 우주선이 지구를 떠나 목성에 도달 하는 데에만 6개월이 걸렸다. 장거리 여행 후, 이 우주선은 목성 표면에 직접 착륙하지는 않고 목성의 기후 궤도에 머물면서 화학물질, 광물의 성분 등을 조사하며 특히 목성에 물(얼음)이 존재하는지 여부를 탐사하는 임무를 맡고 있었다. 특히 물의 존재여부는 목성의 생명체의 존재여부와 직접적인 관계가 있는 것으로 많은 과학자가 그 결과를 애타게 기다리고 있었다. 그런데 6개월에 걸쳐 목성까지 이동한 9월 23일, 갑자기 이 우주선이 실종되었다. 계속적으로 이 우주선을 찾으려고 노력했으나 실패하던 NASA는 11월 10일 자신들의 사고는 두 단위의 혼선의 결과라는 보고서를 발표했다.

NASA는 1990년부터 공식적으로 미터법을 사용하기 시작했으나 미국의 일반적인 측량단위는 영국식 구형 도량형인 야드법이다. 우주 발사선의 제작사 록히드마틴사는 탐사선의 제원을 야드 단위로 제작했고, 이를 조종했던 NASA는 야

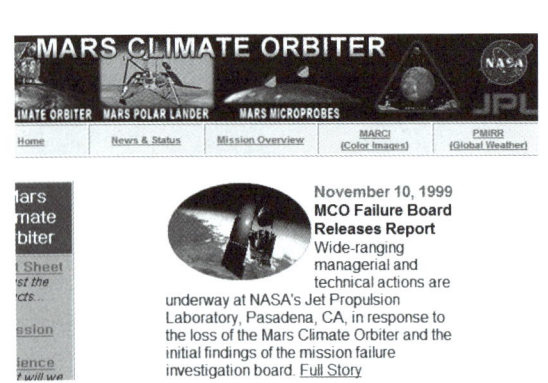
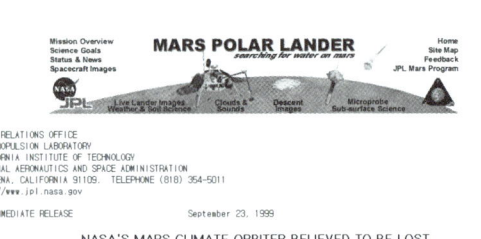

■ 우주탐사의 실패를 기록한 NASA의 공식 홈페이지

드법을 미터법으로 착각하여 이 우주선을 예정되었던 궤도보다 낮은 궤도에 진입시킨 것이다. 대기권의 마찰을 견디지 못하고 우주선이 폭발한 것으로 이 보고서는 결론을 내렸다. 이 사건 이후 거의 2년간 화성탐사가 중단되었으니, 그들의 실수는 내가 저지른 실수와 같은 종류임에도 그 결과는 비교도 되지 않을 정도로 엄청난 것이었다.

그래도 미터법을 쓰지 않는 미국

단위 변환의 실수는 너무나 자주 일어나는 계산 실수이다. 목성 탐사선을 잃어버린 것 외에도, 병원에서 환자에게 주사된 약의 양이 처방된 것과 달라진다든지, 항공기의 연료주입에 잘못된 단위를 사용함으로써 비행 중에 연료가 떨어진다든지 하는 사고가 끊임없이 일어난다. 그런데도 미국은 꿈쩍도 하지 않는다. 오히려 비행기의 고도나 골프 등에서는 피트, 야드 같은 미국의 단위가 세계적으로 더 널리 쓰인다. 게다가 그들이 사용하는 단위는 십진법도 아니어서 우리와 같이 미터법에 익숙한 사람들을 더욱 혼란스럽게 한다.

■미국의 모든 가정의 가전제품은 110볼트이기 때문에 여행객들은 미국에서는 일반적인 전자제품(220볼트)을 사용할 수 없다.

단위 변환에서 오는 혼동은 과학이나 공학의 경우 더욱 심하다. 미국에서는 모든 가전제품과 가정용 전기에 전압 110볼트를 사용하고 있다. 이를 국제적으로 사용이 빈번한 220볼트로 바꾸지 않고 고집하는 이유와 야드법을 미터법으로 바꾸지 않는 이유는 비슷할 거라고 추측해 본다.

현재 대부분의 나라는 미터법을 도량형의 근본 단위로 삼는다. 이 때문에 마일의 원조였던 로마제국의 두 중심축 터키와 이탈리아마저도 마일이라는 단위를 오래 전에 포기했다. 미국 야드법의 원조인 영국조차 EU의 출범을 계기로

1994년부터 미터법을 공식적인 단위로 사용하고 있다. 그런데도 미국은 NASA와 같은 과학기구나 몇몇 공공 기관들을 제외하고는, 국가전체로는 아직도 야드법을 사용하고 있다. 최근의 뉴스에 의하면 이 혼란으로 발생하는 경제적 비용을 더 이상 감당하기 어려워 미국도 미터법으로 전환을 구상 중이며, 캐나다와 미국의 국경에도 단위에 대한 안내판을 설치하려 한다고 한다.

이스탄불의 구릉지

이스탄불의 중심지 공원에 한가로이 앉아서 하기아 소피아와 불루 모스크의 웅장함을 다시 한번 느껴보았다. 해가 기울자 여름 날씨임에도 심지어 춥기까지 해, 긴 팔 옷을 배낭에서 꺼내어 입지 않으면 저녁에는 돌아다니기가 쉽지 않았다. 참 좋은 날씨이다. 숙소로 돌아오는 길은 이미 해가 져서 불루 모스크와 하기아 소피아는 조명으로 더욱 화려하게 빛나고 있었다.

이스탄불을 벗어나 한참을 달려도 풍경은 이스탄불만큼이나 아름다웠다. 그리 높지 않은 구릉지가 부드럽게 펼쳐져 있고 마을마다 높은 언덕에는 모스크와 집들이 모여 있으며 아래쪽은 밭으로 이루어져 있었다. 정말로 부드러운 곡선의 언덕이었다. 꼭대기에서부터 구르면 적당한 가속으로 굴러 내려가다가 언덕 아래에 부드럽게 도달할 수 있을 것 같은 정도의 기울기를 가지고 있었다. 사막으로 풀 한 포기 없던 이스라엘 언덕과는 완전히 달라 보이는 이곳은 모든 곳이 나무와 푸른 농작물로 덮여 온통 푸른색이었다. 1,000년 전의 동로마제국과 오스만제국의 풍요를 짐작할 수 있는 풍경이었다.

■ 이스탄불의 전철은 시내의 중심지를 쉽게 이동할 수 있는 편리한 교통수단이다.

■ 터키 언덕 곳곳은 이름이 알려지지 않은 아름다운 이슬람사원으로 가득했다.

지워져 있던 양피지 Ms. 355의 비밀

잊혔던 아르키메데스의 연구

《연합뉴스》 2006년 8월 3일 자에 다음과 같은 뉴스가 실렸다.

● **아르키메데스 연구기록 X선으로 발견**

고대 그리스 수학자 아르키메데스가 양피지에 기록한 귀중한 연구 내용이 수백 년 만에 미국 학자들에 의해 발견됐다고 BBC 뉴스 인터넷 판이 2일 보도했다. 이 문서에는 아르키메데스가 현실 세계를 수학적으로 설명하기 위해 개발한 '부체론浮體論' '기계적 방법론' '스토마키온'의 유일한 그리스어판 기록이 포함돼 있다.

아르키메데스의 연구 원본은 10세기경 익명의 필사가에 의해 양피지에 옮겨졌으나 그 후 약 300년이 지나 예루살렘의 한 사제가 양피지를 재활용하는 바람에 시야에서 사라졌다. 이 사제는 원래의 기록을 긁어내고 반으로 자른 뒤 방향을 옆으로 돌려 책으로 묶고 여기에 4세기의 유명한 연설가 히페리데스와 다른 철학자들의 저술 내용을 기록하고 여백을 그리스정교회의 기도문으로 가득 채웠다. 훗날 20세기에 문서 위조범들은 책의 가치를 높이기 위해 금칠한 종교화들을 덧씌워, 양피지 책은 10세기 잉크의 흔적만 희미하게 남아 있을 뿐 원래 형태를 알아볼 수 없을 정도로 훼손됐다.

개인 소장가가 갖고 있던 이 재활용 양피지 책은 다양한 광학 및 디지털 이미징 기술로 분석했지만 맨 밑의 기록은 그림과 얼룩들에 가려져 최근까지도 드러나지 않았다.

스탠퍼드 싱크로트론 방사선 연구소의 우베 베리만 박사 등 연구진은 X선 형광분석 기술을 이용해 여러 겹의 다른 그림과 글씨 밑에 숨어 있는 원래 기록을 찾아냈다. 작업이 진행된 볼티모어 소재 월터스 박물관의 희귀본 담당 학예관 윌 노엘은 "마치 기원전 3세기로부터 팩스를 받은 것과 같은 기분"이라고 감회를 밝히면서 "하나의 책에 3개의 고대 문서가 모여 있는 것은 전대미문의 기적이며 8대 불가사의"라고 흥분했다.

전대미문의 기적이며 8대 불가사의라고 불리는 이 책이 아르키메데스의 《팔림프세스트(Palimpsest, '양피지' 라는 뜻)》다. 이 책의 존재가 세상에 최초로 알려진 곳이 이스탄불이다.

이스탄불의 술탄 궁전

어제는 밤 11시가 넘어 숙소에 돌아왔다. 이집트와 이스라엘에 비할 수 없을 만큼 깨끗하고 아늑한 곳이었다. 한 방을 여럿이 사용하니 아침에 여러 번 잠에서 깨어나는 것은 어쩔 수 없는 일이었지만 아침까지 기분 좋게 잘 수 있는 편안한 곳이었다.

도착한 날, 이스탄불의 경치에 완전히 도취되어 여기저기 많이 걸은 탓에 다리가 뻐근했다. 걸어 다닌 시간에 비례해 감동의 크기도 커져갔다. 탁신 광장으로 이어지는 오래된 전찻길은 숙소에서 제법 가까운 곳에 위치해 있었다. 혁명의 영웅들로 장식된 광장을 거쳐 터키 술탄의 궁전이었던 돌마바흐체의 화려한 내부를 살펴보았다. 장식의 규모와 종류가 다를 뿐이다. 프랑스 베르사유 궁전

■이스탄불의 술탄이 살던 궁전 앞의 세례당. 유럽의 세례당에 비하여 화려하고 아름다운 장식이 인상적이다.

과 유사한 느낌이 드니 터키가 유럽임은 분명한 듯했다. 유럽 궁전과 다르다고 느낀 유일한 이유는 여자들만의 공간인 '하렘harem' 때문이었다. 금남의 공간이라는 호기심 때문에 꼭 한번 보고 싶었던 하렘은 생각보다는 소박한 장식과 작은 궁전으로 이루어져 있어 특별한 감흥이 일지는 않았다.

오전 내내 궁전 가이드를 따라 걷다 보니 다리가 또다시 아파왔다. 어제의 무리한 일정이 다음날까지도 영향을 주는 것이다. 앞으로의 긴 여정을 무사히 마치기 위해 무리하지 말고 일정 조절을 잘해야 할 필요성을 다시금 느꼈다. 오늘은 2개의 궁전, 탁신 광장, 지하 저수조(Cistern)의 두 메두사를 보았으나 궁전의 화려함과 지하 저수조의 웅장함이 어제의 감동을 넘어서지는 못했다. 첫날에 느낀 터키의 감동이 너무나도 커서 오랫동안 이어졌기 때문일 것이다.

해가 지기 전에 이스탄불대학교 인근의 한 교회를 보기 위해 내 발걸음은 서두르고 있었다. 아르키메데스의 《팔림프세스트》가 발견된 곳이다.

■메두사의 얼굴이 있는 석조기둥이 거꾸로 놓인 상태로 지하 저수조의 기둥으로 쓰이고 있었다.

아르키메데스의 《팔림프세스트》 – 영화 같은 드라마가 있는 이야기

아주 오래되어 먼지가 잔뜩 쌓여 있는 낡은 책장에서 곰팡이 냄새를 풍기는 한 권의 책을 찾아냈다. 이 책은 수백만 달러 가치가 있는 귀한 물건으로 세상 사람들의 주목을 받았으나 어느 날 도둑을 맞게 된다. 그 후 오랜 세월이 지나 이 책은 세상에 다시 모습을 드러낸다. 고고학자 '인디아나 존스'가 보물을 찾아가는 영화 이야기가 아니다. 아르키메데스의 잃어 버린 책 《팔림프세스트》의 이야기다.

이 책의 존재가 최초로 세상에 알려진 것은 1899년에 성서학자 케라메우스(Papadopoulos Kerameus)에 의해서였다. 1900년대 초 이스탄불(당시는 콘스탄티노플)에서 그리스정교회의 도서관에 보관되어 있던 책들의 목록을 만들고 있던 그는, 오래된 한 기도서에 수학적 흔적이 남아 있는 것을 보고 흥미롭다고 생각했다. 책의 목록에 이 기도서를 Ms. 355로 이름 붙이고 그 내용의 일부를 목록에 실어놓았다. 이 소식을 접한 덴마크 코펜하겐대학교 하이베르그(Johan Ludvig Heiberg, 1854~1928년) 교수는 1906년에 곧바로 이스탄불로 와서 이 문서를 해독하기 시작했다.

종이가 본격적으로 사용되기 전에 중세 유럽이나 아랍에서는 파피루스보다

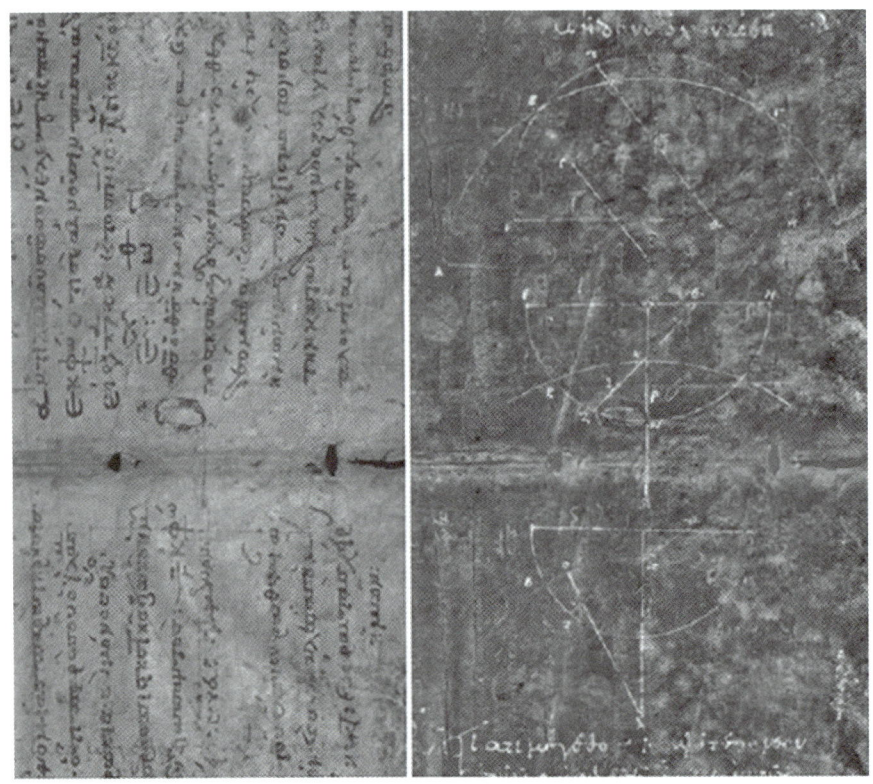

■《팔림프세스트》의 원본. 세로로는 기도문이, 가로로는 희미하게 수학적 증명이 기록되어 있다(왼쪽). 현대 기술로 복원된 《팔림프세스트》(오른쪽). 아르키메데스의 여러 도형이 명확하다. 1998년 이 책은 뉴욕의 크리스티 경매장에 모습을 드러냈다. 이에 그 소유권을 주장하는 그리스정교회의 소송으로 경매가 중단되기도 했으나 소유자에게 권리가 있다는 법원의 판결로 경매는 계속되었다. 이 책은 결국 신원 미상의 미국인이 200만 달러에 낙찰되었다. 현재는 미국 볼티모어의 월터 미술관에 보관되어 있다. 학자들이 과학적인 연구 목적으로 활용할 수 있도록 완전히 개방되었다.

더 오래가고 보존력이 좋은 양피지로 책을 만들었다. 어린 송아지나 양의 가죽을 얇게 펴 만든 양피지 위에 펜과 잉크로 기록된 책은 오랫동안 사용할 수 있었으나 파피루스보다 가격이 월등히 비싼 게 흠이었다. 비용을 절약하기 위해 중세의 수도사들은 쓸모없어 보이는 옛날 양피지 책의 내용을 칼로 지워내고 그 위에 수도사의 입장에서 중요한 성경이나 기도문의 내용을 기록하기도 했다. 수학이나 과학에는 무지하여 아르키메데스를 알지 못했을 어느 중세 수도사도 수학이 적혀 있는 내용을 아주 열심히 긁어내고 기도문과 당시 유명했던 한 철학책의 내용을 적어 놓았던 것이다.

이 책에 기록된 구체적인 수학 내용은 1907년에 하이베르그가 논문을 발표하면서부터 서서히 드러나기 시작했다. 현대와 같은 X선이나 초음파를 이용한 검사가 아닌 오직 육안으로만 미세한 흔적으로 남아 있는 수학적 내용을 판별해내는 것은 그의 헌신적 정성이 아니면 불가능했다. 더구나 그는 책의 원본으로 작업을 진행할 수도 없었다. 그들의 연구가 세상에 알려지면서 이 책을 연구 초기에 도둑맞았기 때문이다. 다행히 각 페이지를 정밀하게 찍어 놓은 사진이 남아 있었다. 이를 확대경을 이용하여 관찰하면서 뒤에 숨겨진 내용을 찾아내는 작업을 한 것이다.

그로부터 다시 30여 년의 세월이 지난 후, 한 프랑스 수집가는 콘스탄티노플의 암시장에 나타난 원본을 사서 자신의 고향으로 가져갔다. 세상에 다시 모습을 드러낸 책에는 종교적 의미의 금색 나뭇잎이 표지와 처음 네 쪽에 새겨 있었다. 아마도 이 책의 가치를 올리기 위한 일종의 보정 작업이었겠지만 원본을 훼손하는 어리석은 일을 한 것이다.

1998년 이 책은 프랑스에서 미국으로 건너와 뉴욕의 크리스티 경매시장에 모습을 드러냈다. 그러자 터키의 그리스정교회가 이 책의 소유권을 주장하는 소송을 제기함으로써 경매가 중단되기도 했으나, 소유자에게 권리가 있다는 법원의 최종 판결로 경매는 계속되었다. 이 책은 신원미상의 미국인에게 200만 달러에 낙찰되어, 현재는 미국 볼티모어의 월터미술관에 보관되어 있고, 학자들이 과학적인 연구 목적으로 활용할 수 있도록 완전히 개방되어 있다. 이후 이 책의 발견과는 별도로, 영국 케임브리지 대학교 도서관에 보관 중이던 정체모를 문서도 이 책의 일부임이 밝혀지면서 내용을 완벽하게 복원하려는 작업이 시작되었다. 오랜 시간 동안에 3번이나 양피지가 재활용되면서 아르키메데스의 원문은 거의 훼손된 상태였기에 완전한 복원 작업은 불가능할거라 여겨졌지만, 이를 2006년에 이르러 온전하게 복원해 낸 것이다. 여기에 쓰인 모든 내용이 수학적인 것은 아니며, 일부는 아리스토텔레스의 발명품에 대한 기록이라는 새로운 사실도 알게 되었다.

《팔림프세스트》의 수학적 가치

이 책에 기록된 가장 중요한 수학적 내용은 '무한소진법Exhaustion'이라고 불리는 증명 방법으로 아르키메데스가 수학에 최초로 극한을 도입하여 사용했다는 전설을 사실로 확인하게 된 것이다. 이 방법은 어떤 도형의 넓이를 구하기 위해 이미 잘 알려져 있는 도형의 넓이를 이용하는 것으로, 먼저 구하고자 하는 도형에 내접하는 도형과 외접하는 도형의 넓이를 구한 후, 이를 좀더 세분화함으로써 정밀한 값을 찾아내는 것이다.

예를 들어 원의 넓이를 구하기 위해 이 원에 내접하는 삼각형과 외접하는 삼각형의 넓이를 구한다. 다음에는 삼각형을 사각형으로, 다시 오각형으로 계속 반복하여 바꾸어가면 이 도형은 원에 가까워지므로 좀더 정확한 넓이도 구할 수 있게 되는 것이다. 이 방법은 현대 해석학에서 상한(Upper bound)과 하한(Lower bound)을 이용하는 것과 동일하며 수학적으로 엄격한 증명법 중 하나다.

또 이 책에는 원, 구, 원기둥의 측정에 관한 내용이 있다. 아르키메데스가 자신의 묘비에 새겨 달라고 유언할 정도로 자랑스럽게 생각했던 이런 도형들에 관한 그의 연구의 구체적 내용을 확인해 줄 수 있는 유일한 증거다.

오랫동안 이름만 전해 오면서도 그 내용은 거의 알려지지 않았던 스토마키온(Stomachion)의 기록도 여러 수학자들의 눈길을 끌었다. 이는 다음 그림과 같은 정사각형의 14개 조각을 적당히 결합하여 만들 수 있는 새로운 정사각형의 개수를 구하는 단순한 문제로, 마치 우리나라의 전통의 칠교놀이와 비슷한 조각 퍼즐이다.

최근 연구에 의하면 스토마키온으로 1만 7,152개의 새로운 정사각형을 만들

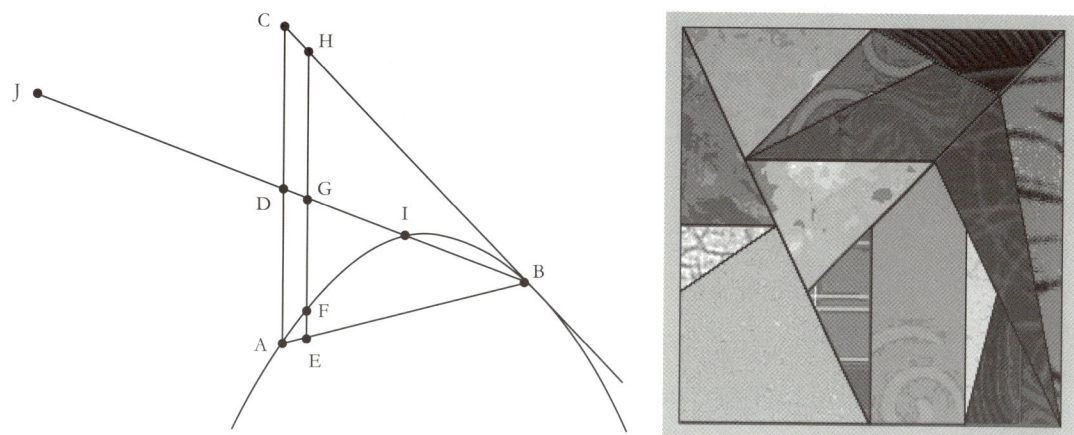

■ 아르키메데스 《팔림프세스트》에 있는 여러 기하적 도형(왼쪽). 이 중에서도 스토마키온(오른쪽)은 전설로만 그 존재가 전해오던 문제다.

수 있으나 대칭이나 회전 변환 등으로 겹치는 것을 제외하면 536개가 존재한다는 사실이 밝혀졌다. 수학자들은 아르키메데스가 단순히 오락으로 이 문제를 풀지는 않았을 것으로 추측하지만 아직도 중요한 수학적 의미를 이 도형에서 찾아내지는 못했다. 현재까지 밝혀진 이 도형의 수학적 성질을 참고로 나열해보면 다음과 같다.

1. 조각들로 만들어진 정사각형을 모눈종이 위에 올려놓으면 반드시 격자점 위에 각 조각들의 꼭짓점이 놓인다.
2. 각 조각들의 넓이는 전체 넓이의 정수 비로 나타낼 수 있다. 예를 들어 큰 정사각형이 한 변의 길이가 12인 경우, 그 넓이는 144인데 이때 각 조각의 넓이는 3, 3, 6, 6, 6, 6, 9, 12, 12, …으로 각각 전체 넓이의 48분의 1, 24분의 1, 16분의 1, 12분의 1, 6분의 1이 된다.

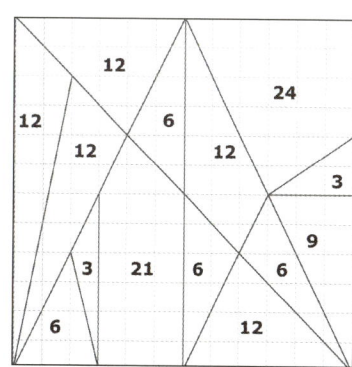

헬로, 마이 프렌드!

터키인은 대부분 신사처럼 보였고, 친절하고 부드러운 말씨를 사용했다. 길거리 음식도 정갈해 보이고 상품의 모든 금액은 정찰제였다. 그들은 항상 낯선 여행객을 형제라고 불렀다. 한국도 형제의 나라라고 말했다. 처음에는 관광객을 대상으로 하는 가이드나 상인들의 상투적인 인사라고 생각하고 지나쳤다.

"헬로, 마이 프렌드!"

"헬로, 마이 브라더!"

버스 기사도, 관광안내원도, 식당 주인도, 호텔 주인도, 그들은 만날 때마다 그렇게 인사를 했다. 부탁을 하거나 도움을 청하면 기꺼이 도와주었다. 친절한 정도가 보통 이상이었다. 숙소를 찾거나 궁전 입장시간을 물었더니 찾는 곳까지 아예 데려다 주거나 전화를 직접 걸어 문제를 완전히 해결해주었다.

"헬로, 마이 프렌드!"

어느새 나도 기꺼이 인사를 받고 답인사를 하기 시작했다. 오히려 터키에서 만나는 한국인이 이방인처럼 어색하게 느껴질 만큼 한국의 느낌이 아득해져 갔다. 서로 한국인임을 알면서도 어색하게 외면해 버리는 우리의 태도 때문이다. 그때부터는 그저 지나다 만나는 한국인들에게도 인사를 한마디 건네 보기로 마음먹고 시도했다.

"안녕하세요!"

블루 모스크 옆에는 뱀이 서로 엉켜 있는 모양의 뱀기둥(Serpent Column)이 있다. 이 기둥은 양과 음이 조화를 이루고 있는 우리의 태극과 같이 어우러짐을 상징한다. 터키는 숫자 2로 상징될 만한 곳이다. 동양과 서양이 만나고 기독교와 이슬람교가 융합된 나라다. 이슬람사원인 아야소피아도 성당에 이슬람사원을 얹어놓은 형상이니 그야말로 양과 음, 서양과 동양의 조화가 이루어진 곳이다. 양과 음의 갈등 없이는 새로운 창조도 없다는 것을 우리는 잘 알고 있다. 이곳이야말로 새로운 문화와 사상이 끝없이 만들어져 나올 수 있는 소용돌이가 있는 곳

■뱀이 엉켜 있는 모양의 청동 뱀기둥(왼쪽)과 달과 별 두 가지로 이루어져 있는 터키의 국기(오른쪽).

이다. 모든 이슬람 국가들이 비슷하긴 하지만 터키의 국기도 달과 별 두 가지로 이루어져 있다.

한국 나이와 미국 나이: 0이 없는 문화

한국 나이와 미국 나이의 차이

우리는 새로운 친구를 사귈 때 상대의 나이를 확인한다. 그래야 어떤 태도로 상대를 대할지를 결정할 수 있다. 우리나라만의 아주 독특한 문화로 존댓말을 사용하는 우리의 언어습관에서 온 것이 아닐까 싶다. 나라마다 그 정도는 다르지만 상대에 대한 존칭과 존대어는 모든 언어에 존재한다. 그러나 아주 높임말, 높임말, 보통말, 낮춤말, 아주 낮춤말과 같이 단계별로 언어가 이루어진 곳은 미국과 유럽은 물론 가까운 일본이나 중국에서도 그 예를 찾을 수가 없다.

최근에는 미국 유학 중이었던 어린 한국 학생들이 호칭 때문에 싸우다 한 사람이 죽는 사건도 발생했다. 심지어 미국으로 이민 간 한국의 어린 학생들조차도 자기들끼리 모이면 나이를 따지고 경우에 따라서는 출생월이 1월생인가 3월생인가를 따져 위아래를 정하고 이에 따른 높임말과 낮춤말을 사용한다. 이런 문화를 벗어나는 사람은 버릇없는 후배로 간주되어 이 세계에서 살아남을 수 없게 된다. 하지만 대부분의 외국인들은 나이에 별 관심이 없다. 그래도 우리는 외국인에게도 종종 나이를 묻는다. 그럴 때마다 느끼는 곤란함이 있다. 우리의 나이 셈법과 그들의 셈법이 다르기 때문이다.

"나는 한국 나이로는 열다섯 살이고 미국 나이(또는 만 나이)로는 열세 살이다."

이것을 이해할 수 있는 외국인은 별로 많지 않다. 우리는 갓 태어난 아이에게 한 살을 주고 그 후에 해가 바뀌면 생일에 관계없이 한 살을 추가한다. 12월 31일에 태어난 아이가 바로 다음 날에 두 살이 되는 우리의 나이 계산법은 원래 중국과 일본을 비롯한 한자문화권에서 널리 사용되던 것이었다. 그러나 중국에서는 문화대혁명 이후, 일본에서는 1902년 이후, 만 나이만을 법적인 나이로 정한 다음에는 이 셈법은 거의 사용하고 있지 않기 때문에 전 세계에서 유일하게 우리만 사용하는 나이 계산법이 되어버렸다.

이런 전통이 생기게 된 배경을 수학적 관점에서 설명할 수 있다. 우리의 나이 셈법이 외국과 다른 이유는 우리 문화에 0이라는 숫자가 없었기 때문이다. 이 때문에 모든 셈은 1부터 시작해야만 했다. 오래전부터 0을 받아들여 사용하던 이슬람 문화권이 확장되면서 0이 세계적으로 널리 쓰이게 되었지만 우리나라까지는 그 영향을 미치진 못한 것이다.

터키 쿠샤다스

많은 사람들이 꿈꾸는 에게 해 바닷가에서 수영을 하는 호사를 누렸다. 언제 이런 기쁨을 누리겠는가? 해안가를 걷다가 사람 없는 해변을 발견했다. 개인 별장지 같았지만 이곳에서 바다를 좀 즐긴다고 그리 탓할 사람은 없어 보였다. 수영팬티만 한 장 걸치고 따뜻한 바닷바람과 태양에 몸을 맡겼다.

이스탄불을 떠나 휴양도시 쿠샤다스로 온 이유는 그리스로 들어가는 배를 타기 위해서였다. 전날 저녁 6시에 이스탄불을 떠난 버스는 밤새 지중해의 서쪽 해안가를 달려 아침 6시 목적지에 도착했다. 당시 온도는 18도. 해 뜨기 전에는 16도를 가리키기도 했다. 달랑 반바지와 티셔츠 한 장의 여름 복장인 나에게는 춥기까지 한 날씨였다. 호텔은 아름다운 쿠샤다스를 한눈에 내려다볼 수 있는 좋은 위치에 있었고 12시간이나 걸려 밤새 버스로 달려왔어도 샤워 한 번에 모든 피로가 사라져버렸다. 다인실을 사용하겠다는 다른 여행자가 없어 나 혼자 큰 방을 사용하게 되었으니 이 또한 즐거운 일이었다. 여행자에게는 배불리 먹을 수 있는 따뜻한 음식과 깨끗한 잠자리가 중요한 법이다.

바닷가에 앉아 있으면 햇살 때문에 뜨겁지만, 바닷물에 들어가면 소름이 돋을 정도로 시원했다. 오전 내내 그렇게 바닷가에 앉아 햇볕을 쬐며 호텔에서 준비해 두었던 샌드위치로 점심을 때웠다. 여행을 시작한 이래로 그렇게 여유 있는 시간을 가져본 적이 없었다. 지중해의 호화유람선이 드나들면서 아름다운 해안가가 관광지로 바뀌긴 했으나 여전히 공해 없는 쿠샤다스의 하늘은 맑아서 저녁이면 별이 가득했고 바다는 물고기가 그대로 들여다보일 만큼 투명했다. 그냥

■아름다운 쿠샤다스 해변의 해수욕장

가만히 앉아 있어도 좋은 곳이다. 체감 물가는 우리나라의 반 정도 수준이니 호사를 좀 누려본들 어떠하리.

여행 중에 한국인과 이야기할 기회는 거의 없었다. 그나마 이스탄불에선 단체관광객이나 두세 명 무리지어 다니는 한국인 배낭여행객을 가끔 볼 수 있었지만, 예루살렘에서 카이로 가는 국경을 넘는 끝없는 사막 길, 카이로에서 이스탄불로 가는 비행기, 이스탄불에서 쿠샤다스로 오는 12시간의 야간버스, 어디에서도 한국인을 본 적이 없다. 아직은 휴가철로는 이른 시기이기 때문일 것이다. 버스, 기차, 비행기로 이동하면서 자연스럽게 옆에 앉아 있는 터키인과 이야기를 나누게 되었다. 밥과 차 같은 단어가 같은 의미로 사용되는 것을 보면, 터키와 우리나라가 인종적, 언어적으로 매우 깊은 연관이 있다는 주장에 꽤 신빙성이 있어 보인다. 왠지 낯설지 않은 사람들이었다.

숙소에 돌아가니 로비에 앉아 포도주 한 잔을 놓고 주인과 이야기를 나누던 한국 사람이 반갑게 아는 체를 했다. 나도 자연스럽게 그 자리에 끼어들었다. 물론 시작 전에 우리는 통성명과 함께 서로의 나이도 확인했다.

0이 없는 한국 문화

때로는 우리나라의 나이 계산법을 생명 존중사상과 연관시켜 설명하는 일도 있다.

"나이는 엄마 뱃속에서 처음 생긴 날부터 세는 거야."

태어나진 않았지만 태아도 생명이므로 그 생명이 시작된 날부터 출생까지의 10개월을 한 살로 인정한다는 그럴듯한 설명이다. 하지만 이것은 우리가 '믿고 싶은 이야기'일 뿐이다. 사실은 우리 문화에 0이라는 숫자가 없었기 때문에 생긴 현상이다.

"아무도 0마리의 고기를 사러 시장에 가지 않는다."

영국의 수학자 화이트헤드(Whitehead)의 말처럼 무엇을 센다는 것은 반드시 1부터 출발해야 하는 것이었다.

위로가 되는 것은 한자문화권에만 0이 없었던 것은 아니다. 고대 마야문명을 제외하고는 진정한 수로서의 0은 어느 고대 문명에서도 찾을 수 없다. 단지 바빌로니아 지역에서 자릿수로서 0을 사용한 흔적은 있으나 12와 102를 구분하기 위해 빈 자릿수의 의미로 사용되었을 뿐이다.

0이 −1보다는 크고 +1보다는 작은 수로서 인식되기까지는 오랜 시간이 걸렸다. 이러한 인식은 인도에서 비롯되었다. 인도의 우자인 천문대장이자 수학자였던 브라마굽타(Bramagupta 598-662)의 저서가 쓰인 700년경에는 0이 널리 알려져 확실하게 인식되고 연구되었음을 알 수 있다. 실제로 브라마굽타는 0에 의한 덧셈과 뺄셈은 물론이고 곱셈과 나눗셈도 생각했다. 참고로 인도 괄리오르에 있는 괄리오르성의 차투르부즈 신전에는 1,200년 전 신전에 바친 공물의 양을 기록한 270이라는 숫자가 적혀 있는데, 이것이 현존하는 가장 오래된 아라비아숫자 0의 기록으로 알려져 있다. 이렇게 인도에서 출발한 0은 아랍을 거쳐 세계로 퍼져 나갔다.

스마트 십의 굴욕

0에 대한 이야기 중에 빼놓을 수 없는 사건이 미국 해군의 최정예 이지스 순항함 '욕타운(UBB Yorktown)' 표류 사건이다. 그리스 신화에서 제우스가 그의 딸 아테나에게 준 방패에서 유래된 이지스(Aegis)는, 공격 목표의 탐색부터 이를 파괴하기까지의 전 과정을 하나의 시스템에 포함시킨 미 해군의 최신 종합무기 시스템을 의미한다.

이 배는 최첨단 과학의 결정체라고 불리기도 한다. 해군의 스마트 십(smart ship) 기술을 적용하여 건조된 이 전함은 일상적 활동에 필요한 인력과 유지비용을 획기적으로 감축했을 뿐더러, 어떠한 적의 어뢰나 기뢰의 폭발로부터도 자신을 방어할 수 있는 시스템을 갖추고 있는 배이다.

 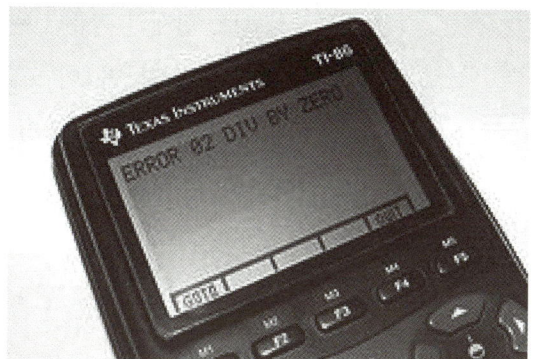

■ 미해군의 자랑 스마트 쉽(왼쪽). 휴대용 계산기(Texas Instruments TI-86)에서 0으로 나눗셈을 했을 때 나타나는 오류 메시지(오른쪽).

1997년 9월 21일, 미 해군의 자존심에 큰 상처를 준 사건이 발생했다. 이 배가 갑자기 대서양에서 움직이지 않고 멈춰 버린 것이다. 미국 국방부는 술렁이기 시작했다. 완벽한 방어 시스템을 가지고 있는 미국의 최신의 스마트 쉽을 멈추게 한 것이 적의 공격이라면 그들의 기술은 이미 미국의 한계를 넘어선 것이기 때문이다(Gregory Slabodkin, Software glitches leave Navy Smart Ship dead in the water, Government Computer News, 13 Jul 1998).

2시간 45분 동안 대서양의 파도에 따라 출렁이던 배는 이후 겨우 엔진만 가동되어 버지니아 노폭의 해군기지로 귀환되어 수리에 들어갔고, 즉각 그 원인 규명에 들어간 미국 대서양 함대의 조사 결과는 정말로 어이없는 것이었다.

사건 직전 이 배는 윈도우 시스템을 윈도우NT로 업그레이드 했다. 이 과정에서 숫자 0이 실수로 제거되지 않고 프로그램 속에 남아 있었던 것이다. 마치 시한폭탄처럼 통제 프로그램 속에서 웅크리고 있던 0은 갑자기 프로그램의 명령어를 0으로 나누기 시작했다. 어떤 값을 0으로 나누는 것은 정의되지 않기 때문에 컴퓨터는 이 명령을 감당할 수 없었다. 시한폭탄이 폭발을 일으킨 것처럼 모든 시스템은 일시에 멈추어 버렸고, 8만 마력 이지스 순항함은 순간적으로 고철덩어리로 변하고 만 것이다.

참고로, 현재의 컴퓨터 윈도우 운영체제에서는 어떤 프로그램 수행 중에 긴급 상황이 발생하면, 이 프로그램을 잠시 멈추고 다른 프로그램의 처리 결과를 기다리도록 하는 장치가 있다. 이런 프로그램의 중단을 명령하는 상황 중 가장 처음의 것이 바로 '0으로 나누기'이다. 프로그램이 0으로 나눌 것을 요청하면 중앙처리장치에서는 '0으로 나누는 것은 오류'라는 프로그램 중단 명령어를 발생시키는 것이다. 실제로 윈도우 계산기로 1÷0을 계산해 보면 이런 화면을 볼 수 있다.

빌딩에는 0층이 있다

터키의 경우는 0을 우리보다 1,000년이나 앞서 받아들였다. 덕분에 그들의 문화에는 우리보다 일찍 0이 녹아들었다. 우리는 빌딩의 층수를 부를 때 지하 1층, 지상 1층, 지상 2층 등으로 부르지만 그 사이에 0층이라고 부르는 공간은 없다.

■ 쿠사다스의 호텔 엘리베이터에는 0층이 L(Lobby)로 표시되어 있었고, 그 다음 층이 1층이었다(왼쪽). 아예 0층부터 시작하는 호텔도 있다(오른쪽).

그러나 터키의 쿠샤다스에 있는 파라다이스 호텔은 로비가 0층이고 그 다음 층이 1층이었다. 우리네의 2층이 그들에게는 1층이 되는 셈이다.

1999년 12월 31일이 가고 2000년 1월 1일이 되었을 때 세상은 두 가지 논쟁으로 시끄러웠다. 그중 하나는 컴퓨터가 새로운 00년을 잘못 인식하여 생길 수 있는 여러 가지 프로그램 오류문제고, 다른 하나는 2000년 1월 1일이 새로운 천 년의 시작(뉴 밀레니엄)인가에 대한 논쟁이었다. 수학적으로 두 번째 문제에 대한 답은 분명하다. 연대 표기의 시작이 0년이 아닌 1년이었기에 새로운 천년의 시작은 2001년이 옳다. 그럼에도 지구촌의 모든 사람은 2000년 1월 1일을 새로운 천년의 시작으로 흥겹게 맞이했다.

어차피 2000년이든 2001년이든 무슨 의미가 있겠는가? 그저 연대라는 것이 인간이 임의로 정한 숫자에 불과한 것을…. 자동차 계기판에 모든 숫자가 0으로 바뀔 때 느낄 수 있는 묘한 짜릿함을 한번 즐겨보는 것에 지나지 않을 뿐이다.

■ 전화기 숫자판이나 컴퓨터 키보드에도 0은 맨 마지막에 등장한다.

컴퓨터 자판이나 전화기에도 첫 번째 쓰인 수는 0이 아닌 1이다. 또 1시 정각은 1시 00분으로 나타낼 수 있고 새로운 날의 처음 시간은 00시 00분으로 나타내지만, 새로운 달의 첫날은 0일이 아닌 1일이다. 0시는 있어도 0일은 없는 것처럼 0에 대한 우리의 문화에는 수학적 일관성이 없다.

0과 소실점

터키를 여행하면서 나에게 계속 떠오르는 의문은 모스크의 웅장함이다. 이스탄불의 블루 모스크와 아야소피아는 상상 이상으로 크고 웅장하여 처음 보는 이의 탄성을 끝없이 이끌어낸다. 그런데 막상 내부에 들어서면 공간이 넓긴 하여도 밖에서 보던 것에 비하면 크게 감탄할 수준이 아니었다. 실제 크기에 비해 어마하게 과장되어 보이는 것이다. 그 이유는 무엇일까?

계속적인 의문은 이스탄불을 떠나면서 나름대로 결론지을 수 있었다. 원근법에 그 비밀이 있어 보인다. 모스크가 웅장해 보이는 것은 원근법을 절묘하게 이용한 공간배치에 있는 것 같다. 같은 크기의 사물이라도 뒤에 있는 것은 앞에 놓인 것보다 작아 보인다. 가로수 길을 생각해보자. 같은 크기의 나무가 같은 간격으로 심어져 있다고 하더라도 뒤로 갈수록 우리의 눈에는 점점 작아지면서 나무의 간격도 좁아지며 종래에는 아주 멀리 있는 모든 나무들은 한 점으로 수렴하게 된다. 이 점을 수학에서는 소실점(Vanishing Point)이라 부른다.

소실점을 수학에 최초로 도입한 프랑스 수학자 퐁슬레(Jean Victor Poncelet, 1788~1867년)가 만든 기하학을 우리는 '사영기하학'이라 부른다. 모스크의 돔을 같은 크기로 만들었다면 뒤의 것이 작아 보였을 것이다. 그 작아 보이는 정도로 우리의 눈은 대강의 크기와 거리를 짐작할 수 있다. 그런데 뒤의 돔이 커지면 소실점이 없어진다. 작아져야 할 위치에 더 큰 돔이 있으면 우리의 눈은 뒤에 놓인 것을 엄청난 크기로 인식하게 되는 것이다. 물론 이는 닮음 도형들 사이에서나 가능한 일이다.

■ 아야소피아(위)와 블루 모스크(아래)는 거리를 두고 멀리서 보았을 때, 더욱 웅장하게 느껴진다.

뒤의 것이 앞의 것보다 작아 보이는 것이 원근법의 기본이다. 이를 역으로 이용하는 방법은 동양화에서도 자주 쓰인다. 앞에 작은 산봉우리가 한두 개 겹쳐지면서 뒤쪽에 솟아 있는 산은 앞에 아무 봉우리도 없는 것보다 더 웅장해 보이는 원리와 같다. 사실 동양화는 소실점이 화폭이 아니라 감상자 쪽인 화폭 밖에 존재한다고 할 수 있다. 소실점이 반드시 화폭 안에 존재해야 한다는 것도 우리의 편견이 아니겠는가? 소실점을 앞에 두고 이를 중심으로 겹쳐지는 돔이 원근감을 충분히 살려 웅장함을 더할 수 있는 것이다.

아름다운 터키를 떠나며

보통의 바닷가에는 쓰레기가 많다. 자신들이 버리지 않아도 다른 나라의 쓰레기가 밀려오는 곳이 바닷가이다. 그런데 이 해안가에는 쓰레기가 거의 없다. 수천년 동안 인류의 문명의 중심지였던 에게 해와 지중해는 정말 깨끗했다. 쿠샤다스 언덕 위에는 여느 유럽 중세 도시와 같이 마을의 수호 성인상이 높이 솟아 있다. 해변으로 이어지는 작은 섬에는 이곳을 지키기 위해 만들어졌던 성의 여러 흔적들이 남아 있었다. 성의 망루에 오르니 내일의 목적지인 그리스의 사모스 섬이 한눈에 잡힐 듯했다. 내일은 오스만제국과 동로마제국의 영광을 멀리하고 피타고라스의 고향 사모스로 떠난다.

피타고라스의 고향을 이야기하고 책을 읽고 전설을 들을 때마다 마음속으로 사모스를 얼마나 아득하게 그렸는지 모른다. 사실 사모스는 오스만제국 당시 터키의 땅이었다가 1920년이 되어서야 그리스에 반환될 정도로 터키 본토에 가까운 곳이다. 그리스 본토와는 8시간도 넘게 걸리는 뱃길이지만 이곳에서는 1시간 뱃길이면 도달할 수 있는 거리에 있다.

■쿠샤다스 앞의 작은 섬에는 이 도시를 지키기 위해 세워진 중세의 성벽과 요새가 보인다.

PART 04
그리스

G R E E C E

그리스

터키

델포이
파트라스
아테네
쿠샤다스
사모스섬

그리스여행기 01

조직의 비밀을 지키기 위한 살인:
피타고라스학파

조직의 비밀을 지키기 위해 살인도 하는 조직

조직의 비밀을 지키기 위해 살인도 하는 조직이 있었다. 살인 면허가 있다고 주장하는 스파이 007이 속해 있는 영국의 첩보조직 M16이나 미국의 비밀 첩보조직 CIA의 이야기만이 아니다. 피타고라스는 자신을 따르는 사람들을 모아 모임을 만들었다. 이 모임이 피타고라스학파로 '수가 만물의 근원'이라는 확고한 종교적 믿음을 가진 집단이었다. 이들이 생각하는 수는 자연수와 분수를 합한 수(유리수)를 의미하는 것이다. 그런데 뜻하지 않게 그들이 이해할 수 없는 다른 수(무리수)가 존재함을 알게 되었다. 이 수의 존재성은 자신들이 증명한 '피타고라스의 정리'로 확인된 것이다.

그들은 선택해야 했다. 자신들이 이해할 수 없는 수의 존재를 세상에 알리는 것은 자살 행위와 같은 어리석은 짓이었다. 모든 조직원들이 비밀을 누설하지

■ 히파소스를 빠뜨려 죽였다는 이탈리아 크로토네 앞바다. 실제로 그를 죽인 것은 아니고 가짜 무덤을 만들어 죽은 체하는 형벌을 가했다는 주장도 있다.

않기로 맹세했다. 그런데 그 비밀의 맹세를 히파소스(Hippasus)가 깨고 세상에 누설한 것이다. 피타고라스학파는 히파소스를 바다로 데려가 물에 빠뜨려 죽임으로써 조직의 비밀을 지키려 했다. 피타고라스는 모든 자연현상은 단순한 정수의 비로 나타낼 수 있다고 믿었기 때문에 수학은 아름답다고 생각했다. 수에 대한 그의 기본철학은 무리수의 존재를 부인하게 했고, 결국에는 이 수의 존재를 발설한 제자를 죽음에까지 이르게 한 것이다. 그러나 이미 때는 늦었다. 한 번 새어 나간 비밀은 주워 담을 수 없는 법이다. 무리수는 세상에 알려지기 시작했고 더는 비밀을 지킬 수는 없었다. 더욱이 자신들의 상징으로 삼고 가장 신비롭게 생각했던 수, 황금비도 무리수임이 밝혀진 후에는 더는 비밀이 지켜질 이유가 없게 되었다.

그리스 사모스 섬

피타고라스는 그리스의 섬 사모스에서 태어났다. 비록 섬이긴 해도 작지 않은 이곳은 흔히 사모스라 불리는 최대 도시 바시를 비롯하여 피타고리온, 카를로바시, 마라토캄포스의 4개 도시로 이루어져 있다. 사모스 섬에 도착하자마자 숙소에 짐을 내팽개치듯 내려놓은 후 피타고라스 마을 피타고리온으로 가는 버스에 올랐다. 관광안내소 벽에 붙어 있는 지도를 살펴보니 이곳에 피타고리온 박물관이 표시되어 있었다.

"아! 피타고라스 마을에 피타고라스 박물관이 있구나."

나는 스스로 감탄을 하고 있었다. 이곳에 오기 전에 피타고라스에 관한 자료를 얻기 위해 피타고라스 박물관을 찾아보았다. 그러나 아무리 인터넷으로 찾아봐도 그리스나 이탈리아에는 피타고라스 박물관이 없었다.

피타고라스는 사모스에서 태어나긴 했지만 수학적 활동을 하면서 생애의 대부분을 보낸 곳은 현재 이탈리아 땅인 크로토네(Crotone, 그리스어로는 크로톤)이다. 그러니 두 나라 중에 어느 곳엔가는 그를 기념하는 박물관이 하나쯤은 있을 법한 일이었다. 엉뚱하게도 미국의 어느 대학교엔가 조그마한 부속 박물관(사이버 박물관일 수도 있다)이 하나 검색되긴 했지만 그리스와 이탈리아에서는 아무것도 찾을 수가 없었다. 고대 수학자 중에 이보다 더 유명한 수학자가 또 있을까? 세계의 모든 청소년이 중학생이 되면 반드시 배우는 것이 피타고라스의 정리다. 게다가 그의 사상을 아직도 기억하고 추종하는 사람들도 있는데 그의 기념관이나 박물관이 없을 수는 없는 일이다.

피타고리온 마을의 버스정류장에서 피타고리온 박물관을 찾아가는 길은 멀지

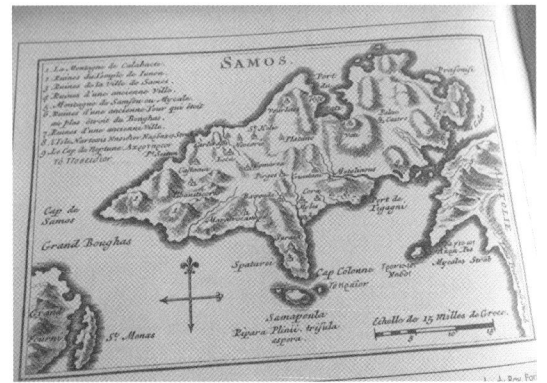 

■피타고라스가 태어난 섬, 사모스의 옛 지도에는 피타고리온이 옛 이름 티가니로 표시되어 있다(왼쪽). 피타고라스의 고향 피타고리온으로 가는 길(오른쪽).

■피타고리온 마을의 모습

않았다. 시간을 아끼기 위해 준비한 샌드위치를 박물관 앞 계단에 앉아 먹는 중에도 우연히 피타고리온 박물관을 발견했다는 사실에 몹시 설레고 흥분되었다. 그러나 박물관에 들어선 순간 나의 기대는 물거품이 되었다. 이 박물관은 고대 그리스 시대의 고고학적 유물을 전시해 놓은 곳으로(물론 피타고라스가 살았던 시대를 포함한 것이긴 하지만) 피타고라스와는 아무런 직접적 관련이 없는 곳이었다. 아! 기대와 흥분은 허탈로 바뀌었다.

"피타고라스는 독재자 폴리크라테스(기원전 538~522년)를 피하기 위해 젊은 시절에 이 섬을 떠난 것으로 알려져 있습니다."

박물관 직원은 피타고라스의 흔적이나 유물에 대해서 들어보지는 못했으나 항구에 한번 가

■ 피타고리온 항구의 피타고라스 동상에는 이해하기 어려운 기호와 문자들이 새겨져 있었다.

보라고 권했다. 피타고라스와 관련하여 이 섬에 있는 유일한 흔적은 피타고리온 항구에 있는 동상이었다. 항구의 입구에는 사선으로 올라가는 직선이 수직선과 교차하는 지점을 피타고라스가 올려다보는 모습으로 서 있었다. 직각삼각형을 형상화한 것 같으나 그 어디에도 작품 설명 같은 것은 없었다. 그리스 문자가 동상 여기저기에 새겨 있지만 이조차 알렉산드리아 도서관 벽의 문자처럼 아무런 의미가 없는 것일 수도 있다. 모든 예술 작품이 의미가 있어야 하는 것은 아니지 않은가.

실존하지도 않았던 소설 속 주인공의 고향임을 주장하며 기념박물관을 세워 관광객을 유치하는 우리나라 시장이나 군수들이 보면 땅을 칠 노릇이었다. 이곳에 번듯한 피타고라스 박물관을 하나 지어 놓으면 피타고라스 명성에 끌려 전 세계 학생들과 부모들이 자연스럽게 모여들지 않을까? 자식들 공부라면 물불 안 가리는 것은 아마 세계 모든 학부모의 공통점일 것이다.

박물관을 뒤로 하고 한낮의 뜨거운 지중해 햇살을 온몸으로 받으며 다시 길을 나섰다. 다행히 사모스 섬의 다른 곳에는 피타고라스 시대의 흔적 2개가 남아 있었다. 그중 하나가 '헤라신전'이다. 그리스 최대의 신전으로 155개의 기둥 중 현재 오직 하나만 남아 있긴 하지만 이로써 원형의 크기와 위용을 짐작하기에 충

■피타고라스 시대에 만들어진 지하 수로는 사람이 다니는 길(보이는 길)과 물이 이동하는 길(철망 아래 부분)로 구분되어 있다(왼쪽). 지하 수로 근처에는 피타고라스 시대에도 사용되었을 고대 그리스의 원형 극장도 남아 있었다(오른쪽).

분하다.

또 다른 하나는 피타고리온으로 물을 공급하는 지하 수로인 '에우팔리노스터널'이다. 이 수로는 수원지로부터 1,000미터나 되는 산 중턱을 통과하는 터널로, 사람과 물이 지나는 두 부분으로 나뉘어 있었다. 터널의 설계자 에우팔리노스의 치밀한 수학적 계산과 굴착 공학 기술은 피타고리온 박물관에 상세히 기록되어 있으니 당대 수학과 기술의 총 결정체라고 표현할 수 있다. 이 두 위대한 걸작이 피타고라스가 그토록 증오한 독재자 폴리크라테스의 작품이다. 백성의 증오를 많이 받던 독재자가 훌륭한 유물을 남기는 것은 역사적으로 그리 드문 일은 아니다. 에우팔라누스 터널의 안내자는 이 터널의 두 가지 특별한 수학적 의미를 설명해 주었다. 첫째는 고대 그리스 최초의 숫자 기록이 이 터널 안에 있는 것이며, 둘째는 터널이 양 끝지점에서 동시에 착공되어 중간에서 정확하게 만날 수 있도록 설계되고 건설되었다는 것이다. 절정에 올라 있던 당시 기하학의 완전한 결정체인 셈이다. 수로를 찾아가는 길은 고대 그리스 시대의 원형극장과 중세 수도원도 만날 수 있으며, 피타고리온 마을이 훤히 내려다보이는 언덕길이었다.

피타고라스의 정리

'직각삼각형에서 빗변의 길이의 제곱은 나머지 두 변의 길이의 제곱의 합과 같다($a^2 + b^2 = c^2$).'

선수학습이 유행인 요즘은 초등학생들도 알고 있을 정도로 이해하기 쉬운 이 공식은 영화 〈오즈의 마법사〉의 허수아비도 외울 정도이다(실제 허수아비가 외운 공식은 틀린 피타고라스의 정리다). 이때 $a = b = 1$인 경우는 $c^2 = 2$가 된다. 즉, 제곱하면 2가 되는 수가 c이다. 이 수를 유리수에서 찾을 수 없다는 것도 자연스럽게 피타고라스학파가 발견하게 된다.

한 가지 분명하게 해둘 것이 있다. 이 정리에 비록 피타고라스의 이름이 붙어 있기는 하지만 피타고라스보다 1,000년이나 앞서서 중국인이나 바빌로니아인들도 이 정리의 일부를 알고 일상생활에 사용했다는 사실이다. 단지 그들은 측량 과정에서 얻은 경험을 수학적으로 완전하게 추상화하여 증명하지 못했을 뿐이다. 따라서 모든 직각삼각형이 이런 성질을 갖고 있다는 사실을 알지는 못했을 것으로 생각된다.

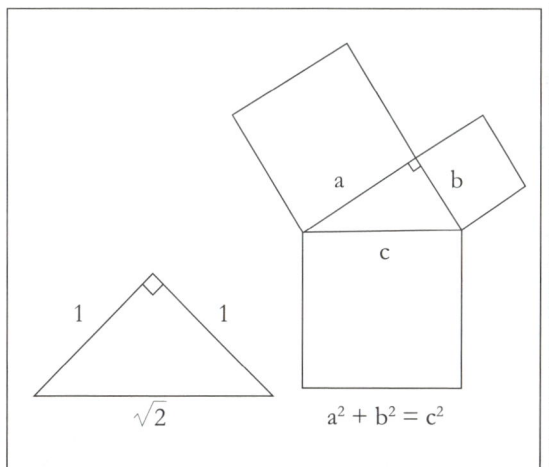

■ 피타고라스의 정리(왼쪽)는 영화 〈오즈의 마법사〉의 한 장면에서도 나온다(오른쪽).

수학적 증명만이 가지는 가장 위대한 힘이 바로 여기에 있다. 무수히 많은 증거를 가지고 있어도 궁극적인 진리를 찾는 방법은 수학적 증명 외에는 그 어떤 것도 없다. 이것이 피타고라스 이래로 2,500년 동안 인류의 지적 유산 중에 수학이 가장 주목받은 이유다. 피타고라스는 이 정리의 증명을 허락한 신에게 감사하기 위해 100마리의 소를 잡아 제단에 바쳤다는 기록이 전해질 정도로 이 발견에 만족했다.

철학자는 수학자 – 모든 것은 수이다

에게 해 사모스 섬에서 태어난 피타고라스는 수학 역사상 가장 중요한 인물이지만 그의 행적에 대해서는 거의 알려진 것이 없다. 자신이 직접 저술한 책도 없으며 행적을 기록한 정확한 기록도 남아 있는 것이 전혀 없다. 그에 대한 대부분의 기록은 전설이나 신화의 형태로 윤색된 것들이기 때문에 그중에서 사실을 찾아내는 일은 쉬운 일이 아니다.

그러나 몇 가지 분명한 것은 있다. 그가 수학의 기본이 되는 숫자와 도형에 대한 연구를 했으며, 특별한 숫자들의 성질 및 그들 사이의 관계를 매우 추상적으로 진전시켜 나갔다는 점이다. 그는 절대적인 형태의 진리가 인간의 편견이나 인식의 수준을 넘어 수학에 존재한다는 믿음을 가지고 있었다. 이런 진리는 인간의 부정확한 인지능력으로는 이해할 수 없는 경우도 있지만 수학을 이용하면 아주 간결하게 표현할 수 있는 것들이었다. 이를테면 '모든 것은 수이다'가 그가 자주 사용한 보편적 진리의 표현이었다. 그는 수학을 오직 실용적으로만 활용했던 고대 이집트인이나 바빌로니아인의 수준을 뛰어넘어 수학에 담긴 신의 계시를 이해하고 그 속에서 철학적인 의미를 찾으려고 했다.

처음에 피타고라스는 사모스 섬에 자신의 철학을 설파할 수 있는 학교를 열었지만 많은 학생들을 가르치지는 않았다. 독재자의 횡포가 심해지자 이를 피하여 한 명의 제자와 노모(老母)만을 모시고 사모스 섬을 떠난 후, 여러 곳을 여행하다가 이탈리아의 크로토네(당시는 그리스 지역)에 정착하게 되었다. 그러는 사이 그의 명성은 높아져 그리스 전역에 널리 알려졌다.

'사모스의 현자' 피타고라스는 크로토네의 부호 밀로(Milo)의 후원을 받아 자신의 학교를 이곳에서 열 수 있게 되었는데, 600명이 넘는 제자들이 몰려듦으로써 피타고라스학파는 당대 그리스 최대의 학파가 되었다. 피타고라스는 이 학교의 교육이념을 '철학자의 양성'으로 삼았다. 그는 철학자라는 용어를 제일 먼저 사용한 사람으로, 철학자에 대한 그의 설명은 다음과 같다.

"세상의 어떤 이는 재물을 구하는 일에 몰두하고 어떤 이는 명예와 영광을 얻으려는 야망에 빠지기도 한다. 그러나 이런 세상을 주의 깊게 바라보면서 이해하려고 애쓰는 사람도 있다. 나는 삶 자체의 의미를 탐구하고 숨겨진 비밀을 찾으려는 사람들을 철학자라고 부른다."

종교적 성향을 가진 피타고라스학파의 출발점은 명상에 있었다. 그는 한동안 동굴에 머물면서 명상에 몰입했다고 전한다. 마치 불교의 고승이나 도교의 도인을 연상케 하는 이 과정을 통해 '수련을 위한 도구'로 명상을 받아들였다.

피타고라스의 고향인 사모스에 세워진 피타고라스 호텔

원래 사모스에 묵을 계획은 아니었다. 사모스가 작은 섬이어서 항구 주위만 돌아보면 충분할 거라고 예상했기에, 오후에는 지중해의 또 다른 섬 미코노스로 출발하여 그곳에서 하룻밤을 묵으려고 숙소도 예약해 두었다.

그런데 사모스에 도착하는 순간 미코노스행 배가 막 떠나려 하고 있었다. 오전 11시에 출항하는 이 배가 하루에 한 번 미코노스로 떠나는 유일한 배편이라는 사실을 알게된 후에는 급하게 계획을 변경해야만 했다. 피타고라스를 보기 위해 이 먼 사모스까지 온 것이 아닌가?

미코노스행 배를 포기하니 당장 숙소가 문제였다. 미코노스에 예약한 숙소도

24시간 전에 취소하지 않았으므로 하루 숙박비를 지불해야만 했다. 아무 호텔이나 항구 근처에서 숙소를 잡을 수도 있지만, 아무래도 가격이 만만치 않아 보여 페리 티켓 오피스 직원에게 숙소를 추천 받았다. 항구에서 멀지 않은 이 호텔의 입구에는 아무도 없었다. 여행객이 많지 않은 섬이니 항상 호텔 입구에 주인이 앉아 있을 필요도 없어 보였다. 숙박비로 100유로를 달라고 해도 어쩔 수 없을 판이었으니, 일단 무거운 짐을 내려놓고 가벼운 걸음으로 사모스 섬을 둘러본 후, 다시 호텔로 돌아왔다. 기다리고 있던 호텔 주인에게 숙박료를 깎아 볼 요량으로, 배를 놓친 상황이며, 숙소를 예약하지 못한 상황을 장황하게 설명하는데, 가만히 이야기를 듣고 있던 그가 되물었다.

"여행이란 본래 그런 것이다. 계획대로 되는 여행은 없다. 그런 것을 즐기려고 집을 떠나온 것 아닌가?"

그래, 여행이란 원래 이런 사건의 연속인지도 모르겠다. 10분 정도 줄다리기를 하다 16유로에 하룻밤을 묵기로 정했다. 기분 좋은 협상결과였다.

느긋하게 에게 해가 내려다보이는 식당에 앉아서 스파게티로 저녁을 먹으니,

■ 피타고라스의 고향 사모스 섬에서 묵은 호텔의 이름도 피타고라스였다(왼쪽). 호텔 입구 게시판에는 피타고라스의 정리와 증명이 적힌 종이가 붙어 있었다(오른쪽).

허기진 탓인지 특별할 것 없어 보이는 이 작은 음식점의 가정식 백반 같은 스파게티의 음식 맛이 오랫동안 기억에 남을 정도로 일품이었다. 바다가 보이지 않는 집이 있을까 싶게 언덕 위의 집들은 서로 다른 집의 조망을 가리지 않으려 신경 쓴 모습이다. 벌써 발바닥에 물집이 잡히니 다음 일정이 걱정되었다. 경험에 의하면 차로 지나며 본 곳은 잘 기억에 남지 않을 뿐더러 여행 이야깃거리도 없는 법이다. 걸어서 찾아간 곳만이 생생하게 기억에 남는 것을 보면 이번 여행은 죽도록 걸어야겠다고 다짐하면서 다시 한번 물집 잡힌 발바닥을 내려본다.

사모스 시내를 잠시 거닐었다. 피타고라스도 때로는 자신의 생각을 정리하기 위해 걸었을 산책길이니, 피타고라스의 길이라 이름 붙여도 좋겠다. 그러고 보니 오늘 묵게 된 호텔의 이름도 피타고라스였다. 문득 호텔 로비에 피타고라스의 정리와 증명을 붙여 놓은 호텔 주인의 센스가 돋보였다. 이 또한 자기 조상에 대한 은근한 자부심일 것이라는 생각이 들었다. 노을 지는 사모스 해안가에 혼자 앉아서 피타고라스가 그려보았을 우주의 모양을 상상해본다.

그리스 사모스 섬을 다시 찾다

배를 이용했던 작년과는 달리, 이번에는 그리스 아테네에서 비행기를 이용하여 사모스 섬을 다시 찾았다. 아직은 휴가철이 시작되지 않은 탓인지 지난여름보다 더 한적하고 조용한 느낌을 주는 거리는 사람들의 통행이 거의 없었고, 여행객들로 붐비던 관광안내소나 바닷가 식당들조차도 모두 문을 닫은 상태였다.

이메일로 피타고라스 동상 앞에서 만나기로 약속한 에게 대학교(사모스 대학교) 수학과 교수 니콜라오스와 쫄로미티스를 기다리는 동안, 거칠게 불어오는 지중해의 바닷바람은 3월의 따뜻한 태양 아래서도 추위를 느낄 정도였

■ 피타고라스의 완성수 10개의 꼭짓점이 그려진 정삼각형.

■ 피타고라스에 대한 이야기책으로 가득한 사모스의 한 작은 가게 내부(왼쪽). 이 가게에는 과음을 경계하는 계영배(오른쪽)가 있었다.

다. 약속시간에 정확히 동상 아래에 모습을 드러낸 두 교수들 덕분에 나는 지난 번에 해독하지 못했던 동상에 새겨진 여러 그리스 문자들의 뜻과 도형의 의미를 알게 되었다. 이를테면 정삼각형에 찍혀 있는 점 1, 2, 3, 4는 모두 합하여 10이 되는 값으로 피타고라스가 완성의 마지막 수로 여겼던 10을 상징하는 것이고, 그 아래에 새겨진 글자들은 그의 수학적 모토를 새겨둔 것이었다.

"숫자는 우주의 중심이다."

"우주는 무한하며 자연은 우주가 조화롭게 움직일 수 있도록 작용한다."

이와 같은 문장들 외에도 동상 옆면에는 피타고라스를 칭송하는 현대 그리스 시인의 시도 적혀 있었다.

교수들은 기념품점에 들러 피타고리온의 마을 특산품인 특별한 물잔을 선물하겠다고 했다. 이 잔은 우리도 잘 알고 있는 계영배(戒盈杯)였다. 과음을 경계하기 위해 만들어진 잔으로 일정한 한도까지는 술을 따를 수 있지만 그 이상을 채우면 잔의 술 전부가 새도록 만든 잔으로 절주배(節酒杯)라고도 불리는 잔이다. 고대 중국이나 조선시대에 사용하던 잔이 시간과 공간을 뛰어넘어 사모스의 피타고라스 고향에서도 특산품으로 팔리고 있다는 이 놀라운 사실이 피타고리온과 나를 이어주는 공감대가 되어주었다.

교수들과의 인터뷰를 마치고 늦은 시간 어느 작은 패스트푸드 음식점에 앉아서 점심을 먹었다. 에게 대학교 교수들과 같이 식사를 하려 했지만 그들이 극구 사양을 하기도 했고 문을 연 마땅한 음식점도 없어서 카페에서 커피 한 잔을 마시며 몇 시간을 버틴 후였다. 이 음식점도 어제부터 영업을 시작했다고 하니 지난 관광 철 이후로는 그저 시간이 멈춰버린 듯한 느낌이었다.

돌아오는 길에 언덕 높은 곳에 위치한 수도원도 찾아보았다. 지난번에는 뜨거운 태양에 지쳐 감히 걸어 올라갈 생각을 하

■ 피타고라스의 후예, 에게 대학교의 두 수학과 교수는 도시의 배경과 피타고라스의 수학에 대해 설명해 주었다.

지 못하고 지나친 곳이었다. 사람의 기척을 전혀 찾아볼 수 없는 이 수도원에 잠시 동안 조용히 앉아 내려다본 피타고리온 마을은 평화 자체의 모습이었다. 지중해의 진한 바닷빛과 하늘의 연한 푸른색의 대조를 배경으로 벽돌색 지붕을 이고 있는 마을은 시간의 흐름을 잊은 듯했다. 한 때는 지중해 무역의 중심지였으며 고대 그리스 문명의 한 축으로 번성했고, 동화 작가 이솝이 노예의 신분으로 머물렀다고 하는 사실이 믿기지 않을 정도로 너무도 조용한 곳이었다.

■피타고리온의 수도원(위)과 그곳에서 내려다본 피타고리온 마을(아래).

이천 년 만에 해결된 문제들: 기하학의 세 문제

델로스의 전설

그리스 플루타르코스(Lucius Mestrius Plutarchus, 46~120년경)의 《영웅전 Bioi Paralleloi》에는 다음과 같은 이야기가 쓰여 있다.

고대 그리스 델로스 섬에 전염병이 돌고 있었다. 이를 아폴론 신의 노여움으로 생각한 주민들은 델포이의 신탁(神託 신의 말씀)을 구하기 위해 대표자를 보냈다.

델포이(Delphi, '델피'라고도 부른다)는 지금의 관점에서 보면 사람이나 국가의 장래를 신의 뜻을 물어 결정하는 일종의 점집으로, 국가에서 운영하는 매우 중요한 공공기관이었다. 인간 중에서 유일하게 신과 통할 수 있는 무녀(오라클, oracle)는 신전에 머물면서 신탁을 받아 의뢰인들에게 신의 뜻을 전달해 주었기 때문에, 그리스 전 지역뿐만 아니라 흑해 연안과 스페인 등지에서도 찾아올 정도로 이곳은 영향력 있는 곳이었다. 특히 전쟁과 같은 국가의 중대사 결정 전에는 각 도시의 왕도 반드시 이곳을 찾아와 자신들의 결정에 신이 동의하는지를 확인하는 풍습이 있던 시절이었다.

아테네에서 북서쪽으로 170킬로미터 떨어진 델포이의 파르나소스 산 중턱에는 아폴론신전이 자리 잡고 있다. 이 신전의 내실에는 아폴론상이 있었고 전실에는 대지의 배꼽이라 불리는 옴파로스가 있었다. 이 신전 안에 있는 무녀가 점을 쳐서 신의 뜻을 전하면 바깥쪽 사람들이 신의 뜻을 받아 적어 전달했다. 그때 신의 대답은 대부분 비유적인 것으로 신관이나 철학자의 해석이 필요한 경우가 많았다. 델로스 섬에 대한 신의 대답도 매우 이해하기 어려운 것이었다.

"아폴론 신전의 제단을 2배로 만들어라."

이 신전에는 정육면체 모양의 제단이 있었다. 이것을 2배로 만들라는 신의 대답은 수학자의 해석이 필요한 부분이었다. 이를테면 한 모서리의 크기만을 2배로 하면 부피는 2배가 되지만 정육면체가 되지 않는다. 또 모든 모서리의 크기를 2배로 하면 부피는 8배로 커지게 된다. 플루타르코스는 나머지 이야기를 다음과 같이 적고 있다.

"델로스 주민들은 이 문제를 들고 아테네의 플라톤을 찾아갔다. 그는 곧바로 이 문제는 '정육면체의 부피를 2배로 만드는 문제'라고 해석하고, 이 수학 문제를 섬 주민들에게 풀도록 하면, 이 문제에 몰두한 주민들의 마음에서 전염병에 대한 공포가 가라앉게 될 거라고 신의 뜻을 해석해 주었다."

신의 도시 아테네와 델파이를 향하여

전설 속의 델로스 섬은 이제는 더 이상 사람이 살지 않는 무인도로 변했다는 한 그리스인의 설명에, 신의 도시 아테네와 우주의 중심 옴파로스와 신탁의 도

■멀어져가는 사모스. 아테네를 향해 가는 지중해는 마치 우리나라 남해안 같았다.

시 델파이로 여로를 정했다. 아침 일찍 일어나 사모스의 서쪽 해안가를 산책했더니 배가 몹시 고팠다. 대부분의 식당이 9시부터 영업을 시작하는 데다가 호텔이나 항구 근처의 식당은 너무 비싸 보여 엄두가 나지 않았다. 아침 8시가 아직 안 된 시간인데도 혹시나 하며 어제 호텔을 찾는 데 도움을 준 페리회사 직원에게 다시 도움을 청하러 갔는데, 뜻밖에 그녀는 오피스에 나와 있었다.

 그녀가 알려준 현지인들이 이용하는 슈퍼마켓은 골목 뒤쪽에 숨겨 있었다. 이런 상점이 눈에 잘 띌수록 관광객을 상대하는 다른 가게의 영업이 어려울 것이다. 베이커리에서 바게트 한 개를 사서 여섯 조각으로 나누고 슈퍼마켓에서 물과 버터를 샀다. 이것으로 아침과 점심은 충분히 해결될 것 같았다. 해안가 의자에 앉아 바게트 위에 버터를 바르니 입에서 군침이 돌았다. 여행길에서만 맛볼 수 있는 소박한 아침식사의 기쁨이다.

사모스가 뱃전으로 점점 작아져 갔다. 배 안의 사람들이 낯익은 한국인이었다면 아마도 남해안 어딘가를 유람하고 있는 듯한 착각에 빠질 것 같았다. 점점이 떠 있는 섬이 그랬고 푸른 바닷물과 하늘빛이 그러했다. 햇살은 강하지만 갑판 위로 불어오는 바닷바람은 시원했다. 이러다 아테네에 도착하기 전에 살갗이 까맣게 타서 흑인이 돼 버리는 건 아닐까. 배 안은 지중해의 각 섬을 떠돌며 야영과 젊음을 즐기는 자유로운 영혼의 느낌이 가득한 20대들이 무리를 지어 자리를 차지하고 있었다. 이 여행길에서 만난 그리스 젊은이들의 얼굴에서 예수의 모습을 연상하는 것은 나만이 아닐 것이다.

미코노스는 사모스와는 완전히 다른 느낌의 섬이었다. 섬 전체가 화산암인

■여행길에서 만난 그리스 젊은이들의 얼굴에서 예수를 연상하는 것은 나만이 아닐 것이다.

듯, 나무 하나 제대로 자랄 수 없을 것 같은 황량한 산을 배경으로 푸른빛이라고는 찾아보기 어려운 바위 위에 집을 온통 하얗게 칠해 놓았다. 나무가 없으니 집의 모습이 너무 적나라해 마치 벌거벗은 여인의 몸을 들여다보는 듯한 착각에 빠질 지경이었다. 하얀 집들이 지중해의 푸른 바다와 연한 쪽빛 하늘과 어울려져 아주 강렬한 원색의 느낌으로 다가 왔다. 법으로 강제하지 않는 한 불가능해 보이는 마을색이다. 집, 땅, 하늘, 바다의 대비 때문에 이 섬이 여행객들에게 매우 강한 인상을 남기는 듯했다.

오랜 여행 끝에 드디어 갑판 너머로 아테네가 다가오고 있었다. 회색빛으로 보이는 바위산을 등지고 10시간의 긴 여행 끝에 도착한 아테네는 미코노스처럼 그렇게 온통 하얀색의 도시로 다가왔다. 가까이 다가갈수록 나무와 숲이 해안가 주변에 점점이 보이긴 했지만, 그 수가 너무 적어서 멀리서는 보이지 않았나보다.

더 가까이 다가가니 여느 도시와 비슷한 건물들이었다. 회색빛, 이 색이 지중

■ 미코노스는 나무 한 그루의 그늘도 없어 보이는 황량한 섬이다.

해의 푸른 바다와 바위산을 배경으로 하얗게, 아주 하얗게 느껴졌던 것이다. 그래도 고대 문명의 도시, 신화의 도시 아테네에 들어선 나의 감격의 색은 바래지 않았다.

그리스의 기하학

기하학을 최초로 발전시킨 이집트인들은 실용성에만 관심이 있었기 때문에 그들의 기하학은 삼각형의 넓이를 구하고 피라미드의 부피를 구하는 수준을 벗어나지 못했다. 점성술을 제외하고는 어떤 비실용적인 분야에도 기하학은 사용되지 않았다.

이집트에서 기하학을 배운 그리스인들은 달랐다. 그들은 곧바로 자신들의 스승을 추월해 버렸다. 그들은 기하학을 실용성에서 분리해내 추상적인 형태로 다룰 수 있는 준비가 되어 있었다. 철학적인 사고와 논리적 토론이 추앙 받던 시절에 그들은 기하와 논리를 결합해냄으로써 연역적 추론에 의한 증명만을 신뢰하는 전혀 새로운 수학을 만들어낸 것이다. 당연한 것으로 받아들여졌던 모든 수학적 사실을 의심하고 논증된 것만을 참으로 받아들이는 새로운 학문 풍토가 자리 잡은 것이었다.

고대 그리스 아테네 시내의 한가운데에는 아고라라는 공동의 시민광장이 있었고, 한쪽에는 스토아(Stoa)라는 독특한 형태의 독립적인 건물이 자리 잡고 있었다. 따뜻한 기후로 인해 야외 생활을 주로 즐겼던 고대 그리스인들에게는 그늘이 있으면서도 한쪽 면에는 벽면이 없고 기둥만 있어 바람이 잘 통하는 스토아가 최고의 휴식공간이었다. 시민들은 이곳에 모여 정치, 철학, 수학을 이야기했다. 스토아학파가 시작된 곳도 이곳이며 소피스트라는 직업적인 가정교사들이 나타난 곳도 이곳이었다. 이런 분위기에서 논증 기하는 항상 대표적인 토론의 주제로 등장했다.

논증 기하의 한가운데에 작도 문제가 있었다. 작도는 눈금 없는 자와 컴퍼스

■ 고대 그리스 토론의 중심지였던 아고라(위). 아고라를 둘러싼 철책 바깥쪽에는 현대판 아고라가 자리 잡고 있어 노점상들이 많이 모여 있다(아래).

만을 이용해 여러 가지 도형을 그리는 방법을 가리킨다. 이때 자는 직선을 긋는 용도로만 사용되고 컴퍼스는 원을 그리고 선분의 길이를 옮기는 데 사용된다. 그리스인들은 도형을 작도할 수 있는 것과 없는 것으로 분류했는데 이 중에서 다음 세 문제가 가장 많은 관심을 끌었다.

1. 임의로 주어진 각을 3등분하라. (각의 3등분)
2. 주어진 정육면체의 2배의 부피를 갖는 정육면체를 만들어라. (입방배적)
3. 주어진 원과 같은 넓이를 갖는 정사각형을 만들어라. (원적)

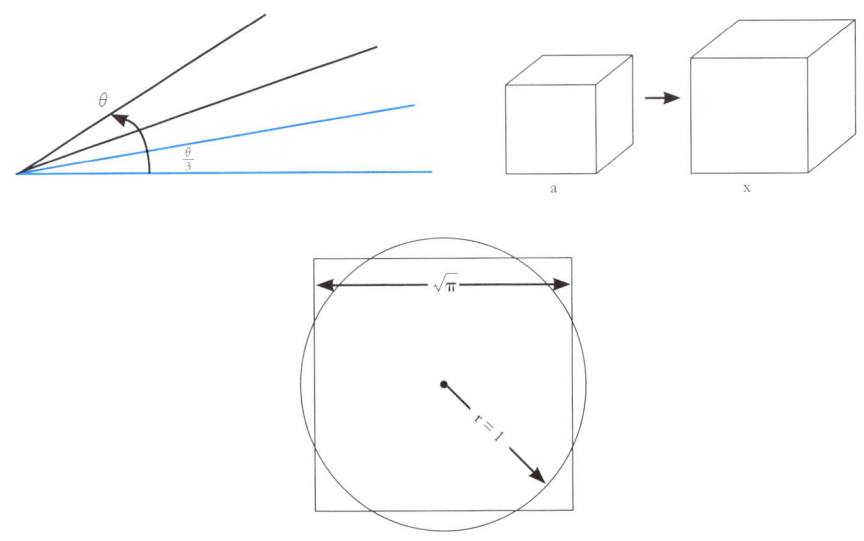

■ 그리스 3대 작도 불가능 문제.

그리스 3대 작도 불가능 문제의 해결

이 세 가지 문제를 해결하려는 시도는 2,000년 동안 계속 실패하다가, 수학에 좌표계가 도입되면서 새로운 접근이 가능하게 되었다. 프랑스 수학자 데카르트에 의하여 도입된 '직교좌표계'는 기하적인 문제를 대수방정식으로 나타낼 수

있게 만든다. 예를 들어

직선은 $y = 1$,
원은 $x^2 + y^2 = 1$

로 나타낼 수 있다. 따라서 원과 직선의 교점을 작도하는 문제는 앞의 두 식을 연립하여 푸는 문제로 바뀌게 된다. 각의 3등분과 입방배적 문제는 3차방정식을 인수분해하는 문제로 바뀌었고, 원적 문제도 이와 유사한 형태(파이는 유리방정식의 근이 될 수 없다)의 방정식 문제로 바뀌었다. 작도는 대수적으로 사칙연산과 제곱근까지만 표현할 수 있는 본질적 한계가 있음도 알게 되었다. 이로써 각각의 문제는 19세기 프랑스 수학자 피에르 방첼(Pierre Wantzel)과 독일 뮌헨대학교 교수 린데만(Lindemann)에 의해 '작도 불가능'으로 증명되었다.

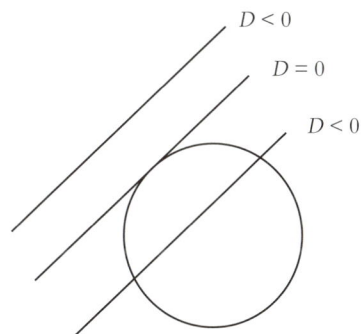

$D > 0 \Leftrightarrow$ 서로 다른 두 실근 $\Leftrightarrow$ 원과 직선은 서로 다은 두 점에서 만난다.
$D = 0 \Leftrightarrow$ 중근 $\Leftrightarrow$ 원과 직선은 교점은 1개이다(접한다).
$D < 0 \Leftrightarrow$ 허근 $\Leftrightarrow$ 원과 직선은 만나지 않는다.

■ 원과 직선의 교점을 작도하는 문제는 두 식을 연립해 푸는 방정식 문제로 바뀌게 된다.

2,000년 동안의 노력에 비해 '작도 불가능'이란 결과는 상당히 허망한 것이었다. 그러나 수학적으로는 가능한 것을 증명하는 것보다는 불가능한 것을 증명하

는 것이 훨씬 어려운 일이다. 가능한 경우는 한 가지라도 그 예를 찾아 보이면 된다. 예를 들어 피타고라스의 정리에 대한 증명은 현재 알려진 것만도 360가지가 넘는다. 그중에 한 가지 방법이면 이 정리에 대한 증명으로 충분하다. 그러나 불가능을 증명하려면 모든 경우에 성립하지 않음을 보여야 한다. 360가지의 증명이 모두 잘못되었다는 것을 보인대도 피타고라스의 정리가 성립하지 않음을 증명한 것은 아니다. 아직 우리가 발견하지 못한 증명법이 있을 수도 있기 때문이다.

특히 각의 3등분에 대한 문제에서 나는 곤란한 경험을 한 적이 많이 있다. 이 문제가 불가능하다고 설명을 하면 학생들은 아직 해결되지 않은 문제라고 이해를 한다. '수학자들의 능력 부족으로 아직 미해결된' 정도로 생각하는 학생들은 다음날 나에게 자신의 방법을 가져오곤 했다. 더욱 어려운 것은 그들의 풀이 방법이라는 것이 대부분 이해하기 어려운 복잡한 작도로 이루어져 있어서 많은 시간을 투자해야 그 작업을 조금이나마 따라 잡을 수 있다는 것이다. 많은 수학자들도 나와 비슷하게 곤란한 경험을 한 것 같다. 앞서 말한 것처럼 현재는 전 세계 대부분의 수학 학술지에서는 '3등분이 가능하다'는 주장을 담은 논문은 전혀 인정하지 않고 있으며 심사를 의뢰하지도 않는다.

혹시나 오해를 할까 싶어서 덧붙이는데 '작도 불가능'하다는 것이 존재하지 않는다는 것을 의미하는 것은 아니다. 예를 들어 원과 넓이가 같은 정사각형이 존재한다는 증명을 생각해보자. 원에 내접하는 정사각형을 A, 원에 외접하는 정사각형을 B라 하고 A를 점점 키워 가면 어느 순간 B와 겹치게 된다.

이것은 반드시 A보다 크고 B보다 작은 정사각형 중에 원과 넓이가 같은 것이 존재한다는 의미가 된다(수학에서는 이를 '중간값의 정리'라고 한다).

또한 작도 불가능 문제도 자와 컴퍼스 외의 다른 도구를 쓰거나 눈금 있는 자를 사용하는 경우에는 작도 가능한 문제로 바뀔 수도 있게 된다.

우울한 경제 위기를 보여주는 그리스 아테네

햇살이 많이 잦아든 늦은 오후에 유적지 파르테논 신전부터 시작하여 국회의 사당까지 한 바퀴를 둘러보니 어느새 어둠이 깔렸다. 해질녘 고대 그리스 유적지의 풍경은 여행객의 마음을 심상에 젖게 했다. 게다가 국회 앞에서 세금과 연금 개혁에 반대하는 젊은이들의 천막농성과 데모광경을 지켜보면서 국가 부도에 직면한 그리스의 경제 위기를 실감하는 내 마음은 더욱 차분하게 가라앉고 있었다. 사모스와는 다른 우울함이 아테네에 짙게 깔려 있었다. 시내 중심가에서 파르테논으로 이어지는 많은 상가들의 문이 내려져 있었고, 그 위에는 각종 낙서와 구호가 지저분하게 적혀 있어 뉴욕 할렘거리를 연상케 했다.

고대 아테네의 관문인 하드리안 도서관은 석주의 대리석만 남아 있었다. 생각보다는 투박하고 광택이 없었다. 당시 광택을 내는 기술이 현대 호화건물의 대

■ 상가의 벽에는 각종 구호가 낙서처럼 적혀 있었다.

■소피스트의 근거지 스토아. 한쪽 면은 대리석 기둥만이 일렬로 늘어선 회랑이며(위), 다른 한쪽 면은 상점이나 공공기관의 작은 방으로 이루어져 있었다(아래).

리석 광택에는 못 미친 것인지, 아니면 수천 년의 세월이 광택을 사라지게 한 것인지 알 수 없는 일이었다. 그 옆으로 로마 아고라와 그리스의 아고라가 이웃하여 있었다. 고대 소피스트들이 모여 자신의 논증이 옳음을 작도해 보이기도 한 곳이다. 남아 있는 석주나 기단석 어디엔가는 그들이 작도한 도형이 한두 개쯤은 새겨 있을 법한 아고라의 중간 지점에 아주 잘생긴 빌딩이 눈에 띄었다.

'아탈로스의 스토아Stoa of Attalos!'

오랫동안 추적하던 보물을 드디어 찾은 듯, 들뜬 기분에 한달음에 달려가니 긴 회랑에는 돌로 만든 고대 그리스인 조각상이 가득했다. 동남아 여행에서도 자주 볼 수 있었던 머리 없는 불상처럼, 이곳에 늘어서 있는 신상들도 한결같이 머리가 없는 이유는 이교도 사이의 종교 전쟁 때문일 것이라고 짐작해 본다. 학교처럼 보이진 않아 관리인에게 물어보니 스토아는 스토아학파라는 의미 외에도 '긴 석주'의 의미가 있다고 했다. 별일 아닌 일로 나만 흥분한 것 같아 머쓱했다. 한쪽에 있는 기념품점을 보면서 스토아는 상점(store)의 어원이 되었을지도 모르겠다고 생각했다. 이 건물은 1950년에 재건된 것이다.

아고라는 상당히 넓은 곳이었다. 이 광장의 한쪽을 가로질러 현대 문명의 상징인 전철이 지나갈 정도로 고대와 현대가 이웃한 곳이기도 했다. 물시계와 로마 목욕탕이 혼재해 있었으며 한 모서리에는 아직도 온전히 남아 있는 헤로데스 신전이 거의 파괴된 파르테논신전과 서로 마주보며 대비를 이루고 있었다.

예언의 도시 델파이

일정에 쫓겨 정육면체를 두 배로 하는 신탁이 이루어진 도시 델포이를 2011년에 찾지 못한 아쉬움이 컸기에 이번에는 하루를 온전히 내 이곳을 찾았다. 제우스가 세상의 중심을 찾으려고 두 마리의 독수리를 날려 보냈더니 이들이 이곳에서 다시 만났다는 신화가 전해지는 곳이다. 제우스는 이곳을 '우주의 배꼽(옴파로스)'이라고 불렀다.

■ 무녀에게서 신탁을 받고 있는 왕의 모습(왼쪽)과 실제 무녀가 앉았던 삼발이 모양의 의자(오른쪽)가 델포이 박물관에 전시되어 있었다.

앞서 말한 것처럼 델포이는 무녀(oracle)가 신전에 살면서 신의 목소리를 듣고 신탁을 받으러 온 이에게 신의 메시지를 전하는 일을 하던 곳이다. 그런데 이 신의 목소리라는 것이 매우 모호한 문장으로 구성되어 있어서 해석을 하는 방법에 따라 그 결과도 달라지는 것이다. 이를테면 닥쳐올 페르시아전쟁의 재앙을 피하려고 찾아온 일단의 그리스인들에게 '나무로 피하라'라는 신탁이 내려졌다고 한다. 이를 전해 들은 사람 중 일부는 숲으로 피신을 했고 다른 일부는 나무로 만들어진 배로 피신했다. 전쟁이 일어나자마자 숲에 방화가 있었고, 숲으로 피한 사람들은 모두 죽고 말았다고 한다.

박물관에는 당시 무녀에게서 신탁을 받고 있는 왕의 모습이 그려진 도자기의 그림과 실제로 무녀가 앉았던 삼발이 모양의 의자가 전시되어 있었다. 사람이 앉아 있기에는 매우 불편해 보이는 이곳에 오른 무녀는 바위틈으로 올라오는 유황 연기를 맡으며 일종의 최면 상태에서 신탁을 받았을 거라고 가이드는 설명해 주었다.

큰 계곡을 앞에 둔 델파이의 입구는 옴파로스와 각 나라에서 신에게 바치던 재물을 쌓아 두던 보물 창고로부터 시작됐다. 산길을 따라 조금 오르니 아폴론 신전의 모습이 돌기둥과 함께 나타났다. 아테네 아고라 광장에서처럼 이곳에서

■ 복원된 진짜 옴파로스는 박물관에 전시되어 있었다(위쪽). 도시의 중턱에 자리한 아폴론 신전의 돌기둥(아래쪽).

도 나는 전설을 사실로 만들어 줄 증거, 정육면체 모양의 제단을 찾으러 무너진 돌무더기 사이를 헤집고 돌아다녔다.

"아폴론 신전의 제단을 두 배로 만들어라"

플라톤, 아리스토텔레스는 수학자:
아테네 학당의 철학과 우주관

'아리스토텔레스의 바퀴' 패러독스

1638년 출간된 갈릴레오의 저서 《두 가지 새로운 과학 TheTwo NewSciences》에는 다음 문제가 실려 있다.

아래 그림과 같이 동심원인 두 원 모양의 바퀴가 서로 완전하게 붙어 있다. 큰 원이 직선 BE를 따라 B에서 E까지 굴러 1회전 했다고 가정할 때 선분 BE는 큰 원의 둘레와 같다. 이때 큰 원에 고정되어 있는 작은 원도 1회전을 하게 되므로 선분 CF는 작은 원의 둘레의 길이와 같다. 그런데 <u>CF</u> = <u>BE</u> 이므로 두 원의 둘레의 길이는 같다.

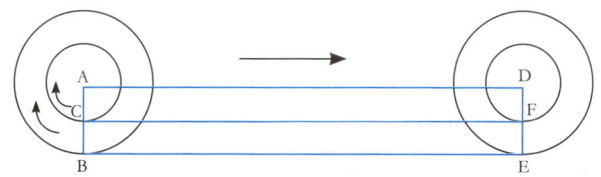

본래 아리스토텔레스(Aristotle, 기원전 348~322년)가 쓴 것이라고 추정되는 《메카니아Mechania》라는 공학책에 실려 있던 이 문제를 사람들은 '아리스토텔레스의 바퀴'라고 부른다.

고대 그리스 문명이 절정에 달하던 시절, 아테네 시내에는 소피스트들이 등장하기 시작했다. 본래 소피아(sophia)라는 말은 그리스어로 '지혜'란 뜻이며 소피스트(sophist)는 '지혜로운 자'를 의미한다. 그들의 지혜는 때로는 지나쳐서 변론술이나 궤변으로 흐르기도 했으나 현대 수학의 기초가 되는 논리적 추론의 토대가 되기도 했다. 이 문제도 그런 궤변 중에 하나다. 갈릴레오가 이 문제에 관심을 갖게 된 이유는 도대체 논리 전개 과정에서 틀린 구석을 찾아낼 수 없었기 때문이다. 갈릴레오가 그랬듯 아리스토텔레스를 찾아서 나는 아테네 학당으로 향했다.

아크로폴리스와 아테네 학당

대학교 때 도서관 앞의 광장을 아크로폴리스라고 불렀다. 그로부터 한참이 지난 오늘 드디어 진짜 아크로폴리스에 오르니 감회가 없을 수 없었다. 길바닥의 대리석이 수많은 사람들의 발길에 닿아 몹시도 반들거렸다. 결국엔 앞서 가던 한 어린아이가 미끄러지면서 볼록 튀어나온 돌에 엉덩이를 찧고 울어대니 온 가족이 달려와 달래는 모습에 웃음이 났다. 나도 몇 번이고 비틀거리며 언덕길을 올랐다.

파르테논 신전의 지붕 한 모퉁이에는 미켈란젤로가 바티칸 시스티나 성당 천장에 그려놓은 그림 〈천지창조〉에서 보았을 법한 남자의 조각과 동물 형상이 보였다. 하늘 아래 새로운 것은 없다고 하는데, 누군가의 아이디어에서 누군가의 작품으로 이어지는 것이 창조의 과정일지도 모르겠다는 생각이 들었다. 천지창조의 모티프도 이 파르테논의 신전에서 얻었을지도 모르겠다. 파르테논 신전의 건너편, 무거운 돌 지붕을 머리에 이고 삼천년을 견뎌 온 아름다운 여신상

■파르테논신전 위에는 동물과 사람 형상의 조각이 가득했다.

■ 파르테논신전 앞의 작은 신전에는 지붕 아래로 아름다운 여신상이 보였다. '3,000년 동안 저 지붕을 머리에 이고 있으려면 정말 무겁겠다' 라는 엉뚱한 생각이 들어 나홀로 미소를 지어 보았다.

을 바라보면서 그 업보가 크겠다는 엉뚱한 생각이 들어 나 홀로 미소를 지어 보았다.

아테네 학당 '아카데미아' 앞의 온도계는 36도와 37도를 오르내리고 있었지만, 지중해의 산들바람 탓인지 나무 그늘에 들어서면 시원했다. 곳곳에 자유롭게 돌아다니는 주인 없는 개들도 더위에 지쳤는지 모두 나무 그늘에서 낮잠에 빠져 있었다. 마침 국립 정원 앞 대통령 궁에서 펼쳐지는 경비병 교대식을 졸린 눈으로 보고 있던 나도, 이 한 낮의 더위에 잠깐 정신을 놓고 단잠에 빠졌다.

햇살이 조금 기세를 죽일 무렵, 도착한 곳에는 아카데미아, 국립대학, 국립

도서관이 나란히 있었다. 아카데미아는 기원전 387년경에 세워져 기원후 529년 경까지 1,000년 가까이 존속하면서 플라톤 학파의 교육장으로 활용되었던 곳이다. 지금은 폐허가 된 학당 대신에 그들의 철학 정신을 잇기 위해 다시 세운 건물이 시내 한가운데 서 있었다. 파르메니데스(Parmenides, 기원전 515~445년경)와 제논(Zeno of Elea, 기원전 490~430년경)이 소크라테스를 만나기 위해 아드리아 해를 건너 머나먼 길을 찾아왔던 이유도 아테네의 철학자들의 명성 때문이다. 플라톤의 《대화편》 중 〈파르메니데스〉의 기록에 의하면 이들은 아테네를 방문하여 젊은 소크라테스(당시 스무 살)를 만났는데, 당시 파르메니데스는 예순다섯 살, 제논은 마흔

■ 아카데미아 입구에는 플라톤과 소크라테스의 석상이 놓여 있고(각각 왼쪽과 오른쪽), 방패를 든 전쟁의 여신 아테나와 리라(lyre)를 움켜쥔 음악의 신 아폴론이 그들의 뒤에 양쪽으로 높이 서 있었다.

살경이었다. 제논은 크고 잘생겨 젊은 시절에 파르메니데스에게 사랑을 받았다는 기록도 있다. 그들만이 아니라 당대 세계의 석학들은 소크라테스, 플라톤, 아리스토텔레스를 만나려고 이곳으로 모여들었다.

아카데미아 입구에 있는 소크라테스와 플라톤의 석상 뒤쪽으로는 방패를 든 전쟁의 여신 아테나와 리라(lyre)를 움켜 쥔 음악의 신 아폴로가 건물의 지붕을 장식하고 있었고, 그 중간쯤에 그리스 국기가 펄럭이고 있었다. '바람에 깃발이 움직이는 것이 아니라 네 마음이 움직이는 것'이라는 제논의 역설처럼 내 마음이 펄럭이는 것 같았다.

플라톤과 아리스토텔레스는 수학자

플라톤(Plato; 약 BC428-약 BC348)은 아테네에 자신의 학교를 세운 후, 땅을 자신에게 기증한 이의 이름을 따서 이 학교를 '아카데미아'라고 이름 붙이고 입구에 현판을 내걸었다.

"기하를 알지 못하는 사람은 이곳에 들어서지 마라."

이것이 아테네 학당의 시작이 된다. 아고라의 스토아와는 또 다른 기하학 교육 센터로 아테네 학당은 그리스 학문의 중심이 된다. 이 아카데미아에서 아리스토텔레스는 20년 동안 공부했으며, 이중에 반 이상은 기하학과 논리를 배우는 시간이었다.

앞서 이집트 편에서 살펴본 것처럼 헬레니즘 시대의 위대한 수학자 유클리드의 《원론》의 마지막 정리도 플라톤에게서 배운 것으로 알려져 있다.

"정다면체는 오직 5개만이 존재한다."

그는 오직 5개만이 존재하는 이유와 우주의 구성 원리와는 깊은 상관관계가 있을 것이란 확신을 가지고 구체적인 물질로 형상화하려고 노력했다. 그 결과 모든 물질은 네 가지 원소(불, 공기, 물, 흙)로 이루어졌다는 원소론과 이 수학적 결과를 연결 짓는 데 이르게 되었다.

■ 이탈리아의 화가 라파엘로가 그린 〈아테네 학당〉의 중심에 플라톤과 아리스토텔레스가 있다.

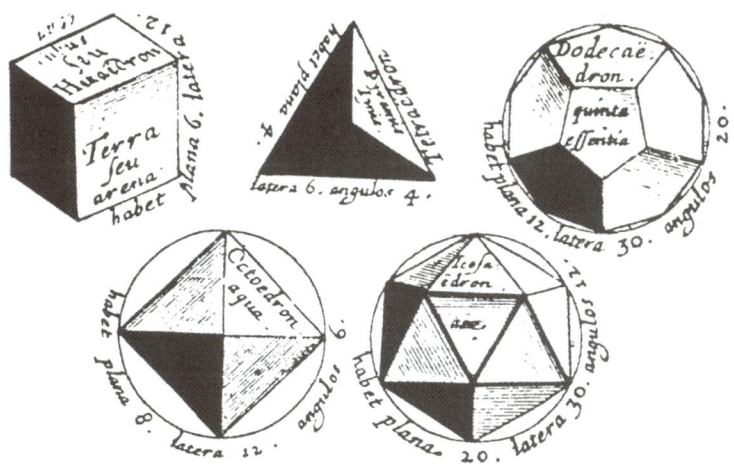

■ 오직 다섯 개뿐인 정다면체.

소크라테스(Socrates, 기원전 470~399년)의 제자가 플라톤이고 플라톤의 제자는 아리스토텔레스이며 아리스토텔레스의 제자가 알렉산드로스대왕(Alexander III of

Macedon, 기원전 356~323년)이다. 그들은 연역추론, 귀납추론 등과 같은 수학, 철학, 과학의 논리적 바탕이 되는 추론 방법을 개척한 사람들이다. 이 중에서도 아리스토텔레스는 《오르가논(Organon, 그리스어로 '도구' 라는 뜻)》이라 불리는 6권의 논리학 저서를 남겼다. 이 책에서 그는 '무엇이 진리인가'를 설명하려 하지 않고, '어떻게 진리에 도달할 수 있는가'와 '어떻게 하면 합리적으로 사는가'에 대하여 설명하려 했다. 이러한 논리의 가장 중요한 수단 중 하나가 삼단논법이다. 이를테면 다음과 같이 논리적 추론을 이어가면 논리적으로 완전한 추론이 된다.

사람은 동물이다.
동물은 죽는다.
따라서 사람은 죽는다.

이런 논법의 훈련을 위해서는 여러 가지 연습문제가 필요한 법이다. 앞의 바퀴 문제가 그러한 문제이다. 현실에서는 절대로 일어나지 않는 사건을 논리적으로 증명하고, 그 허점을 찾아내게 하는 것이다. 현대 수학자들은 두 바퀴의 원 위의 점 사이에는 일대일 대응이 존재한다고 말한다. 아리스토텔레스의 논법은 일대일 대응을 증명하는 데 유용한 것이다. 그러나 일대일 대응이 두 곡선의 길이가 같음을 의미하는 것은 아니다. 일반인들에게는 낯설겠지만 독일 수학자 칸토어(Georg Cantor, 1845~1918년)의 증명에 의하면 '부분이 전체보다 반드시 작은 것'은 아니다. 수학자들에게는 이미 아주 일상적인 내용으로 직선의 일부분은 원래의 직선과 일대일 대응관계가 있으며 작은 원과 큰 원도 일대일 대응관계가 있다.

알렉산드로스와 아리스토텔레스의 사제 관계

아리스토텔레스의 논리학이나 우주관이 그리스 문명에서 가장 중요한 세계관이 되었던 이유는 알렉산드로스대왕 때문이다. 알렉산드로스는 왕자 시절에 아리스토텔레스에게서 지식을 전수받았다는데 이들의 스승과 제자 관계는 아주 특별한 것으로 알려져 있다.

고대 그리스는 왕자와 귀족의 자녀들을 교육하기 위해 미에자(Mieza)라는 일종의 기숙학교를 운영했다. 이 학교에서 알렉산드로스는 후에 그의 장군이 될 친구들(예를 들어 이집트에 그리스 왕조를 세운 프톨레마이오스)과 사귀게 되며 그의 정신적 지도자 아리스토텔레스도 만나게 되었다. 아리스토텔레스는 수학, 철학, 의학, 종교학, 논리학, 예술 등 학문 전 분야를 가르쳤다. 스승은 제자에게 일리아스(호메로스 homeros의 작품으로 유럽인의 정신과 사상의 원류가 되는 그리스 최대 최고의 민족 대서사시) 해석을 달아주곤 했는데, 알렉산드로스대왕은 전쟁 중에도 이것을 항상 가지고 다녔다고 전해진다.

알렉산드로스가 그의 영토를 넓혀간 곳에는 어김없이 아리스토텔레스의 사상이 전파되었다. 때로는 아리스토텔레스에 반하는 사상을 갖는 것은 죽음을 의미하기 했다. 아리스토텔레스의 우주관은 후에 프톨레마이오스(Klaudios Ptolemaeos 또는 톨레미)에 의해 정리되는데 특히, 우주는 시작도 끝도 없이 영원히 존재하는 것이라는 그의 철학은 후에 기독교의 창조론과 충돌하게 되는 결정적 부분이 된다.

피타고라스의 우주관과 아리스토텔레스의 우주관은 아주 유사한 것이지만 결정적으로 다른 부분이 있다. 피타고라스는 우주의 중심에는 생명의 에너지인 뜨거운 불기둥(Hearth of Universe)이 있고 이를 중심으로 태양을 포함한 모든 별이 돌고 있다고 믿었다. 이 불기둥을 우리가 볼 수 없는 이유는 반지구(counter-Earth)라는 어둠의 별 때문이라고 설명했다. 어둠의 별은 정확히 우주의 불기둥과 지구 사이에 놓여 있어 불기둥뿐만 아니라 때로는 다른 별들도 볼 수 없게 만들기도 한다고 믿었다. 이것이 일식과 월식에 대한 나름대로의 과학적 설명인 셈이다. 피타고라스는 다른 별처럼 태양도 이 불기둥의 빛을 반사하여 빛나는 것처럼 보이

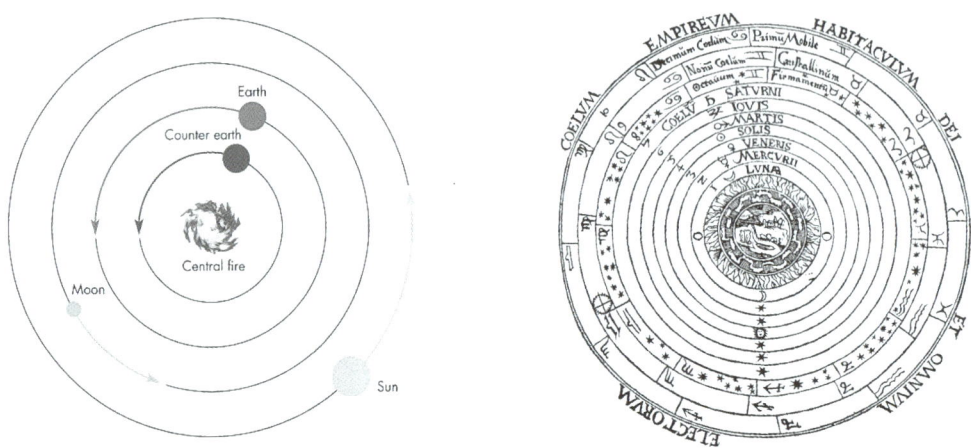

■ 피타고라스의 우주 중심에는 불기둥(왼쪽)이 있고 아리스토텔레스의 우주 중심에는 지구(오른쪽)가 있다.

지만, 더 밝은 이유는 거울로 만들어진 태양만이 불기둥을 온전히 반사하기 때문이라고 생각했다.

아리스토텔레스는 피타고라스의 우주 모형에서 불기둥의 자리에 지구를 놓고 같은 설명을 했다. 이 설명에 의하면 우주는 10개의 수정구로 이루어진 구슬 모양이고, 이 구들은 서로 다른 속도로 회전하면서 아름다운 화음을 만들어낸다. '천상의 하모니'라는 문학적 표현은 피타고라스와 아리스토텔레스의 우주관에서 비롯된 과학적 언어인 셈이다.

고대와 현대가 공존하는 아테네

고대 그리스의 공동묘지로 갔다. 살아 있는 자들의 영역과 이웃하여 있지만 이곳은 오로지 죽은 자들만의 영역이었다. 고대에는 중심지 아고라와 아크로폴리스를 벗어난 곳에 무덤을 만들었음에도 오늘날 살아 있는 자들의 영역이 점점 넓어짐에 따라 유적지들이 시내의 중심부에 있게 되었다. 소크라테스, 플라톤, 아리스토텔레스가 살았던 시절에 이 공동묘지가 만들어지고 지금까지 유지되어

■ 국회의사당 앞에 모인 시위대의 모습.

왔으니 이 묘지 어디쯤엔가 그들이 묻혀 있을지도 모를 일이다.

　아테네는 전 시내가 박물관이었다. 전 국토가 박물관이라는 말이 그렇게 잘 어울리는 나라가 또 있을까 싶을 정도로 조금만 걸어도 고대 그리스 로마의 흔적을 쉽게 만날 수 있다. 아크로폴리스 박물관 앞뿐만 아니라 심지어 내가 머물던 호텔 뒷골목 등 시내 곳곳의 땅속에는 고대 그리스로마 시대의 유물이 있었다. 몇 곳은 천장을 유리로 덮어 보행자가 그 위를 걸어가면서 안을 들여다볼 수 있게 해 놓았고 유물 옆 빌딩들은 유적지를 침범하지 않도록 교묘하게 디자인되어 있었다. 시내 어디를 파든지 고대 유물이 한없이 나오는 모양새였다. 국립정원 안에도 어김없이 돌기둥이 여기저기 널려 있는 것을 보면 굳이 주워 담을 필요조차 없을 정도로 유물이 넘쳤다.

　저녁을 먹은 후 느긋한 마음으로 나가 길거리 공연을 위해 준비된 의자에 앉으니 여기저기 부랑자처럼 보이는 이민자들의 모습이 보였다. 아테네 길거리는 직업 없는 젊은이와 이민자들로 넘쳐나고 있었다. 국회의사당 앞에서 텐트를 치고 농성 중인 시위대는 부자들의 탐욕과 일관성 없는 정책이 그리스 경제를 파탄으로 몰고 갔다며 정치인들을 비판하고 있었고, 이란에서 정치적 탄압을 피하여 이곳으로 피난 온 한 망명자는 그리스가 자신에게 적절한 일자리를 제공하지 않는다고 불평을 하고 있었다. 정확히 무엇 때문인지는 설명하기 어려우나 IMF 때 느꼈던 스산함과 우울함이 거리마다 널려 있었다.

비록 지금은 경제상황 때문에 그리스의 크기가 작아 보여도 이곳은 소크라테스, 플라톤, 아리스토텔레스가 이미 2,000년 전에 자신들의 철학을 만들어내고 다듬어가며 학생들을 가르치던 곳이다. 《그리스인 조르바》 속 조르바의 자유로운 영혼처럼 민족의 혈통 DNA에는 자유가 깃들어 있는 그리스인의 삶터였다.

플라톤의 아카데미아를 찾아나서다

일 년 후 다시 찾은 아테네는 아직도 경제 위기 가운데 있었다. 아테네 대학교에서 수학사와 플라톤을 가르치고 있는 명예교수 네그레폰티스 교수를 만나기 위해 서둘러 호텔을 나섰다. 아테네 대학교 수학과는 시내 중심 광장에 있는 대학 본부와는 아주 멀리 떨어져 있었다. 작년에 배를 타고 아테네에 들어설 때 온통 회색으로 보였던 히메투스 산 중턱쯤에 한 건물 전체를 차지하고 있는 수학과는 학생만도 2500명, 교수는 70명이 넘는다고 한다. 강의실 복도는 온통 정치구호로 가득한 포스터와 대자보가 붙어 있고 현수막까지 걸려 있어 마치 1980년대 민주화 시위가 한창이던 한국을 보는 것 같은 긴장감이 갑자기 몰려왔다. 이런 정치적 상황은 아랑곳하지 않는 듯, 70세가 넘은 노교수는 아주 열심히 플라톤의 사상과 수학을 멀리서 찾아온 이방인에게 설명하려고 애를 썼다.

"현대 철학자들은 수학을 이해하지 못하므로 플라톤의 철학을 완전하게 이해하지 못하고 있다."

■ 아테네 대학교 수학과 네그레폰티스 교수(왼쪽)는 플라톤의 수학적 아이디어를 설명해 주었다. 연구실을 나서니 강의실 복도는 온통 정치 구호로 가득하여 마치 1980년대 한국을 보는 것 같았다(오른쪽).

    그는 오늘날 오직 소수의 수학자들만이 플라톤의 철학을 이해하고 있다는 안타까움을 전해 주었다. 플라톤은 자신의 아카데미아에서 학생들에게 20년 동안 기하, 산술, 천문학, 음악을 공부하게 했다는 사실도 강조했다. 그의 주장에 의하면 수학적 무한 개념, 이를테면 제논의 패러독스나 프랙털을 이해하지 못하면 플라톤과 아리스토텔레스의 철학을 이해하지 못하는 것이었다.

    이쯤 되면 아무리 일정이 바빠도 플라톤이 세웠던 아카데미아의 옛터를 찾아보지 않을 수 없었다. 빈터로 남아 있는 이곳은 현재 완전히 잊힌 장소라고도 했다. 실제로 도착한 공원에는 설명문 하나도 없이 오래된 간판만이 숲속에 버려진 듯 남겨져 있을 뿐이었다. 그저 낡은 표지판만이 이곳이 아카데미아의 옛터임을 말해주고 있었고, 공원 앞을 지나는 길 이름 플라토노스만이 그의 옛 영화를 기억하고 있었다.

    1,000년 동안 지속되던 아카데미아의 발굴 현장은 생각보다 크고 넓었다. 많

■ 실제로 찾아가 본 플라톤의 아카데미아 발굴 현장은 제법 큰 규모였다(위쪽). 이곳이 아카데미아라는 사실을 유일하게 증명할 수 있는 표지판(아래쪽).

은 학생들이 20년 동안 공부를 하려면 이 정도의 규모가 되는 것이 당연하다는 생각도 들었다.

"기하를 알지 못하는 사람은 이곳에 들어서지 마라."는 현판도 언젠가 이 현장에서 발굴되어 우리에게 전하는 이야기가 사실임을 증명해 줄지도 모를 일이다.

PART 05
이탈리아
I T A L Y

이탈리아 여행기 01

아킬레스와 거북의 경주:
세상에 움직이는 것은 없다

아킬레스와 거북의 경주

베스트셀러 《괴델, 에셔, 바흐-영원한 황금 노끈》은 각 장의 시작마다 저자가 말하려는 중요한 내용을 아킬레스와 거북의 대화로 보여준다. 다음은 그들의 대화 중 일부다.

아킬레스: 달리기라고? 말도 안 되는 소리군. 누구보다도 발이 빠른 내가 둔족(鈍足) 중에서도 가장 느린 자네를 상대로? 그런 경주는 전혀 의미가 없네.

거 북: 내가 좀 앞에서 출발해도 될까?

아킬레스: 하지만 상당히 앞에서 출발해야 할 걸.

거 북: 그래도 되겠나?

아킬레스: 뭐, 어쨌든 자네를 따라잡는 것은 시간문제 아니겠어?

거 북: 사물이 제논의 이율배반에 따르지 않는다면 그렇겠지 …. 하지만 제논은 우리의 경주를 보기로 해서, 운동이 불가능하다는 것을 증명하기로 했다네. 제논에 의하면 오직 정신 속에서만 운동이 가능한 것으로 보인다는 거지. 사실 운동은 본질적으로 불가능하다네. 제논은 그것을 멋지게 증명한다네.

2,000년 이상 철학자와 수학자를 괴롭힌 문제가 있다. '제논의 패러독스'라고 불리는 이 문제는 다음과 같다.

"그리스의 영웅 아킬레스와 거북이 경주를 한다. 느리게 움직이는 거북이 조금 앞선 위치에서 출발한다면 아킬레스는 절대로 이 거북을 따라잡을 수 없다."

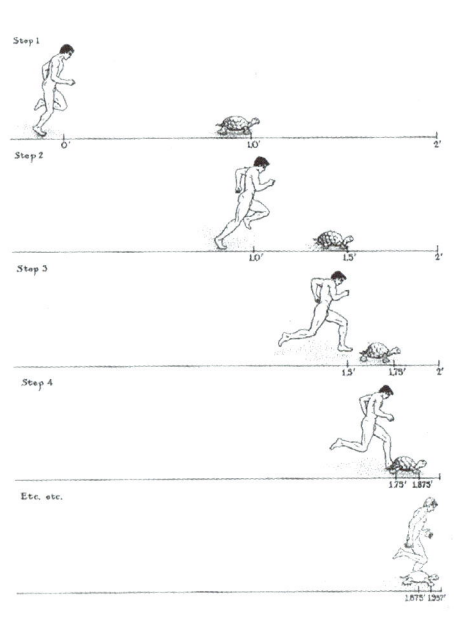

■ 그리스 마라토너 아킬레스와 거북의 경주. 아킬레스는 거북을 추월할 수 없다.

절대로 현실에서는 일어날 수 없는 이 경주의 결과를 제논은 논리적으로 증명을 해냈다.

"아킬레스가 거북이 출발한 위치(조금 앞선 위치)에 도달했을 때, 이미 거북은 그곳보다 좀더 앞선 위치로 이동해 있다. 다시 아킬레스가 거북의 위치에 도달하면, 이미 거북은 그곳보다 좀더 앞선 위치에 있게 된다. 이것은 무한히 반복될 것이다. 결국 아킬레스는 항상 앞선 거북이 조금 전에 머물렀던 자리에 도달하게 되므로 절대로 거북을 따라잡을 수 없게 된다."

'아킬레스가 이 경주를 이길 수 없다'는 제논의 논리가 너무도 완전해 보여 도저히 허점을 찾아낼 수 없었던 당대의 논리학자들은 이 이야기를 단순히 '말도 되지 않는 엉터리'로 무시하는 것 외에는 달리 대응 방법이 없었다. 플라톤이 그랬고 아리스토

■ 그리스와 이탈리아를 잇는 페리 '블루스타'의 갑판 카페(왼쪽)에서 바라본 그리스(오른쪽).

텔레스도 그러했다. 이 문제를 0과 무한대의 결합으로 파악하고 수학적으로 해결하려는 시도는 수천 년이 지난 후, 수학자 달랑베르 이후의 일이 된다.

그리스에서 이탈리아 아셰아까지

'엉터리 수학자' 제논을 찾아가는 길은 생각보다 멀고도 멀었다. 그토록 꿈꾸던 수학자들의 고향을 찾아 세계여행을 시작한 지 2주째가 되어갔다. 그리스 아테네에서 이탈리아 아셰아로 가는 길은 일단 파트라스까지 버스로 이동한 후에 야간 페리를 타고 지중해를 건너야 했다.

아테네 시 외각에 있는 파트라스행 버스터미널로 가는 버스를 찾기 위해 아침부터 부산을 떨었다. 버스에서 바라다본 그리스의 산천은 우리네의 그것과 별반 다르지 않아 곳곳의 평야 지대는 산으로 둘러싸여 있었고, 아테네를 벗어나자 산의 색깔도 푸른색으로 바뀌어 있었다. 짙은 회색빛 산을 배경으로 하는 하얀색 도시 아테네와는 다른 느낌으로 그리스의 시골 풍경이 다가오면서부터는, 차창 밖의 풍경은 흡사 한국 남도의 바닷가 길을 달리는 것처럼 매우 낯익었다.

파트라스에 도착하자마자 이탈리아 브린디시(Brindisi)행 페리 티켓을 구하기 위해 티켓오피스로 갔다가 뜻밖의 행운을 잡았다. '블루스타'라는 페리 회사에서

■ 그리스 파트라스에서 이탈리아 바리로 가는 페리 노선.

생각지도 않게 유레일패스 소지자에게 바리(Bari)로 가는 무료 티켓을 제공한다고 했다. 나는 유레일패스를 소지하고는 있었지만 아직 사용하지 않고 있었다. 안내서에는 무료 페리 이용을 위해서는 반드시 유레일패스를 오픈해야 한다고 쓰여 있었기 때문에, 안 될 것이라는 것을 알면서도 손해 볼 일이 없어 보여 티켓을 구입하기 전에 유레일패스를 내밀어 보았다. 역시나 처음에는 오픈되지 않은 패스를 사용할 수 없다고 하더니 어느 곳엔가 전화를 했다. 한참을 전화로 누군가와 이야기한 후에 사무원은 갑자기 태도를 바꾸어 예약비 20유로만 내면 1등석 무료 티켓을 주겠다고 했다. 이들이 태도를 바꾸어 공짜로 표를 준 이유는 무엇일까? 사무원 말대로 나에 대한 특별한 배려일까? 내가 특별한가? 갑자기 얻은 행운으로 달아오른 나의 기분은 배의 갑판 카페에 앉아 멀어지는 그리스를 바라보면서 행복감으로 바뀌어 갔다.

　파트라스를 떠나 바리로 가는 배는 석양에도 쉼 없이 아드리아 해를 가로 질러 힘차게 내닫고 있었다. 현대의 쾌속선을 타고도 뱃길만 15시간 30분이 걸리는 거리다. 게다가 아테네에서 파트라스까지 3시간이 걸리고 바리에서 엘레아까지 기차로 10시간이 걸리니 현대의 교통을 이용해도 뱃길과 육지 길을 합하여 총 28시간이 걸리는 머나먼 길이었다. 이 먼 길을 철학자 파르메니데스는 두 번이나 제자 제논을 대동하고 소크라테스를 만나러 간 것이다. 당시에는 족히 수개월은 걸리는 길이었을 것이다. 파르메니데스는 왜 그렇게 먼 길을 마다하지 않고 소크라테스를 찾았던 것일까? 제논이 그의 스승을 모시고 위대한 현자를 만나기 위해 나섰던 여로와 열정을 상상하니 페리에서 편하게 한잠만 자면 쉬이 도착하는 뱃길이 사치스럽게 느껴졌다.

제논의 역설은 수학, 철학, 과학의 영원한 화두

아킬레스가 거북을 따라잡을 수 없다는 제논의 논리와 유사한 것이 제논의 두 번째 패러독스다.

"이 세상에 움직이는 것은 없다. 여행을 떠나는 사람은 목적지에 도달하려면 반드시 출발점과 목적지의 2분의 1 지점 A를 지나야 한다. 다시 이 여행자는 출발점과 A 사이의 2분의 1지점을 지나야 한다. … 이것은 무한히 반복될 것이며 결국 이 여행자는 항상 목표지점보다 앞선 2분의 1 지점에 도달하여야 하므로 출발점에서 조금도 앞으로 나아갈 수가 없다."

엘레아학파의 창시자 파르메니데스는 플라톤의 사상과 철학에 아주 깊은 영향을 주었던 철학자였다. 파르메니데스의 사상은 플라톤의 저서 《대화편》에서 자주 언급된다. 플라톤은 파르메니데스에 대해 비판적인 시각을 가지고 초기 이데아론을 발전시키면서도 그를 언급할 때면 항상 존경의 표현을 잊지 않았다.

파르메니데스의 철학 중 가장 중요한 것이 '이 세상에 움직이는 것은 없다'는 주장이다. 이 주장이 당대의 많은 학자들로부터 공격과 조롱을 받게 되자 그의 제자 제논이 스승의 변호를 위해 개발한 것이 '아킬레스와 거북'의 경주였다. 이 문제가 철학이 아닌 수학에서 완전한 답을 얻기까지는 2,000년의 시간이 필요했다. 이 답을 구체적인 수학 표현을 빌려 설명하면 무한이 더하여지는 수

$$1 + \frac{1}{2} + \frac{1}{4} + \frac{1}{8} + \frac{1}{16} + \cdots$$

의 값은 2가 된다는 것이다. 제논의 역설은 이 값이 무한이 될 것이라고 생각한 사고의 오류인 셈이다.

이 패러독스의 영향력은 절대로 과소평가할 수 없다. 이 주제는 현재까지도

논리적 사고와 심층적 분석이 필요한 수학, 철학, 문학의 중요한 주제이다. 노벨상 수상자인 러셀은 이 문제를 '측정하기 어려울 정도로 미묘하고 심오한 문제'라고 정의했다. 이 문제에 대한 수학적 논쟁은 매듭지어졌음에도 불구하고 철학적, 물리적 논쟁은 아직도 이어지고 있다. 달랑베르의 수학적 증명에는 여행자가 무한하게 놓여 있는 모든 점을 다 지나서 목적지에 도달할 수 있는 방법에 대한 설명이 없기 때문이다.

새로운 논쟁의 예가 1961년 철학자 화이트로가 제시한 '움직이는 공의 패러독스'이다. 그는 자신의 저서 《시간의 자연철학 Natural Philosophy of Time》에서 다음과 같은 문제를 제시했다.

내가 갖고 있는 공은 땅에 떨어지면 항상 떨어진 높이의 4분의 3을 튕겨 올라온다. 이 공을 떨어뜨리면, 공은 계속적으로 튕겨져 오르는 것을 반복하면서 그 높이는 점점 줄어든다. 아무리 높이가 줄어들어도 한 번 튀어 오르는 데는 시간이 필요하다. 이 공은 수학적 극한 계산에 의하면 4초 후에 멈추게 된다. 어떻게 4초 동안에 이 공이 무한히 많이 튀어오를 수 있는가?

유한한 시간 속에 무한 번 튀어 오르는 공…. 인간 이성의 한계가 느껴진다.

제논의 생애

제논의 생애에 대한 구체적인 내용은 플라톤의 《대화편》 중 〈파르메니데스〉와 〈플루타르코스〉의 기록에서 엿볼 수 있다. 플루타르코스는 제논이 엘레아의 독재자 네아르코스(Nearchus)를 제거하려다 발각되어 죽음을 당한 것으로 기록하고 있다.

군사 행동 직전에 발각되어 독재자 제거는 실패로 끝이 났고, 그는 가담자의 이름을 알아내려는 고문을 받다가 죽음을 당한 것으로 알려져 있지만, 마지막

부분은 전하는 이야기마다 약간의 차이가 있다. 한 일화에서는 그가 고문을 당하자 자신의 혀를 깨물어 잘라내어 독재자의 얼굴에 뱉어 버렸다고 한다.

다른 일화에서는 가담자의 이름을 말할 것이니 네아르코스에게 가까이 와 달라고 부탁을 한다. 큰 소리로 이야기하면 그 이름이 알려지는 순간 공모자가 도망갈 것이라는 말에 속아 독재자가 그의 귀를 제논의 입 가까이 대는 순간, 제논은 독재자의 귀를 깨물었다. 놀란 병사가 칼로 제논의 머리를 잘랐음에도 그의 입은 여전히 독재자의 귀에 달려 있었다고 하니, 독제자에 대한 그의 증오심을 엿볼 수 있는 대목이다.

아셰아(엘레아)의 풍경

바리에 도착한 후에 서너 시간을 기다려 아셰아(Ascea)로 가는 기차를 탔다. 엘레아라는 지명을 이곳 사람들은 기억하지 못했다. 옛 지명은 이제 벨리아(Velea)로 바뀌어 있었고, 아셰아의 기차역을 통해서만 이곳에 도달할 수 있었다.

호텔 예약을 하지 않았기에 며칠 동안은 노숙을 각오하고 있었다. 밤늦게 도착하여 마땅한 숙소를 찾을 시간이 없고, 역 주변에 비싼 호텔만 있는 경우(대부분의 유럽 호텔은 역 주변에 일급호텔이 있다)에는 역에서 밤을 새워도 좋은 여름 날씨라고 생각했다.

다행히도 서머 타임이 시행되는 여름철이라 아직 관광안내소 주위와 시내는 사람들로 붐비었고 역 앞의 관광안내소도 문이 열려 있었다. 그곳에서 저렴한 호텔 두 곳을 추천받은 후, 10여 분 정도 마을의 중심가를 걸었다. 조그마한 마을의 중심가는 사람들로 넘쳐나고 있어, 마을 사람들 전부가 집 밖에 나와 있는 것처럼 마을 전체가 약간 들떠 있었다. 그래도 대도시와는 달라서 중심을 조금만 벗어나도 사람 수는 눈에 띄게 줄어들었고 축제의 소란도 잦아들었다. 숙소에 짐을 풀고 중심거리로 돌아오니 길거리 악사들의 흥겨운 공연과 구경나온 여행객들로 가득한 축제가 진행 중이었다. 아셰아의 밤은 바닷바람과 함께 포크

■바리를 떠난 기차는 저녁 8시가 되어서야 작은 시골 아세아 역 앞에 나를 내려놓았다.

댄스를 준비하는 여인네들, 길거리의 악사들, 여행객들이 뒤섞이면서 흥겹게 깊어 갔다.

다음날 아침 일찍 엘레아의 옛 도시로 갔다. 아세아에서 옛 도시 엘레아까지는 걸어서 40분 정도 거리로, 지중해의 뜨거운 여름 볕을 피하기 위해 서둘렀지만 옛 도시 언덕을 오를 즈음에는 이미 온몸이 땀으로 젖어 있었다. 파르메니데스가 제자를 가르치고 제논이 역설을 만들었을 엘레아는 이제 언덕 위의 허물어져가는 성에서 그 모습을 찾을 수 있었다. 성의 안쪽에 자리한 조그마한 기념관에는 파르메니데스의 흉상과 그에 대한 짤막한 해설이라도 있었으나 제논의 흉상이나 해설은 한 마디도 발견할 수 없었다. 그저 파르메니데스를 설명하면서 그의 이름이 나오는 정도였다. 그가 철학과 수학에 던진 화두 '제논의 역설'은 얼마나 오랫동안 수학자들을 괴롭혀왔던가? 이 위대한 수학자의 이름이 이곳에

■아세아에서 벨리아까지 걸어갔다. 해안가의 아름다운 풍경(위쪽)을 지나 도착한 엘레아의 옛 도시(아래쪽)는 언덕 위에 있었다.

■ 벨리아의 입구에 있는 옛 도시 엘레아의 항공사진(왼쪽)과 박물관의 파르메니데스에 대한 설명문 (오른쪽).

서는 이제 거의 잊혀 있었다. 다시 한번 세월의 무상함을 느끼는 순간이었다.

이제 제논의 역설이 갖는 철학적 의미를 다시 한번 되새기며 엘레아의 여행을 마치려 한다. 《괴델, 에셔, 바흐-영원한 황금 노끈》의 저자 호프스태디는 아킬레스의 입을 빌어 제논의 역설을 이렇게 설명했다.

> **아킬레스:** 그건 이런 거라네. 어느 날 승려 둘이서 깃발 하나 때문에 싸우고 있었지. 한 승려가 다른 승려에게 "그 깃발은 움직인다."라고 말하자 다른 승려는 "바람이 움직인다."고 말했지. 그런데 그때 거기를 지나가던 제6대 장로 제논이 그들에게 "바람이 움직이는 것도 아니고 깃발이 움직이는 것도 아닙니다. 당신들의 마음이 움직이는 거지요."라고 말했네.

옛 도시의 중심에 있는 성의 꼭대기에 오르니, 지중해에서 불어오는 시원한 바람이 아카데미아의 깃발처럼 내 옷깃을 힘차게 흔들어 댔다. 아니, 내 마음이 힘차게 움직였다.

피타고라스, 부처, 공자는 친구?
-같은 시대를 살다간 인류의 스승

피타고라스, 부처, 공자의 공통점

　피타고라스, 부처, 공자의 공통점에 주목해 본다. 서로 연관이 없어 보이는 이 세 명이 의외로 공통점을 가지고 있다는 사실에 나는 자주 놀란다. 세 사람은 거의 동시대(기원전 550년경)를 살았던 사람들로 그 영향력은 현대에서 더욱 주목할 만하다. 부처는 불교의, 공자는 유교의 시발점이 된 사람이다. 피타고라스를 따르던 사람들의 모임이었던 피타고라스학파의 모임도 종교적인 색채가 강했던 모임이었다. 만일 피타고라스와 그 제자들이 살해되는 사건이 발생하지 않았다면 이 모임도 현재의 유교나 불교와 같은 모습을 하고 있었을지도 모를 일이다. 현대의 가장 비밀스러운 조직 중의 하나인 프리메이슨은 피타고라스 철학에 관심을 두는 것으로 알려져 있으니 이 세 사람을 믿음의 정점으로 하는 종교나 단체가 아직도 막강한 힘을 발휘하고 있다. 기독교의 예수는 이 세 사람보다 550년 후에 태어났으며, 이슬람교의 무함마드는 이로부터 다시 600년 후의 사람이니 이들의 영향을 벗어날 수는 없었을 것이다.

또 이들은 자신의 생각과 사상을 직접 글로 남기지 않았다는 공통점도 있다. 피타고라스는 피타고라스 정리를 만든 사람으로 이름이 알려지긴 했지만 이 정리를 그가 만든 것이 아니며, 이 정리를 증명한 기록이 남아 있는 것도 아니다. 단지 증명을 했다는 기록이 있을 뿐이다. 부처나 공자에 대하여 지금 전하는 대부분의 기록도 제자들의 기억에 의한 것으로 시간이 상당히 흐른 후에 기록된 것이다. 따라서 그들에 관한 많은 기록은 제자들에 의하여 아름답게 윤색되었을 가능성이 높다.

피타고라스의 정리가 만들어진 곳은 피타고라스학파의 발상지 크로토네이다. 엘레아에서 오후 늦게 출발한 기차는 밤 11시가 넘어서야 크로토네에 도착했다. 잘 곳도 정해지지 않았는데 너무 늦은 시각에 낯선 도시에 도착하는 것이 내내 걱정되기는 했지만 다른 방법이 없었다. 그저 직접 부딪쳐보는 수밖에….

이탈리아 크로토네

깊은 밤 크로토네의 역은 고요했다. 마치 시골의 논 한가운데 있는 것처럼 주변에는 가로등 불빛 외에는 아무것도 보이지 않는 암흑이었고 가까운 곳에 호텔 같은 건물은 아예 보이지 않았다. 혹시나 하는 마음에 역을 나서서 찻길을 따라 20여 분 정도 걸어 보았으나 어느 곳이 도심지를 향하는 것인지조차 알 수도 없었고 물어볼 사람도 없었다. 그저 헤드라이트 불빛을 밝힌 자동차들이 도로를 드문드문 달릴 뿐이었다. 순간 두려움이 몰려 왔다.

빨리 역으로 돌아가는 것이 낫겠다는 생각이 들었다. 무언가에 쫓기듯 허둥지둥 서둘러 돌아오는 길은 공상 우주 영화에서 지구의 마지막 장면을 보는 듯한 착각을 일으키기에 좋은 인적 없는 낡은 공장지대 곁이었다.

역으로 돌아오니 그제서야 환한 불빛에 마음이 놓였다. 시골역이어서인지 직

■ 밤 11시가 넘은 크로토네 역(왼쪽)과 시내로 향하는 길(오른쪽)은 인적이 거의 없어 여행객에게는 무섭고 낯선 밤거리였다.

원들도 모두 퇴근한 듯하여, 이곳에서 날이 밝기를 기다리는 수밖에 다른 방법은 없어 보였다. 어차피 여행 중에 한 번쯤은 이런 일이 있을 거란 각오는 했지만 그래도 시간은 더디게 갔다. 한참을 눈을 감은 채 의자에 앉아 있었는데도 시간은 겨우 10분이 흘렀을 뿐이었다. 눕지도 못하게 각각의 의자에는 팔걸이가 있었다.

 행운은 소리 없이 다가왔다. 20대로 보이는 한 젊은 남자가 불쑥 역으로 들어와 주위를 휙 둘러보는 모습을 보고, 그에게 말을 걸어 보았다. 혹시 이 근방에 저렴한 숙소는 없는가. 자신을 '운전사'라고 소개했지만 그의 차는 영업용 택시가 아닌 일반 승용차였다. 나를 자신의 차에 태운 그는 10여분을 달려 어느 아파트 앞에 도착했다. 너무 늦은 시간이어서인지 아파트 초인종을 아무리 눌러도 반응이 없자, 스마트폰을 꺼내어 인터넷 검색을 한 후 어느 곳인가로 전화를 했다. 조금 후 B&B(Bed and Breakfast 일종의 유럽 민박)의 주인이 나타났고 그는 나와 함께 집 안으로 들어가서 머물기에 불편함이 없는 깨끗한 숙소인지 확인까지 해주었다. 편안한 하룻밤을 보내고 다음날 아침까지도 이 젊은 이탈리아 남자의 친절이 너무도 고마웠다.

■아침의 크로토네는 조용했다. 하룻밤 묵은 신도시 민박(위쪽)과 구도시(아래쪽).

피타고라스와 부처

앞서 살펴본 단순한 공통점 이외에도 피타고라스와 부처는 놀라울 정도로 비슷한 윤회관을 가지고 있었다. 사람이 죽은 후에 사라지는 것이 아니라 그 영혼이 다른 동물로 옮겨져서 다시 환생한다는 윤회설은 사실 두 사람 이전에 힌두교에서 그 뿌리를 찾을 수 있다.

힌두교 시바신은 한 손에 멸망의 불꽃을 들고 있고 다른 한 손에는 창조의 북을 들고 있는 모습으로 그려진다. '파괴하지 않고는 새로운 것을 얻을 수 없다'는 윤회의 원리를 설명하고 있는 것이다. 힌두교와 불교에서는 모든 생명에는 아트만(Atman, 자기의 본질)이 존재한다고 믿는다. 이는 기독교적인 관점에서 영혼과 유사한 것으로 '이 세상에 있는 가장 작은 것보다 작고, 광대한 우주보다 큰 것'으로 여겨진다. 우주의 본질로서 모든 생명체에 있는 아트만은 절대로 사라지지 않고, 그 생명이 죽으면 다른 생명으로 옮겨갈 뿐이다. 이런 아트만이 모여서 무한한 우주를 이루는 것이다. 수학적인 표현을 빌리면 이 아트만의 크기는 무한소이며 그 구조는 무한대인 셈이다. 무한소가 모여 무한대가 되는 원리가 우주라는 설명이 된다. 이런 표현이 불교 문화권에서 자란 우리에게는 그리 낯설지 않다.

■ 힌두교 시바신이 한 손에는 멸망의 불꽃을, 다른 한 손에는 창조의 북을 들고 있는 모습으로 그려지는 이유는 '윤회의 원리' 때문이다.

피타고라스는 그리스 철학자 중 거의 유일하게 윤회를 믿었던 사람이다. 그는 자신이 트로이 시대의 영웅 에우포르보스(Euphorbus)가 환생한 것이라고 믿었다. 윤회를 믿는 불교는 자연스럽게 육식을 금지하고 있다. 나의 부모의 영혼이 다른 동물에게로 옮겨갔을지도 모르는데, 그것을 잡아먹는다는 것은 너무도 비윤리적이기 때문이다. 피타고라스학파의 사람들도 같은 이유로 육식을 하지 않았다.

또한 피타고라스는 명상을 중요시했다. 명상을 통하여 물질적인 3차원의 세계를 벗어날 수 있으며 텔레파시와 같은 정신감응이 가능하다고 믿은 것이다. 불교에서도 명상이야말로 잠재된 의식을 깨움으로써 진정한 자신을 찾을 수 있는 유일한 방법이라고 생각한다. 피타고라스학파는 우리의 선불교와 동일한 수준으로 명상의 중요성을 바라보았다.

피타고라스와 부처의 결정적 차이는 그들의 사고를 지배하던 당시의 문화적 배경에서 찾을 수 있는데, 이는 후에 아리스토텔레스의 논리학의 기저가 되는 추론 방법이다. 그리스는 주어진 명제를 '증명'이라는 방법으로 확인한 후에야 참으로 받아들이는 전통이 있었다. 그러나 불교는 '도덕'에 근거하는 종교가 되었다.

또 불교는 식물을 먹는 것에는 특별한 차별을 두지 않는 반면 피타고라스는 식물 중에서도 콩을 금했다. 콩의 모양이 여자의 생식기를 연상시키고 방귀를 많이 만든다는 이유에서인데, 불교가 성한 한국과 일본에서는 이 불경스러운 콩을 발효시켜 메주와 낫토로 만들어 먹고 있으니, 아마 피타고라스는 이 방법을 알지 못했음이 분명하다.

부처와 피타고라스의 수

부처의 생애를 기록한 《방광대장엄경(方廣大莊嚴經, LalitavistaraSutra)》에 따르면 기원전 565년경에 인도 카필라바스투(Kapilavastu, 현재 네팔 땅)에서 부처가 태어났다. 이 책에는 부처와 숫자 7에 대한 이야기가 전해 오는데, 갓 태어난 아기는 동서남북으로 일곱 걸음을 걸으며 아래와 같이 외쳤다고 한다.

"하늘 위와 하늘 아래에서 내가 가장 존귀하니, 온 세상의 괴로움을 내가 당연히 편안하게 하리라(天上天下唯我獨尊 三界皆苦 我當安之, 천상천하유아독존삼계개고 아당안지)."

그때 그가 걷는 발자국마다 연꽃이 피어났다는 기록과 함께 또 그의 수학 스승 아르주나(Arjuna)와 나눈 대화도 적혀 있다. 아르주나는 부처에게 가장 작은 알갱이(첫 번째 원자)의 크기에 대하여 물었다. 이에 대한 부처의 대답은 매우 길지만 그중에 수학적인 것만 간추리면 엄지손가락 한 마디 뼈를 7로 열 번 나눈 크기를 첫 번째 원자의 크기라고 말했다. 이를 7의 거듭제곱으로 나타내면 다음과 같다.

$$0.04 \div 7 \div 7 \div 7 \div 7 \div 7 \div 7 \div 7 \div 7 \div 7 \div 7 \fallingdotseq 1.429 \times 10^{-10}(m)$$

이는 탄소 원자의 크기와 거의 비슷하니 숫자 7에서 우주의 구성 원리를 찾았던 2,500년 전 부처의 예측이 거의 정확했던 셈이다.

이에 비하여 피타고라스의 숫자에 대한 환상은 좀더 수학적이다. 그는 단순한 숫자가 아니라 어떤 성질을 갖는 특별한 숫자들에 대하여 의미를 찾으려고 노력했다. 피타고라스가 가장 많은 노력을 투자하여 찾아낸 수를 그 제자들은 '완전수Perfect number'라고 불렀다. 완전수는 '그 수보다 작은 약수를 더하면 본래의 수가 되는 성질을 갖는 수'이다. 가장 작은 완전수는 6이다. 6보다 작은 약수는 1, 2, 3인데 이를 모두 더하면 6이 되기 때문이다. 피타고라스의 관찰에 의하면 완전수는 너무도 완전하여 아주 드물게 존재하므로 더욱 신비로웠다. 1,000만까지의 수를 모두 조사해도 그들이 찾을 수 있는 완전수는 불과 4개뿐이었다.

6 = 1 + 2 + 3
28 = 1 + 2 + 4 + 7 + 14
496 = 1 + 2 + 4 + 8 + 16 + 31 + 62 + 124 + 248
8128 = 1 + 2 + 4 + 8 + 16 + 32 + 64 + 127 + 254 + 508 + 1016 + 2032 + 4064

이 숫자에서 의미를 찾는 사람들은 '달의 공전주기는 28일이며, 신은 6일 만에 세상을 창조했다'는 식으로 그 뜻을 해석하기도 한다. 이를테면 성 아우구스티누스

(St. Augustine 354~430년)는 자신의 저서 《신국론Decivitate Dei》에 다음과 같이 적고 있다.

> 6은 자체적으로 완벽한 숫자다. 하느님이 6일 만에 세상을 창조해서가 아니고, 거꾸로 이 숫자가 완벽하기 때문에 6일 만에 모든 것을 창조한 것이다.

부처와 피타고라스는 숫자에 대한 경외감을 가지고 이것으로 우주의 모든 원리를 표현할 수 있다고 믿었던 사람들이다.

피타고라스와 공자의 음악

피타고라스는 현대 음계와 화음법의 창시자로 알려져 있다. 전해지는 기록에 의하면 대장간 앞을 지나다가 대장장이가 망치질하는 소리를 듣고 음을 수학적 비율로 나타낼 수 있을 것이라고 생각하고는 연구에 착수했다고 한다. 하나의 망치로 쇠를 두드리면 듣기 싫은 소리를 내지만 2개의 망치로 두드리면 조화로운 소리가 되는 원리를 설명할 숫자가 그에게 필요했다. 음악 연주가들이 경험적으로 알고 있던 사실을 수학적으로 표현할 방법을 찾는 것으로, 그는 망치의 무게와 화음의 관계를 발견할 수 있었다. 두 망치의 무게가 1 대 2 또는 2 대 3과 같이 간단한 수의 비로 나타낼 수 있으면 듣기 좋은 화음이 만들어지지만 그렇지 않은 경우에는 소음과 같은 불쾌한 소리가 만들어지는 것이었다.

'만물은 수'라고 믿었던 사람에게 음악을 수로 나타내려는 시도는 너무나 당연해 보인다. 그는 한 줄 악기 모노코드(Monochord)의 줄(현)을 이용한 수학적 실험을 했다. 예를 들면 다음과 같다.

> 현의 중간 지점을 누르고 현을 튕기면 원래 음과 같은 소리가 나지만 한 옥타브 높은 음이 된다(현대음악의 7음계의 기본). 현의 3분의 2 지점을 누르고 두 현을 동시에 튕기면 아주 잘 어울리는 아름다운 소리가 난다(현대 화음의 기초-완전5도).

특히 완전5도는 '도'와 '솔'의 관계로, 계속적으로 3:2의 비를 유지한 음을 재배열하면 7음계가 만들어진다. 수학적 표현을 빌리면 그의 결론은 간단하다. 두 현의 비가 유리수이면 두 현의 음이 조화를 이루어 아름답다는 것으로 이 원리는 현대 음악의 기초가 되었다. 아무리 사소한 자연현상이라도 그것을 지배하는 수학적 법칙이나 숫자를 찾아내려는 피타고라스의 집념을 엿볼 수 있는 예다.

공자는 음악을 이해하고 즐긴 편에 속하는 사람이다. 서양과 동양 철학의 차이처럼 피타고라스는 분석적인 관점에서, 공자는 종합적인 관점에서 음악을 대한 것이다. 공자의 음악에 대한 기록은 여러 곳에 남아 있다. 특히 그가 '소韶'라는 음악을 듣고 느낀 감동에 대한 기록에서 음악에 대한 그의 태도를 엿볼 수 있다. 《논어》의 〈술이〉편에 나오는 말이다.

> 공자가 제나라에 계실 때 '소'라는 음악을 듣고, 석 달 동안 고기 맛을 모를 정도였다.
> 子在齊, 聞韶, 三月不知肉味 (자재제, 문소, 삼월부지육미)

> 공자가 말씀하시길, "음악이 이처럼 기막힌 것인지 미처 생각지 못했다."
> 曰, 不圖爲樂之至於斯也 (왈, 부도위락지지어사야)

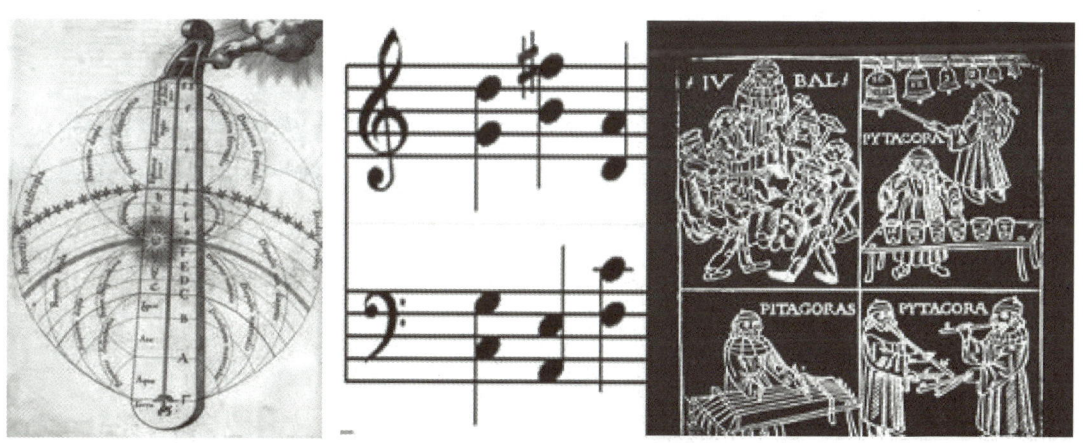

■ 피타고라스의 음계실험에 이용된 모노코드(왼쪽)와 실험장면을 나타낸 판화(오른쪽).

공자와 음악의 관계를 연구한 한 논문에는 이런 내용도 있다.

공자는 장단 악기와 선율 악기의 적절한 합주와 화음의 구조를 분명히 이해하고 있었던 것 같다. 공자는 58세 무렵 사양자에게 거문고 타는 것을 배웠다. 그때 공자는 음악 공부를 곡조 익히기, 연주법 알기, 곡조의 뜻 이해하기, 곡 중 인물의 사람 됨됨이 알기 등의 순서로 배워 나갔다. 맨 마지막에 곡 중 인물의 사람 됨됨이에 대해 알게 되는 단계에서, 공자는 "나는 이 제야 그 곡 중의 사람 됨됨이를 알겠다. 피부는 검고 키는 크며 눈은 빛나고 멀리 바라보는데 마치 사방 제후국을 다스리는 것 같았으니, 이는 문왕이 아니면 누구겠는가"라고 말했다고 한다. 이에 대해 사양자는 "그것이 문왕초, 즉 문왕을 찬양한 내용의 거문고 곡이다"라고 대답했다고 한다.

이 이야기는 공자가 음악에 대해 감성적·미학적으로 이해했을 뿐 아니라 소리로 표현하는 사물이나 노랫말 등의 상징적 의미도 함께 이해하고 있음을 말하는 것이다.

피타고라스 후예, 프리메이슨

부처와 불교, 공자와 유교를 연결 짓듯 현대에도 피타고라스와 연결되는 조직이 있다. 미국소설가 댄 브라운은 소설 《로스트 심벌》에서 프리메이슨이라는 미국의 비밀조직에 대해 자세하고 흥미롭게 기술하고 있다. 그들의 비밀스럽고 신비한 입교 의식, 조직의 비밀을 지키기 위한 헌신을 이 소설을 통해 바라보면서 아마도 오늘날 가장 비밀스러운 조직이 프리메이슨일 것이라 생각해 본다. 허구적 소설 내용을 모두 믿기는 어렵지만 국가적 비밀을 다루는 CIA보다 더 비밀스러운 이 조직에 대해서는 그 누구도 정확한 정보를 갖고 있지 않기 때문에 작가의 상상력에 기댈 수밖에 없다.

프리메이슨의 공식적인 출발은 영국 석공(Mason)의 길드 조직이다. 현재 약 500

만 명의 회원이 가입되어 있는 세계적인 조직으로 미국에 200만 명, 발상지인 영국에 48만 명 정도로 추정되는 회원이 있으며 한국에도 지부가 있다.

앞서 말한 것처럼 프리메이슨은 아주 폐쇄적인 조직으로 가입은 다른 회원의 추천으로만 가능하다. 추천된 회원도 기존 회원들의 동의 없이는 회원이 될 수 없으며, 회원 자격을 얻더라도 특정한 의식을 통해 조직의 규율에 따르도록 맹세하는 절차가 있는 것으로 알려져 있다. 구체적인 입교절차는 이 조직의 비밀에 속한다.

■ 프리메이슨의 조직 원으로 알려져 있는 미국 건국의 아버지 조지 워싱턴의 사진이 들어 있는 1달러 지폐.

사실인지는 알 수 없지만, 프리메이슨은 미국 건국에 아주 중요한 역할을 한 것으로 전해온다. 미국 건국의 아버지라고 불리는 조지 워싱턴, 벤자민 프랭클린 등이 이 모임의 회원이었으며, 그들의 성공 뒤에는 프리메이슨의 적극적인 뒷받침이 있었다고 한다. 이런 주장에 힘을 실어주는 것 중 하나가 미국의 1달러 지폐다. 이 지폐에 등장하는 미국의 공식적인 실(Seal, 국새와 같이 나라의 중요한 공식문서에 사용하는 도장)은 두 가지다. 이 중 독수리 모양은 전통적으로 고대 이집트나 로마제국이 사용하던 것으로 유럽 대부분의 국가들이 공통적으로 사용하고 있어 특별한 것이 없지만 다른 하나는 매우 독특한 모양을 가지고 있다. 영원히 태양을 바라보며 잠들지 않는다는 의미의 '잠들지 않는 눈'이 삼각형 안에 들어 있고 그 아래에는 미국과는 아무런 관계가 없어 보이는 고대 이집트의 피라미드가 미완성 형태로 들어가 있다. 이 피라미드와 잠들지 않는 눈이 프리메이슨의 또 다른 상징이라는 주장이 있다.

■ 미국 1달러 지폐 중에서 피라미드 문양을 확대한 사진(왼쪽). 이집트 기자 피라미드의 윗부분도 피뢰침 같은 것으로 그 모양만 표시해두었을 뿐 비어 있었다(오른쪽).

피타고라스학파의 멸망과 프리메이슨

피타고라스는 자신의 학파에서 발견한 진리를 외부에 절대로 알리지 않도록 했고 가입하려는 사람들의 수도 제한했다. 이런 비밀집단에 반감을 나타낸 사람이 실론(Cylon)이다. 그는 기원전 510년경 크로토네 사람들을 선동하여 피타고라스의 제자들이 탈출하지 못하도록 건물의 모든 문을 잠근 후 방화를 했다. 피타고라스의 제자들은 거의 대부분 이 불에 의하여 목숨을 잃었고, 피타고라스는 가까스로 탈출했지만 폭도에 쫓기다 콩밭 앞에서 붙잡혀 죽은 것으로 알려져 있다.

그러나 다른 전설에 의하면 피타고라스는 당시에 죽지 않았고, 폭도의 손을 벗어나게 되자 이름을 피터 고어(Peter Gower)로 바꾸고 아직 남아 있던 몇몇의 추종자들과 함께 새로운 비밀조직 프리메이슨을 만들었다. 그는 자신을 미워하는 무리가 얼마나 무서운 존재인가를 이미 크로토네에서 체험했기에 그의 조직을 세상에 드러나지 않는 철저한 비밀조직으로 만들었고 회원들도 더욱 폐쇄적으로 받아들이기 시작했다는 것이다.

프리메이슨의 존재는 1700년 초에야 세상에 알려졌다. 실제로 이 조직이 세상에 알려진 후로는 로마 교황청이나 각국의 왕으로부터 사탄, 이단의 조직으로 간주되어 탄압을 받기도 했다. 그럴수록 프리메이슨은 점점 더 비밀스럽고 은밀한 형태로 존재하면서 시련을 견뎌왔다.

프리메이슨은 영국에서 성장했으므로 청교도(프로테스탄트)적인 색채가 무척 강하지만 예수를 믿는 종교단체는 아니다. 피타고라스의 사상을 중시한다면, 명상을 중시하는 것으로 자연신주의에 부합된다. 알렉산드리아의 여성 수학자 히파티아가 기독교인에 의해 살해된 이유 중 하나가 바로 피타고라스학파의 후계자라는 주장에 대한 종교적 갈등으로 기록된 것을 보면, 피타고라스학파의 우주관을 이어받은 프리메이슨의 철학은 기독교와 상반되는 부분이 많을 것으로 생각된다.

피타고라스는 우주의 모든 것은 수로 나타낼 수 있으며 아름다운 비율을 지닌 것이 조화로운 것이라고 믿고, 이 규율에 따른 엄격한 생활을 했다. 프리메이슨도 이런 수학적 규율을 지금까지도 그대로 유지하고 있는지 궁금하다. 이 조직에서 비밀 유지를 위해 사람을 죽였다는 이야기는 소설 외에서는 듣지 못했다.

크로토네

크로토네의 옛 도시는 피타고라스를 잊지 않고 기억하고 있었다. 그의 이름을 딴 골목길도 있었고 건물도 있었다. 그러나 정작 피타고라스의 기념관이나 박물

■ 크로토네는 길 이름(왼쪽), 건물 이름(오른쪽)으로 피타고라스를 기억하고 있었다.

■크로토네 옛 도시에는 성을 지키는 데 사용한 대포와 성벽이 아직 남아 있었다.

관은 없었다. 그저 옛 도시의 중심부쯤 되는 곳에 크로토네 박물관이 있는데, 입구에 그의 사진과 해설을 붙여놓은 것이 전부였다. 고대 그리스 시대에 피타고라스가 살았을 법한 곳은 빈민가처럼 조그마한 집들이 다닥다닥 붙어 있었고 그의 제자 히파소스가 죽음을 당했다는 앞바다 해안가는 리조트로 변해 있었다.

피타고라스의 직접적인 흔적을 찾을 수 없을 정도로 세월은 흘렀지만, 옛 도시는 그런대로 잘 보존되어 있었다. 크로토네 성 안에는 이곳을 지키기 위해 쓰였을 법한 대포며 망루들이 아직도 고스란히 남아 있었다.

터키의 쿠샤다스, 그리스의 파트라스, 이탈리아의 크로토네는 공통점을 가지고 있었다. 바다가 잘 내려다보이는 높은 언덕 위에 성채가 자리하고 있다는 것이다. 적의 침입을 미리 알고 방비하기 위해 쌓은 망루는 고대, 중세를 거치면서 더욱 튼튼하게 정비되어 마치 수호신처럼 마을을 내려다보고 있는 것이다. 때로는 적에 대한 공격 장소로 사용되고 때로는 피난처로 사용되던 성의 모습은 유럽 곳곳에서 흔히 볼 수 있는 것이지만, 이처럼 바닷가에 세워진 성은 특별히 등대와 같은 느낌으로도 다가왔다. 지중해를 건너 그리스 사모스에서 이곳 이탈리아 크로토네까지 이주

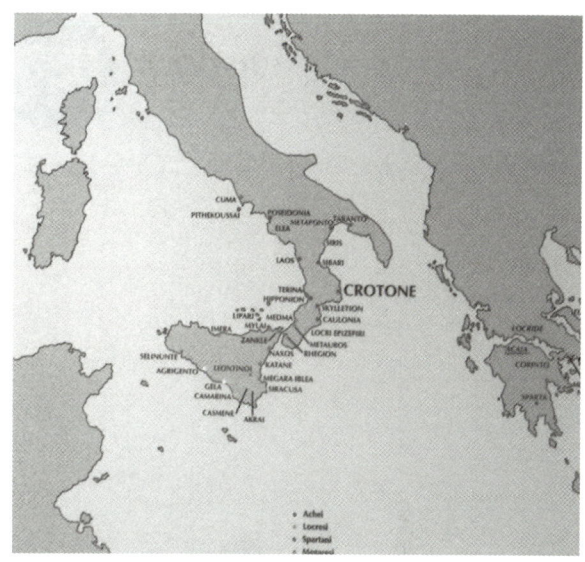
■피타고라스 시대의 그리스, 이탈리아 남부, 터키의 동부가 모두 한 나라였음을 보여주는 지도.

한 피타고라스에게는 이 성의 탑이 희망의 등대처럼 보였을 것이다. 저녁 8시가 넘었어도 크로토네 바닷가의 해는 떨어질 줄을 몰랐다.

아르키메데스의 거울, 최영의 연은 전쟁무기

MIT 학생들의 실험

고대 그리스 수학자 아르키메데스(Archimedes, 기원전 287~212?)는 기원전 212년경에 로마군의 공격을 받은 시라쿠사를 지키기 위해 여러 가지 전쟁기구를 발명했다고 알려져 있다. 터키 여행기에서도 언급했듯이 이 중에는 포물선 모양의 오목거울에 태양광선을 반사시켜 로마군의 배를 불태웠다는 기록이 있다. 과연 이것이 가능한 것일까? 유레카의 전설과는 달리 이 이야기는 많은 수학자들에게 의문을 남겼다.

데카르트(Rene Descartes)는 이것은 있을 수 없는 일이라고 단정했지만 현대에 와서는 많은 사람들이 그 가능성을 생각하기 시작했다. 당시의 상황을 고려하면, 광택이 나게 잘 닦여진 청동 방패를 거울로 이용했을 가능성이 높다. 청동 방패를 여러 개 모아 포물선 모양으로 만들면 위성 안테나의 원리와 같이 지구 밖에서 오는 평행한 태양광선을 한 점에 모을 수 있다는 것을 아르키메데스는 잘 알고

■ 부력의 원리를 발견하고 유레카를 외쳤다는 아르키메데스는 포물선의 원리를 이용하여 로마군의 배를 불살랐다고 전한다.

있었다. 사실 그는 이런 모양의 2차 곡선의 연구를 완성한 사람이며 동시에 포물선에 내접하는 삼각형을 무한히 그려 그 넓이를 계산해낸 무한 개념의 첫 번째 창안자이기도 하다.

드디어 2005년 미국 MIT의 학생들이 모여 실험을 시작했다. 그들은 30센티미터 크기의 정사각형 모양의 거울 127개로 위성 안테나 모양의 포물반사경을 만들어 30미터 정도 떨어져 있는 나무로 만든 모형배에 초점을 맞추었다. 몇 번의 실패 끝에 불꽃을 얻는 데는 성공했지만 이 성공에는 조건이 있었다. 하늘은 구름 없이 맑아야 하며 배는 적어도 10분 이상 조금도 움직이지 말아야 한다는 것이었다.

세계문화유산 이탈리아 시라쿠사

아르키메데스의 고향 시라쿠사를 찾은 날도 하늘은 구름 한 점 없이 맑았다. 시라쿠사는 도시 전체가 세계문화유산으로 등록된 곳이다. 고대 그리스 시대에는 그리스의 영토였던 이곳은 이탈리아의 아름다운 섬 시칠리아의 남쪽에 있어 마치 지중해의 한가운데에 들어 있는 모습을 하고 있다. 여행 중에 만난 몇몇 이탈리아인들은 시라쿠사와 팔레르모가 이탈리아 시칠리아에서 가장 아름다운 곳

■아르키메데스 광장의 분수.

이라고 말했는데, 그들의 자랑은 과장이 아니었다. 여행을 시작한 이래 이곳보다 아름답고 깨끗한 곳을 보지 못했다. 2700년의 도시 역사가 그대로 보존되어 있어 고대와 현대, 그리스, 로마, 비잔틴 시대의 건축물이 조화롭게 서 있는 곳이기도 했다.

한낮의 더위를 피해 움직이려고 아침 일찍부터 서두르는 것은 이제 습관이 돼 버렸다. 역에서 30분 정도 걸으면 나타나는 작은 섬 오르티지아(Ortygia)가 그리스 시대의 시라쿠사의 중심부다. 옛 도시의 입구는 아르키메데스 광장으로부터 시작된다. 이곳이 아르키메데스가 태어나 자라고, 학생들을 가르치며 평생 연구를 했던 곳이다. 그의 출생지는 피타고라스의 고향 사모스라는 기록도 있고, 젊었

■ 아름다운 두오모 성당의 외부와 내부. 성당의 내부에서 아테네신전의 돌기둥을 확인할 수 있다.

을 때 알렉산드리아(현재의 이집트 도시)에서 공부했다는 기록도 있기는 하지만, 그의 일생 대부분은 이곳에서 머물렀던 것은 분명하다. 엉뚱하게도 광장에는 아르키메데스 대신에 그리스 로마신화의 주인공인 듯한 아름다운 여인들과 근육질의 사내가 벌거벗은 모습으로 시원한 물줄기를 뿜어내는 분수에 둘러싸여 있었다.

이어진 두오모 광장의 시칠리아 성당은 이 도시의 역사를 상징적으로 보여주고 있었다. 아르키메데스 시대보다 200년 전(기원전 5세기경)에 지어진 아테네신전의 기둥과 기본 틀을 그대로 유지하면서 7세기경에 그 위에 가톨릭 성당을 세운 것이다. 두오모 광장의 끝에는 중세의 성이 아직도 그 위용을 자랑하며 서 있었다. 이 성 아래로 바닷가에 버린 듯이 흩어져 있는 돌 중에는 고대 그리스 시대의 성벽에 사용되었던 것

■ 시라쿠사 성의 한쪽은 젊은이들의 다이빙장으로 사용되고 있었다.

03. 아르키메데스의 거울, 최영의 연은 전쟁무기 253

도 있으리라. 세월의 흐름 탓일까? 시라쿠사 바닷가의 옛 성터와 망루는 이제 젊은이들의 다이빙장으로 이용되고 있었다. 작렬하는 한 여름 햇살과 시원한 바다 바람을 즐기는 사람들이 망루 끝에 설치된 다리를 다이빙대로 삼아 바다로 뛰어들고 있었다.

아르키메데스의 전쟁무기의 실현 가능성

천재 수학자 라마누잔(Srinivasa Ramanujan)의 멘토로도 유명한 영국의 수학자 하디(G. H. Hardy)는 그의 저서 《어느 수학자의 변명》에 다음과 같은 글을 남겼다.

> 아이스킬로스(Aeschylos, 기원전 525~456년, 고대 그리스의 극작가)는 사람들의 기억에서 사라져도 아르키메데스는 영원히 기억될 것이다. 언어는 사라지지만 수학적 아이디어는 끝까지 살아남을 수 있기 때문이다. 이 세상에 영원한 것은 없겠지만 이 단어에 가장 근접한 사람들이 수학자라고 할 수 있다.

수학자 아르키메데스는 고대 그리스 시대 최고의 수학자였을 뿐만 아니라 현대 수학자까지 아우른 중에서도 당연 최고의 평가를 받는다. 그가 '지구 위를 걸었던 위대한 4인의 수학자' 중에 한 명으로 불리는 이유도 그의 업적에 대한 수학자들의 존경 때문이다.

위대한 영웅에 대해서는 전설도 많은 법이다. 이 중에서 많은 것은 플루타르코스에 의한 것이다. 이 기록은 아르키메데스 사후 300여 년 정도의 시간이 흐른 뒤의 것이기에 그 내용의 신빙성에 대해 많은 의문이 있기도 하지만, 적어도 당시에 그에 대한 사람들의 존경심을 엿보는 데는 부족함이 없다.

아르키메데스에 대한 전설 중 가장 잘 알려진 것이 '유레카'다. 시라쿠사 왕의 명을 받고 왕관을 손상시키지 않고 순금인지를 확인하는 연구를 진행하던 그는, 목욕탕에서 물이 넘치는 장면을 보고 기쁨에 넘쳐 길거리를 향하여 뛰쳐나가 벌거벗은 채 환희의 감탄사 '유레카'를 외쳤다. 부력의 원리를 찾아낸 것이다. 유레카의 전설은 기승전결이 '뉴턴의 사과'와 비슷한 느낌이 있다. 과학의 실제와 대중의 환상을 교묘하게 섞어놓았다. 그래서 이야기를 듣는 사람은 발견된 과학적 원리를 이해하지는 못했어도 발견의 위대함을 매우 감동적으로 이해하게 된다. 이런 전설이 수학과 과학의 대중화에 매우 중요한 몫을 하는 것은 분명하다.

MIT 학생들의 실험 소식을 접한 TV 프로그램 〈미스 버스터즈Myth Busters〉는 학생들에게 재연을 부탁했다. 샌프란시스코 앞바다에서 진짜 나무로 만들어진 어선을 대상으로 하는 것이었다. 역시 이번에도 어선에 작은 불꽃이 생기기는 했으나 배를 불태우지는 못했다. 300도 정도의 온도는 되어야 나무배가 불붙기 때문에 프로그램에서는 이 실험을 실패로 결론지었다. 이 실험에 필요한 시간과 날씨조건도 문제이지만, 시라쿠사는 바다가 동쪽에 있기 때문에 반드시 로마군이 아침에 공격해와야만 이 작전을 쓸 수 있었다. 그런데 이 시간은 햇빛이 강렬하지 못하여 필요한 온도를 얻을 수 없는 시간이다. 배에 불을 붙이려면 불화살과 같은 화공이 효과적이라고 이 프로그램은 덧붙였다.

두 번째 기록된 전쟁무기는 클레인 모양의 긴 막대 끝 도르래에 밧줄을 걸고

■ 아르키메데스와 그의 무기에 대한 실험 장면.

끝에 쇠갈퀴를 달아 만든 것이었다. 공격해 오는 로마군의 배에 갈퀴를 걸고 밧줄을 잡아당기면 갈퀴에 걸린 배는 허공으로 끌려오다가 바다 위로 내동댕이쳐지는 원리다. 최근에 이르러 이 무기에 대한 실험도 몇 번 있었다. 같은 TV의 〈초강력 무기〉라는 프로그램과 몇 수학자의 실험에 의하여 이 기록은 신빙성이 있다는 결론에 도달했다.

최영과 이순신의 전쟁무기

비슷한 기록이 우리나라에도 있다. 연은 본래 전쟁과 관련이 깊다. 통신수단이 변변치 않았던 옛날에는 연을 하늘 높이 띄워서 떨어져 있는 아군에게 작전을 지시하거나 서로의 의사를 확인하는 수단으로서 유용했으리라 쉽게 상상할 수 있다. 임진왜란 당시 충무공 이순신 장군은 섬과 육지를 연결하는 통신수단으로 색과 문양을 달리해 다양한 암호용 연을 이용했다는 기록이 전해져온다. 예를 들어 '청홍와당가리' 연을 띄우면 동쪽과 남쪽을 공격하라는 의미로, '치마당가리' 연을 띄우면 서쪽과 남쪽을 공격하라는 의미로 사용했다고 한다.

그런데 좀 당황스러운 기록이 있다. 《동국세시기》에 따르면 1374년 고려의 최영 장군이 탐라국을 정벌할 때 군사를 연에 매달아 병선에서 띄워 절벽에 상륙시켰으며 불덩이를 매단 연을 적의 성 안으로 날려 보냈다는 것이다. 과연 사람이나 불덩이를 연에 실어 날려 보낼 수가 있을까?

사람을 연에 실어 날려 보낼 수 있을까?

연을 날려본 사람이면 이해할 수 있는 일이지만, 연의 균형을 유지하기 위해 반드시 필요한 것은 연의 대칭성이다. 또 날기 위해서는 연이 매우 가벼워야 할 뿐더러 강한 바람도 필요하다. 사람이 연에 매달려 있으면서 매번 바뀌는 바람의 방향에 따라 균형을 유지한다는 것은 매우 어려운 일이다.

또 이 연은 패러글라이딩에 쓰이는 낙하산처럼 구멍이 없어야 한다. 구멍이 있는 연 자체는 날 수 있지만 절대로 사람의 몸무게까지는 지탱할 수 없다. 게다가 사람을 공중에 띄우려면 강한 바람이 필요하므로 아주 높은 언덕에서 뛰어내리거나 빠른 자동차가 있어야 한다. 도저히 불가능해 보이는 도전이다.

육지라면 불가능해 보이는 이 일이 바다에서는 가능할지도 모른다. 두 배를 띄우고 한 배에는 연에 매달린 병사가 있고 다른 배에는 연을 조종하는 병사들이 있으면서 두 배가 서로 반대방향으로 빠르게 노를 저어간다면 연을 띄울 때 필요한 바람을 만들어낼 수 있을 것도 같다. 설령 성공한다고 해도 전쟁무기로 가능할 것 같지는 않다. 상륙에 필요한 병사의 수가 매우 많아야 하는데 그 많은 연을 띄우는 것이 불가능해 보일 뿐더러 연을 정확히 조종하여 정확한 지점에 도달케 하는 일은 더욱 어려워 보이기 때문이다.

불덩이를 매단 연이 전쟁에서 과연 쓸모가 있을까?

사람에 비해 불덩이를 연에 매다는 것은 상대적으로 어려워 보이진 않는다. 그래도 과연 전쟁에서 얼마나 유용한가에 대한 의문은 계속 남게 된다. 앞서 말한 것처럼 바람 방향을 아무리 잘 조정한다 하더라도 적의 진지에 정확하게 불덩이를 도달하게 하는 일은 결코 쉬운 일이 아니다. 오히려 당시의 일반적 화공 무기인 불화살이나 큰 새총처럼 생긴 발사기를 사용하는 것이 정확하고 능률적인 공격법이라는 생각이 든다. 기회가 된다면 〈미스 버스터즈〉처럼 연의 전쟁무기 사용이 어디까지 가능한지 실험해보고 싶은 마음이다.

아르키메데스 박물관

시라쿠사에는 아르키메데스도 즐겼을 법한 고대 그리스와 로마 시대의 원형극장이 남아 있었다. 특히 잘 보존되어 있는 그리스 극장의 반원형 관객석은 67줄과 9개의 구역으로 이루어진 고대 그리스 시대 최대 규모의 극장이었다. 이곳을 수리하여 로마인이 즐겨 사용했고, 현재도 특별한 오페라의 무대로 가끔 사용되고 있었다. 그 옆에는 이 극장을 짓기 위해 돌을 캐낸 채석장과 인공 동굴 '디오니시우스의 귀'가 있었다.

채석장은 후에 죄수들의 감옥으로 사용되었는데 독재자 디오니시우스는 이곳에서 그 죄수들의 이야기를 모두 엿들을 수 있었다는 설명문이 그 앞에 붙어 있었다. 필시 이 동굴의 형태도 아르키메데스의 거울과 같이 포물선 모양으로 이루어진 것이리라. 태양광선이 초점에 모이듯 감옥 안에 있는 사람들의 목소리도 초점에 모이게 되므로 그 초점에 앉아 있는 사람은 포물선 안의 모든 대화를 엿들을 수 있게 된다.

이 유적지에서 멀지 않은 곳에 있다는 아르키메데스 박물관을 찾아 나섰다. 시에서 만든 안내 책자에 이 박물관의 위치가 소개되어 있었지만, 이곳 안내원들조차 정확한 위치를 알지는 못했다. 몇 번이고 갔던 길을 되돌아오길 반복하다가 드디어 박물관의 안내간판을 찾아냈다. 그런데 무언가 이상했다. 퇴색된 간판은 관리가 되지 않아 군데군데 녹이 슨 채 잡초들 사이에 방치된 듯 서 있었고 박물관을 향하는 길을 걷는 사람도 나 외에는 보이지 않았다. 아무도 이 박물관을 찾아오는 사람이 없어 보였다. 불길한 예감대로 마침내 도착한 박물관의 문은 굳게 닫혀 있었다.

'아! 이 뜨거운 태양 길을 애써 걸어왔는데……'

이대로 포기할 수는 없는 법! 나는 박물관의 문을 아주 힘차게 두드렸다. 한참 후에 안에서 인기척이 나더니 사람이 나타났다. 영어를 거의 알아듣지 못하는 그에게 나는 좀 과장된 표정을 지으면서 내가 얼마나 먼 나라에서, 얼마나 어렵게 이곳을 찾아왔는지 온몸으로 설명을 해야 했다. 불쌍

■ 디오니시우스의 귀.

■그리스 원형극장.

■아르키메데스 박물관의 간판은 녹이 슨 채 잡초 속에 방치되어 있었다.

■아르키메데스 박물관에는 그가 개발하거나 개량한 전쟁무기가 전시되어 있다.

하게 보였던지, 한참 동안 내 설명을 듣던 박물관의 관장은 1시간만 볼 수 있게 해 주겠다고 허락했다. 비록 짧은 시간이지만, 말 그대로 박물관 전체를 나 혼자만 관람하면서 즐길 수 있게 된 것이다.

왜 이곳을 찾는 사람이 없는지 알 수 있었다. 전시물은 낡고 전시공간은 좁았다. 박물관의 전시물은 아르키메데스의 발명품으로 알려진 여러 기구, 특히 전쟁용 무기 등이 설명과 함께 실제 크기로 제작되어 전시되고 있었으나 관리가 영 허술했다. 그래도 아르키메데스를 기억하고 그의 발명품과 연구 결과를 재현해 놓은 소중한 곳이었다.

플루타르코스가 기록한 아르키메데스의 무덤을 찾아가다

아르키메데스의 죽음

아르키메데스는 뉴턴이나 아인슈타인에 비견될 정도로 많은 수학적·물리적 원리를 찾아내고 기록하여 현대 수학과 과학의 기초를 마련한 인물이다.

그 시대에도 이 그리스 마지막 수학자의 명성은 매우 높았다. 모두에게 잘 알려진 다음 글에서 자신의 연구 결과에 대한 그의 자신감을 엿볼 수 있다.

"나에게 (지렛대를) 지탱할 수 있는 장소만 마련된다면 지구도 움직일 수 있다."

플루타르코스의 기록 《영웅전》을 비롯한 여러 책에는 아르키메데스의 죽음에 대해 서로 다른 이야기가 기록되어 있다. 그중 두 가지는 아주 유사하다. 시라쿠사를 공격한 로마 장군 마르켈루스(Marcus Claudius Marcellus, 기원전 268~208년)는 자신의 병사들에게 아르키메데스는 로마의 소중한 자산이 될 것이므로 절대로 해치지 말 것을 명령했다. 그럼에도 아르키메데스는 한 로마병사에 의해

■ 로마병사에게 죽임을 당한 아르키메데스가 묻힌 무덤으로 알려진 곳.

죽음을 당했다.

아르키메데스를 알아보지 못한 이 병사는 한 늙은이가 햇빛 아래 한가로이 앉아 모래 장난을 하는 것을 보고 자신을 따라오라고 명령했다. 하지만 아르키메데스의 대답은 단호했다.

"아직 문제를 완전히 풀지 못했기 때문에 조금만 기다려 주시오!"

이에 격분한 로마병사는 자신의 칼로 이 건방진 늙은이를 죽여버린 것이다. 후에 이를 알게 된 마르켈루스 장군의 분노도 이에 못지 않았다고 한다.

다른 형태의 죽음을 전하는 일화도 있다. 아르키메데스가 가지고 있는 여러 수학적 실험 도구들을 값진 것이라고 생각한 로마병사가 이것을 빼앗기 위해 그를 죽였다는 이야기다.

분명한 것은 시라쿠사가 로마인에게 점령당할 때 당대 최고의 지성이 살해당했다는 사실이다. 혹자들은 이를 비꼬아 '로마가 수학에 기여한 유일한 업적'이라고 말하기도 한다. 실제로 아르키메데스 이후로 이어진 로마 시대에서는 수학의 발전이 거의 없었으며 오히려 그리스 시대에 알려진 여러 중요한 사실들조차 점차 잊혀갔다.

아르키메데스의 열정은 후세의 많은 수학자들에게 자극이 되었다. 실제로 프랑스 여성 수학자 제르맹은 그녀가 어려서 수학에 관심을 갖기 시작한 이유가 '죽음 앞에서도 문제에 집중하는 모습'을 보였던 아르키메데스에 대한 감명 때문이라고 말하기도 했다. 여성이 제대로 교육받지 못하던 시절, 그녀는 인생을 걸고 도전해볼 만한 가치가 있는 학문이 수학이라고 생각했다.

뜻밖의 장소에서 아르키메데스의 무덤을 만나다

박물관에 오기 위해 투자한 시간과 노력에 비해 상대적으로 빈약한 박물관의 규모나 전시물에 실망하는 듯한 표정을 보이자 아르키메데스 박물관의 관장은 조금은 계면쩍어했다. 한 시간에 걸친 박물관 관람이 끝나고 조금은 허무하다는 생각을 하면서 떠나기 전에 아르키메데스의 무덤 위치를 관장에게 물어보았다. 그러자 관장은 박물관 철문을 닫고 자물쇠를 걸어 잠근 후 나를 자기 차에 태웠다. 무덤의 위치가 먼 곳이니 자신의 차로 그곳에 데려다주겠다는 것이었다.

뜻밖에도 관장이 안내한 곳은 어느 호텔이었다. 시라쿠사 외곽에 있는 파노라마 호텔 앞에 차를 세우고 내게 기다리라고 한 뒤 안에 들어가더니 호텔 지배인과 이야기를 나누었다. 무언가 허락을 받는 눈치였다. 그런 후에 나를 불러 호텔 뒤쪽으로 데려갔다.

그곳에 있는 호텔 카페에는 몇 사람이 야외 그늘 의자에 앉아 커피를 즐기고 있었다. 호텔답게 대리석 돌이 정갈하고 규칙적으로 깔려있는 테라스의 한 가운데, 몇 개의 돌만이 규칙성 없이 제 멋대로 놓여있어 맨 땅이 드러나 있는 모습이 눈에 금방 띄었다. 이전까지 그의 무덤이라고 알려졌던 곳에서 그다지 멀지 않은 이곳이, 1960년대에 새롭게 발굴된 아르키메데스의 무덤이라는 관장의 설

■ 파노라마 호텔(왼쪽) 뒤편에는 아르키메데스의 새 무덤(오른쪽)이 있었으나, 전설의 '구와 원기둥'의 묘비는 없었다. 이 무덤이 진짜라고 관장은 확신에 차 이야기했다.

명이었다. 이탈리아 고고학계의 중요한 성과로 여겨지는 새 무덤은, 관장의 설명에 의하면, 90% 확실한 아르키메데스의 무덤이라 했다. 아주 특별한 이 행운에 나는 흥분했다. 전설에 기록된 이야기들이 사실이라니! 플루타르크에 의해 기록된 전설의 무덤이 실제로 시라쿠사의 시내에 존재하고 있다는 사실만으로도 나는 이미 고대 그리스에 와 있는 착각에 빠질 수 있었다.

하지만 새롭게 발견된 무덤에서 아르키메데스의 구와 원기둥의 비석이 발견되었다는 소리는 듣지 못했다. 무엇이 고고학자들로 하여금 이 무덤이 아르키메데스의 것이라고 믿게 한 것일까?

수학자 최초의 묘비문

일종의 관습처럼, 수학사에 위대한 업적을 남긴 많은 수학자들은 생전에 자신이 죽은 후에 자신의 묘비에 새길 글을 미리 준비했다. 이 중에 몇 묘비는 수학자 자신이 가장 자랑스러워했던 업적이 무엇이었는지 추측해볼 수 있는 좋은 자료가 된다. 이런 전통을 만든 사람이 아르키메데스이다. 플루타르코스의 기록에 의하면 아르키메데스는 죽기 전에 이미 가족들에게 '구를 포함하는 원기둥의

■ 내접하는 구와 원기둥의 부피 비례는 2 대 3이다. 구와 원기둥의 겉넓이 비례도 역시 2 대 3이다(왼쪽). 키케로가 아르키메데스의 무덤을 발견하는 모습(오른쪽).

그림과 이들 사이의 관계를 나타내는 비례'를 자신의 묘비에 새겨 달라고 부탁했다 한다. 이에 대한 아주 구체적인 기록이 하나 더 있다. 로마 시대의 영웅 카이사르와 같은 시대를 살면서 문장가와 웅변가로 유명했던 키케로(Cicero, 기원전 106~43년)의 저서 《투스쿨룸에서의 대화 Tusculan Disputations》에는 다음과 같은 기록이 있다.

> 내가 시칠리아의 정복자로 있을 때(아르키메데스가 죽은 후 137년이 지난 기원전 75년) 겨우 아르키메데스의 무덤을 찾아낼 수 있었다. 시라쿠사 사람들은 그의 무덤에 대하여 전혀 알지 못했다. 그런 것이 존재한다는 사실조차도 부정했다. 그러나 그것은 존재했다. 온전히 들장미 덤불과 가시에 둘러싸여 가려진 채로 있었다. 나는 그 비석에 새겨 있다고 알려진 구와 원기둥의 관계에 대한 몇 줄의 글을 기억해냈다. … 드디어 잡목 중에서 구와 원기둥이 포개져있는 돌기둥을 찾아냈다.

아르키메데스는 자신의 많은 업적 중에서도 구와 원기둥의 관계를 밝혀낸 것을 가장 자랑스럽게 생각한 것으로 짐작할 수 있다. 이 두 도형은 원과 직접적으로 관련된 것이다.

원에 대한 인간의 연구는 인류의 역사와 같다고 할 수 있다. 원의 넓이를 구하는 공식에 대한 최초의 기록은 기원전 1700년경에 나타나며 이는 수학의 최초 기록과 거의 일치한다. 그런데 원의 넓이나 둘레의 길이를 구하려면 원주율을 반드시 알아야 한다. 원이 가지고 있는 이 특별한 성질과 대칭성 때문에 때로는 원은 신의 상징으로 여겨졌다. 거의 모든 고대 문명과 종교에서는 신을 대칭성이 완전한 원으로 형상화하는 경향이 있었다.

원주율 값을 정확하게 계산해낸 첫 번째 수학자가 아르키메데스였다. 원에 내접하는 도형과 외접하는 도형의 둘레의 길이를 구한 후, 원의 둘레의 길이는 그 사이에 있다는 사실을 이용했다. 그의 계산에 의하면 원주율은 223/71과 22/7 사이 값이었다. 그의 정확한 계산에도 불구하고 원주율이 스위스 수학자 오일러에 의해 '파이(π)'라는 이름을 갖기까지는 다시 2,000년의 세월이 더 흘러야 했다.

구와 원기둥을 자신의 비석에 새기게 한 것은 이 도형들이 기하적 아름다움과 원과의 연관성을 함축성 있게 보여줄 수 있는 도형이었기 때문일 거라고 추측해 본다. 참고로 내접하는 구와 원기둥의 부피의 비례는 2:3이고, 겉넓이의 비도 역시 2:3이다.

원주율의 정확한 값

원에서만 발견되는 숫자로 여겨졌던 파이 값이 원과는 전혀 상관없는 분야에서도 나타나기 시작한 것은 17세기였다. 수학자 월리스(Wallis)와 그레고리(James-Gregory)는 원의 비례를 빌리지 않고 아주 멋진 형태의 새로운 파이 표현법을 찾아냈다. 각각의 새로운 식은 다음과 같다.

$$\frac{2}{\pi} = \frac{1 \times 1 \times 3 \times 3 \times 5 \times 5 \times 7 \times \cdots}{2 \times 2 \times 4 \times 4 \times 6 \times 6 \times 8 \times \cdots}$$

$$\frac{\pi}{4} = 1 - \frac{1}{3} + \frac{1}{5} - \frac{1}{7} + \cdots$$

18세기 프랑스의 과학자 뷔퐁(George Buffon)은 더욱 괴상한 방법으로 파이 값을 나타냈다. 뷔퐁은 길이가 k인 바늘을 마룻바닥에 떨어뜨리면 이 바늘이 마루의 이음새 위에 놓일 확률은 $\frac{2k}{\pi}$라는 사실을 증명했다. 그러자 1901년 라쩨리니(Lazzerini)는 이 이론을 바탕으로 바늘을 3만 4,080번 마루에 던져서 아주 정확한 파이 값을 계산해냈다.

그렇게 모든 것이 순조롭게만 보여도 수학자들은 의심이 많은 법이다. 왜 하필 3만 4,000번이나 3만 5,000번이 아니고 3만 4,080번이었을까? 드디어 한 수학자가 그 답을 제시했다. 그의 실험은 단 2회만 이루어졌다. 바늘의 크기를 0.7857로 하고 두 번 시행한 결과 1회만 이음새 위에 바늘이 놓였으므로 뷔퐁의 정리에 따른 그의 계산 결과는 다음과 같다. 이 계산에서 파이 값은 정확하게 3.1428이 나온다.

$$2 \times \frac{0.7857}{\pi} = \frac{1}{2}$$

결론은 이렇다. 이미 파이 값을 안 상태에서는 우리는 실험 횟수를 조절하여 원하는 값을 언제든지 얻을 수 있다. 아마도 라쩨리니는 3만 4,000번의 실험으로도 그가 원하는 값을 얻지 못했을 것이다. 그래서 자신이 원하는 결과를 얻을 때까지 몇 번 더 바늘을 던져본 것이다.

또 다른 수학자의 전설적인 묘비

고대 그리스 시대 수학자 중에 묘비에 대한 전설을 가지고 있는 사람이 한 명 더 있다. 아르키메데스보다 400여 년 후, 현재 이집트 땅인 알렉산드리아에서 살았던 디오판토스다. 그의 생애에 대해서도 알려진 것은 거의 없다. 심지어는 그가 그리스인인지조차도 확실하지 않다. 그러함에도 그가 남긴 대수학 책 《산술》은 그를 후세 사람들이 대수학의 아버지라고 부르게 만들었다. 이 책도 유클리드 《원론》과 같이 모두 13권으로 이루어져 있었으나 오직 6권만이 후대에 전해질 뿐 나머지 7권은 중세의 암흑기를 거치면서 완전히 유실되었다. 디오판토스의 묘비에 새겨진 글에 대한 전설은 다음과 같다.

"디오판토스는 그의 생애 중 6분의 1을 소년으로 보냈고 12분의 1을 청년으로 보냈으며 그 뒤 7분의 1이 지나서 결혼했다. 결혼한 지 5년 뒤에 아들을 낳았는데, 그 아들은 아버지의 나이의 반을 살다 죽었고 아들이 죽은 지 4년이 지나 아버지가 죽었다."

누구도 실제로 이런 묘비를 본 사람은 없다(그가 언제, 어디서 죽었는지도 모른다). 단지 이 문제는 500년경에 살았던 메트로도로스(Metrodorus)가 엮은 그리스 게임과 퍼즐에 관한 책에 등장하는 것일 뿐이다. 이 묘비에 대한 이야기는 단순히 퀴즈를 위해 만들어낸 이야기에 지나지 않을지도 모른다. 그러나 가끔은 전설이 사실로 밝혀질 때도 있는 법이니 거짓이라고 단정적으로 말하기도 어렵다. 참고로 이 퀴즈의 답은 아래의 1차방정식을 풀면 된다.

$$\frac{1}{6}x + \frac{1}{12}x + \frac{1}{7}x + 5 + \frac{1}{6}x + 4 = x$$

시라쿠사를 떠나며

시라쿠사 시내에는 어느 곳에서도 보이는 아주 커다란 크기의 현대식 마리아 성당(Santuario Madonna)이 있었다. 성당의 외관은 원뿔곡선이라고 불리는 이차곡선의 기하 도형을 연상시키는 매우 독특한 모양으로, 성당 안에 들어서면 마치 하늘에서 하느님의 빛이 내려오는 듯한 착각을 일으키도록 디자인되어 있다. 원뿔

■ 원뿔곡선을 연상시키는 마리아 성당의 외부와 내부. 마치 하늘에서 하느님의 빛이 내려오는 듯한 착각을 일으키도록 디자인되었다.

■ 시라쿠사를 떠난 기차는 페리에 실려 시칠리아 섬과 본토를 갈라놓은 바다를 건넜다. 분해되어 페리에 실린 기차(왼쪽)와 이를 운반하는 페리(오른쪽).

곡선을 최초로 연구한 아르키메데스를 도시 전체가 기억하는 듯했다.

이곳(시라쿠사)에 예약 없이 도착한 날, 역 앞을 서성이다 발견한 호스텔은 젊은 여행객들로 가득했다. 새롭게 지어 깨끗할 뿐만 아니라 여행자에게 편리한 시설이 잘 갖춰진 곳에서 하룻밤을 묵을 수 있게 되어 다행이었다.

밤늦게 시라쿠사에서 로마로 향하는 야간 침대 열차에 올랐다. 기차는 시칠리아 섬과 본토를 이어주는 페리에 분해되어 올려진 후 해협을 건넌다. 기차가 배에 실려 바다를 건넌다는 이야기는 들어본 적이 없다.

침대칸에서 우연히 중년의 이탈리아 사내를 만나 그의 굴곡 많은 인생역정을 듣고 있노라니 시간 가는 것도 잊어버렸다. 그는 자신의 일생을 요약해 주었다. 시라쿠사에서 태어나 로마에서 젊은 시절을 보내고 다시 시라쿠사로 돌아가려는 이유에 대한 이야기였다. 그저 낯선 외국 여행객에게라도 넋두리를 해야 할 만큼 외로워 보였다. 침대에 누워 오롯이 그의 이야기에 빠져드는 동안 기차는 밤을 새워 로마로 향하고 있었다.

시라쿠사를 다시 찾다

1년 후에 다시 만난 시라쿠사의 박물관장은 말을 바꿨다. 그는 내게 분명히 90퍼센트 확실한 아르키메데스의 무덤이 파노라마 호텔의 뒤뜰에 있다고 했는데 이번에는 확실하지 않지만 가능성이 50퍼센트 정도라고 말을 바꿨다. 나머지 50퍼센트는 그 지역에 있는 공동묘지로 현재는 건물이 들어서 있다는 것이다. 나는 파노라마 호텔의 뒤뜰에 아르키메데스의 무덤이 있다는 것에 50퍼센트라도 신뢰를 갖게 된 이유가 무엇인지 물어보았다.

"인부가 파노라마 호텔의 마당 공사 중에 키케로의 기록과 정확히 일치하는 원기둥과 구가 새겨진 비석을 발견했으나 이를 제대로 보관하지 못해 현재는 모두 사라져버렸다."

관장의 말을 뒷받침할 만한 사진이나 문헌의 기록은 없었다. 그렇다고 그의 설명을 그저 무시할 수도 없었다. 내게 선물한 아르키메데스의 발명품에 대한 그의 저서를 보면, 그가 이 분야에 오랫동안 관심을 가지고 연구해 온 전문가라

■ 아르키메데스가 좋아서 자신의 사재로 박물관을 만들었다는 관장(왼쪽)은 작년의 내 모습을 기억하고 있었다. 아르키메데스 광장에 새롭게 지어진 박물관의 입구에는 의미 있어 보이는 그림이 걸려 있었다 (오른쪽). 이 그림에는 내가 찾아다니는 수학자들이 거의 모두 들어가 있었다. 아르키메데스, 아인슈타인, 괴델, 데카르트, 파스칼 등.

는 사실을 부인할 수는 없었기 때문이다.

이번에도 박물관장은 더없이 친절했다. 그의 차에 나를 태운 후, 이번에는 시라쿠사 외곽의 성벽으로 데려다 주었다. 로마군이 시라쿠사를 포위하고 점령하려 했을 때, 육지 쪽 최후의 방어선이 되었던 성벽이다. 가이드의 설명에 의하면 이 성벽에 뚫려있는 지하 동굴들은 병사의 이동이 적에게 노출되지 않도록 하려는 아르키메데스의 전략으로 만들어진 것이라 했다. 기존의 있던 참호 1개를 3개로 확장하고 이를 이어주는 통로를 만듦으로써 병사들이 성벽의 내외를 신속하게 이동하여도 로마군에게 노출되지 않도록 하는 것이었다.

안타깝게도 로마군에 저항했던 그의 노력은 허사가 되고 말았다. 제법 오래 버티긴 했지만 이 성벽은 당시 최강의 로마군을 끝없이 저지할 수는 없었다. 이제는 로마 땅, 이탈리아가 되어있는 황량한 옛 성터에서, 목숨을 바치며 그토록 지키고자 했던 조국이 무슨 의미를 갖을까를 생각하니 세월의 무상함이 느껴졌다.

버스 정류장에서 멀지 않은 곳에 낯익은 호텔이 보였다. 파노라마 호텔이었다. 이런 우연이 있는가? 너무나 반가운 마음에 버스에서 내린 나는 한 걸음에 호텔 로비로 달려가, 다시 한번 아르키메데스의 무덤을 볼 수 있는 허락을 얻어 냈다.

새로 찾은 시라쿠사의 곳곳에는 아르키메데스의 흔적이 가득했다. 모두 지난번에 무심코 지나쳤거나 알지 못했던 것이다. 구 시가지인 오르티지아섬 중앙에 있는 아르키메데스 광장에는 또 다른 아르키메데스 박물관도 있었다. 이미 문을 연 지 2년이 넘었다는데 지난번에는 이를 미처 발견하지 못했다. 여기서 멀지 않은 곳에 개업한 지 70년이 넘어 4대째 이어오는 아르키메데스 식당도 있었고 작년에 묵었던 숙소 바로 앞에는 아르키메데스 호텔도 있었다.

우연히 레스토랑의 주인으로부터 이곳에 아르키메데스의 석상이 있다는 이야기를 듣고 다음날 찾아 나섰다. 시라쿠사의 영재들이 모이는 과학고등학교 입구

■ 아르키메데스가 로마군을 막기 위해 만든 참호와 통로가 있는 성벽(위)과 전체 상상도(아래).

■ 시라쿠사의 과학고등학교(왼쪽) 입구에는 아르키메데스의 석상(오른쪽)이 있었다. 시라쿠사에서 유일한 이 석상은 본래 오르티지아 광장에 있던 것을 옮겨놓은 것이라고 이 학교 수학 교사가 설명해주었다.

에는 아르키메데스가 포물면경(포물면 거울)을 들고 먼바다를 바라보는 모습으로 서 있었다. 게다가 이 석상 앞에서 학생들과 이야기를 나누던 이 학교 수학선생님에게서 석상에 얽힌 많은 이야기를 들을 수 있는 행운도 덤으로 얻을 수 있었다.

이탈리아여행기 05

바티칸 시티에 얽힌 두 가지 원 이야기: 모든 아름다운 디자인은 원에서 나온다

첫 번째 원 이야기

14세기 무렵 교황은 바티칸을 위해 일할 화가를 뽑기로 하고 지정 화가가 되려는 사람은 자신의 능력을 보이는 포트폴리오를 제시하라는 공고를 냈다. 로마 교황청을 위해 일하는 것은 화가에게는 개인의 명예일 뿐만 아니라 종교적 헌신의 의미도 갖는 것이기 때문에 경쟁은 치열했다. 이 중에는 피렌체 출신의 화가 조토(Giotto di Bondone, 1267~1337년)도 있었다. 그는 손으로 직접 그린 원 하나만을 포트폴리오로 제출했다. 이 단순한 원을 본 교황은 그를 바티칸의 화가로 선발했다. 불교 고승의 선문답 같은 일화이다. 이후 이 원은 '조토의 원'이라고 불렀다.

두 번째 원 이야기

17세기에 교황은 자신이 거주하는 바티칸의 광장을 다시 디자인하기로 결정

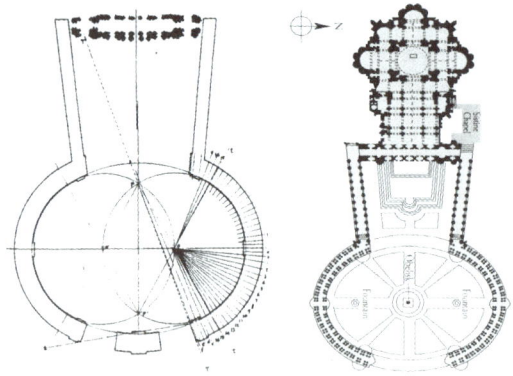

■ 성베드로 광장의 기하적 구조.

했다. 이 광장의 건축가로 선발된 베르니니(Gian Lorenzo Bernini, 1598~1680년)는 교황으로부터 다음과 같은 주문을 받았다.

"성당 현관의 중심부에서든, 바티칸 궁의 창문에서든, 내가 어느 곳에서 축복을 내리더라도 이곳에 모여든 많은 사람이 이를 볼 수 있도록 해주시오."

바티칸 시티의 입구는 성베드로 광장으로 이어진다. 이곳으로 전 세계의 가톨릭 신자와 여행객들이 교황의 축복을 받기 위해 혹은 관광을 위해 모여 든다. 로마 교황청이 성당 앞에 펼쳐진 이 광장에 정성을 쏟는 이유다. 이 광장의 새로운 디자인에만 베르니니는 1658년부터 12년의 세월을 보냈다. 오랜 시간 고민했던 디자인의 결과는 두 개의 원이었다. 같은 중심을 갖는 두 개의 원(동심원)을 정확히 반으로 나누어 좌우로 확장한 매우 단순한 모양의 디자인이었다.

■ 교황 요한 바오로 2세의 초상화(왼쪽)가 걸린 바티칸의 성베드로 성당(오른쪽). 두 사진을 이어서 보면 성베드로 광장을 한 눈에 볼 수 있다.

이탈리아 로마, 바티칸 시티

로마 여행이 처음은 아님에도 이곳에 올 때마다 옛 로마와 현대 로마의 조화는 나를 감격스럽게 한다. 로마 테르미니 역 근처의 오래된 성당 입구에는 현대의 전위적 느낌이 물씬 풍기는 십자가 형상이 있어 이런 조화의 느낌을 더욱 강하게 했다. 또한 포룸 로마눔(중앙 광장) 중심에 서 있는 콘스탄티누스의 개선문과 엠마뉴엘 2세의 현대적 기념물의 조화도 탄성을 불러일으킬 만큼 눈이 부시게 아름다웠다.

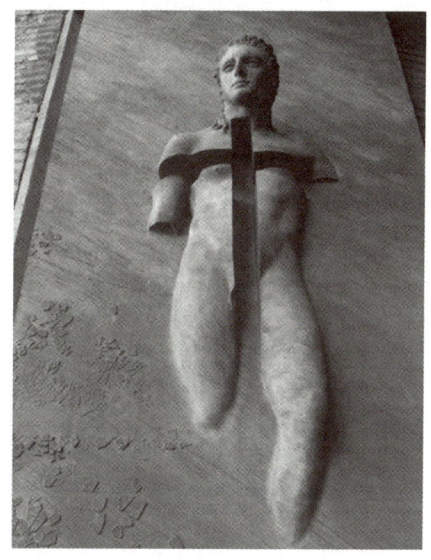
■테르미니 역 근처 성당 입구에 새겨져 있는 전위적 십자가는 충격적이었다.

스페인 광장과 트레비 분수 앞에는 예전처럼 많은 사람들로 넘쳐나고 있었다. 분수에 가깝게 앉아 있거나 발을 물에 담그는 사람들에게 호루라기를 불어대는 경비원의 모습도 여전했다. 단지 나만 나이를 좀더 먹었을 뿐이었다. 로마의 중심가에서 30분만 걸으면 도달할 수 있는 새로운 나라가 바티칸 시티다. 이 나라는 성베드로 성당과 그 인근의 몇 개의 부속 건물들로 이루어진 아주 작은 구역을 영토로 하고 상주인구도 800여 명에 불과하지만 엄연한 독립국가이며, 세계적인 영향력도 막강하다. 이 작은 나라에 전 세계 12억 가톨릭 교인들의 수장인 교황이 살고 있기 때문이다.

바티칸의 성베드로 광장에는 성당을 구경하러 온 여행객들로 긴 줄을 이루고 있었다. 그들이 성당 안으로 들어가기 위해서는 공항검색대와 같은 곳을 통과하면서 소지품들을 검사받아야 하는데 이 과정에서 시간이 지체되는 것이었다.

광장의 끝에는 긴 대리석 기둥이 4겹의 열을 이루며 서 있었다. 광장을 날개처럼 둘러싸고 있는 이 긴 회랑은 기독교의 성인들의 석상으로 장식된 멋진 지붕을 이고 있으면서 동시에 광장에 유일하게 그늘을 만들어주는 곳이다. 회랑의 그늘에 앉으니 시원했다. 긴 여행에 지친 여행객이 무거운 짐을 내려놓고, 한숨

■ 이전처럼 트레비 분수는 관광객으로 넘쳐났다.

■ 베르니니의 원의 중심은 광장에 둥근 표식 (Centro Del Colonnade, 콜로네이드의 중심)으로 남아 있었다.

길게 자도 좋을 만큼 시원한 바람이 대리석 기둥들 사이에서 불어왔다. 마침 전임 교황(요한 바오로 5세)의 축일을 준비하느라 광장은 부산했다. 나는 졸음 가득한 눈으로 광장에 앉아 여행객들의 머리 위로 쏟아지는 한여름의 뜨거운 햇살을 바라보고 있었다. 그들의 발걸음 사이로 베르니니가 만든 두 개의 원의 중심이 금빛을 내며 빛나고 있었다.

■ 원의 중심에 서면 회랑의 대리석 기둥이 오직 한 열로 보이지만(왼쪽), 조금만 중심을 벗어나면 4열의 기둥이 모두 보인다(오른쪽).

원의 성질

원은 아주 특별한 성질의 도형이다. 원은 어느 방향 어느 위치에서 보아도 그 모양이 변하지 않는다. 원이야말로 교황이 원하는 조건에 가장 알맞은 수학적 도형이었다. 조토나 베르니니는 원을 잘 활용한다면 바티칸 시티를 아름답게 디자인할 수 있다고 교황에게 답한 셈이다.

광장에 베르니니의 원의 중심은 하나가 아니었다. 광장 중심부의 오벨리스크와 분수 사이에 한 군데씩 2개가 존재했다. 이 점을 중심으로 광장의 가장자리에 있는 대형 돌기둥(colonnades)들이 4개의 동심원을 그리며 서 있다. 원의 중심에 서면 돌기둥의 원은 오직 하나만 존재한다는 느낌이었다. 그러나 원의 중심을 조금이라도 벗어나면 뒤쪽에 가려져 있던 모든 돌기둥이 웅장하고 경이로운 자태로 한눈에 들어왔다. 불과 몇 발자국 안에서 모든 것이 한눈에 보이기도 하고 사라지기도 하니 환상적인 느낌이었다. 안내 책자에는 이 2개의 중심을 타원의 초점이라고 표시하고 있었다. 원을 장축방향으로 늘린 모양이 타원이므로 이 또한 크게 다른 설명은 아니지만 동심원을 이용하는 것이 훨씬 설계에 유리했을 것이다. 베르니니가 광장에 새겨둔 표식에는 '콜로네이드(돌기둥)의 중심'이라고 표시되어 있었다.

테오니 파파스의 《매스매티컬 스니핏츠 Mathematical Snippets》에 따르면 성베드로 광장에서 경이로운 디자인으로 여겨지는 특징이 또 하나 있다. 원근법을 건축물의 배치에 이용한 '사다리꼴 입구'이다. 사다리꼴은 원근법으로 표현된 그림에서 평행한 두 직선을 나타내는 도형으로 되기 때문에 사다리꼴의 입구를 지나는 성당의 방문객들은 실제보다 더 크게 보이는 광장의 규모에 놀라게 되는 것이었다. 베르니니 자신은 이 사다리꼴의 종교적 의미를 '어머니 같은 교회의 손'이라는 매우 따뜻한 언어로 설명했다고 한다. 그러고 보니 광장의 양 끝에 서 있는 대리석 기둥 콜로네이드가 어머니의 따뜻한 손처럼 방문객을 안아주고 있었다.

로마 성당의 원

바티칸에서 멀지 않은 포폴로 광장으로 가는 길에 들른 한 성당에도 원 이야기가 있다. 성이냐시오 성당(Chiesa di Sant' Ignazio di Loyola)은 예수회 수사였던 포초(Andrea Pozzo, 1642~1709년)가 그린 천장화 〈성 이냐시오 데 로욜라의 승리〉로 유명하다. 이 작품 속 사람들의 손과 발은 마치 실제인 것 같은 느낌을 준다.

아마도 현대판 3D의 원조쯤 되리라. 이러한 그림을 트롱프뢰유(trompel'oeil)라고 한다. 프랑스어로 '사람들이 실물로 착각하도록 그린 그림'이라는 뜻이다. 이 성당 안의 한 지점에서 천장을 올려다보면 돔 모양의 천장이 펼쳐진다.

성당에서는 돔을 설치하고 싶었으나 이웃의 전망을 가로막는다는 이유로 불가능해지자 포초는 원근법을 이용하여 대형 청동 모양의 철근 구조를 그려냄으로써 현실감을 살린 것이었다. 이 가상의 돔을 진짜처럼 보이게 만드는 것도 그림 가운데에 그려진 동그란 원 때문이다.

■ 포초의 트롱프뢰유 〈성 이냐시오 데 로욜라의 승리〉(위)와 돔(아래). 원을 이용하여 돔 형식의 천장처럼 보이도록 만든 것이다.

기독교의 중심에 세워진 이단의 상징물

성베드로 광장에는 로마와는 전혀 관계가 없어 보이는 이질적인 특징 두 가지가 있다. 그중에 하나는 마치 패션쇼에서 방금 나온 듯한 복장을 하고 있는 '바티칸 경비병의 군복'이다. 미켈란젤로에게서 영감을 받아 디자인했다는 이 군복은 세월의 흐름을 넘어 언제 보아도 아름답다는 느낌을 버릴 수가 없다. 이 경비병을 스위스 가드(Swiss Guard)라고 부르는 이유는 그들이 일종의 스위스 용병으로 시작했기 때문이다. 지금도 스위스와 바티칸의 계약 아래 경비병을 모집하고 훈련시키는 나라는 스위스다.

또 다른 이질적인 특징은 '오벨리스크'이다. 광장의 중심에 높이 솟아 있는 이것은 고대 로마 시대 이후로 파괴되지 않고 남아 있는 유일한 오벨리스크이다. 베르니니는 그의 디자인에서 이 오벨리스크를 중심으로 삼았다. 그러나 이 오벨리스크는 가톨릭과는 아무런 관계가 없는 것이다. 오히려 자신들의 종교적 관점에서 보면 이단적이며 적대적인 상징물이다.

이 오벨리스크는 어느 이집트 파라오가 헬리오폴리스(Heliopolis, 알렉산드리아 인근의

■ 바티칸 성당의 내부(왼쪽)와 성당을 지키는 근위병(오른쪽). 근위병의 복장은 미켈란젤로의 디자인에서 영감을 얻은 것이다.

■ 바티칸에 서 있는 오벨리스크(왼쪽)는 한때는 원형경기장(오른쪽)에서 기독교인들의 처형을 지켜보던 상징물이었다.

고대도시)에 세운 것이었다. 로마 황제는 이것을 알렉산드리아로 옮겼다가 다시 로마로 가져와 원형경기장의 한가운데에 세웠다. 이 오벨리스크 아래에서 수많은 기독교인들이 자신들의 종교 때문에 네로 황제가 즐기던 게임의 희생자가 되기도 했고 처형을 당하기도 했다. 이후로 다시 이 건축물이 옮겨진 자리가 지금의 성베드로 광장이다. 자신들을 그토록 배척하고 탄압했던 이단의 상징물이 가장 신성한 종교의 중심지에 세워진 것이다. 역사적 아이러니를 무심코 지나치기 어려운 게 나그네의 마음인가 보다. 하기야 돌을 조각하여 만든 건축물에 무슨 한이 있을 수 있겠는가? 모든 것은 이들을 바라보는 인간의 마음에서 비롯된 것일 뿐. 무심한 오벨리스크 아래에는 정체모를 눈금이 보였다. 자세히 들여다보니 그것은 정오에 탑의 꼭대기의 위치를 표시하는 눈금이었다. 고대의 해시계였던 것이다.

수학자보다 앞선 화가들의 기하학:
레오나르도 다빈치의 원근법과 황금비

수학자보다 앞선 화가 브루넬레스키와 다빈치

이탈리아를 여행하다보면 두오모 성당이라는 이름을 자주 듣게 된다. 너무 유명해서 누구나 한번쯤 그 이름을 들어 봤을 것이다. 도대체 어디에 있는 성당이기에 그렇게 유명한 것일까?

이탈리아에서 두오모 성당이란 주교신부가 미사를 집전하는 성당을 말한다. 이런 이유로 큰 도시에는 거의 빼 놓지 않고 두오모 성당이 자리하고 있는데, 많은 두오모 성당 중에서도 밀라노와 피렌체의 두오모 성당이 유명하다.

이탈리아 건축가이자 화가였던 브루넬레스키(Filippo Brunelleschi, 1377~1446년)는 피렌체의 두오모 성당(산타 마리아 델 피오레(Santa Maria del Fiore) 성당)의 돔 제작을 성공적으로 건축하면서 유명해지기 시작했다. 그러나 수학사적인 관점에서나 미술사적인 관점에서 볼 때 돔의 제작보다 더 중요한 사건은 브루넬레스키가 도입한 원근법이다. 명성을 얻기 전인 1425년, 두오모 성당 앞에 있는 세례당 건물이 브루넬레스키 원근법의 최초 소재가 되었다. 그는 세례당 건물을 원근법으로 그려놓고 거울에 반사된 실제 모습과 그림을 비교하면서 그 사실감을 확인했다.

브루넬레스키가 도입한 이 원근법을 완전하게 이용하고 세상에 널리 알린 사람은 르네상스 시대 최고의 화가 레오나르도 다빈치(Leonardo da Vinci, 1452~1519년)이다. 그는 수학을 정식으로 공부한 적은 없었으나 그 중요성에 대해서는 누구보다 경험을 통해 잘 알고 있었다.

"수학자가 아닌 사람은 내가 쓴 글을 읽지 마라."

그는 자신이 집필한 한 책의 서문에서 이렇게 경고할 정도로 스스로를 수학자라고 생각한 것 같다. 뛰어난 화가는 또한 뛰어난 수학자이기도 하다는 것이 그의 생각이었다. 원근법을 잘 표현해낸 그의 두 대표 작품을 되새겨보면, 그는 당대 최고의 기하학자에 뒤지지 않을 정도로 사영기하학의 비례에 정통하고 있었음을 알 수 있다.

수학적 비례와 원근법을 완벽하게 이용한 〈최후의 만찬〉은 다빈치의 대표작이다. 당시에는 교회의 식당 벽을 예수의 최후의 만찬 장면으로 장식하는 것이 유행이었다. 이 작품도 밀라노에 있는 산타마리아 델레 그라치에 수도원(Convent of Sta. Mariadelle Grazie)의 식당 벽면에 그려진 그림이었다.

또 다른 관점에서 수학적 비례와 원근법을 이용한 그의 작품은 〈수태고지〉다. 이 그림은 감상자의 시점이 그림의 왼쪽 아래에 놓여 있을 때 제대로 감상할 수 있다. 마리아와 천사의 모습이 입체적으로 보일 것이기 때문이다. 그림 속의 천사를 정면에서 바라보면 불안정감이 느껴질지 모른다. 하지만 그림의 왼쪽 45도 아래에서 바라보게 되면 불안정감은 사라지고 전체적인 균형감을 되찾게 된다. 두 작품 모두 원근법을 적극적으로 활용했으나, 관찰자의 시점에 따라 수학적

■이탈리아 시라쿠사의 두오모 성당에는 〈최후의 만찬〉이 스테인드글라스에 세 부분으로 나뉘어 있었다(위쪽). 예수의 뒤쪽에 있는 창문은 후광의 역할을 하며 동시에 그림을 보는 사람들의 시선이 모이는 곳이기도 하다. 원근법으로 그려진 건축물의 실내벽도 중심이 되는 예수를 향하도록 그려졌다(아래쪽).

비례를 다르게 적용하는 방법을 이용했는데, 이는 수학자들이 대칭의 중심을 찾아서 그로부터 떨어진 정도에 따라 비례를 적용하는 방법과 일치한다.

브루넬레스키와 다빈치가 가장 정열적으로 활동한 곳이 이탈리아 피렌체다. 르네상스 시절 피렌체는 유럽 예술의 중심도시였다. 나는 이곳에서 두 기하학자를 만났다.

■〈수태고지〉는 마리아의 오른손이 가리키는 한 초점을 중심으로 원근이 표현되어 있다.

아름다움의 도시 피렌체

이탈리아의 도시 피렌체는 '플로렌스Florence'라고도 불린다. '꽃 같은 도시'라는 뜻이다. 이탈리아 중부, 토스카나 지방의 중심지이자 고대 로마시대부터 교통과 무역의 요충지였으며 특히 르네상스의 중심지로서 이탈리아뿐만 아니라 전 유럽의 금융업과 직물업의 중심지로 풍성한 번영을 누려왔던 곳이다.

15세기에 메디치 가문(The Medici Family)이 이곳을 지배하기 시작하면서 도시의 번영은 절정에 이르러 르네상스 시대의 수많은 예술가들이 몰려들기 시작했다. 부와 권력의 사회화를 통해 르네상스를 꽃 피우고 도시 전체를 인류 최대의 걸작품으로 만든 메디치 사람들을 빼고 이곳을 이야기할 수는 없다.

초고속 열차를 이용하니 로마를 떠난 후 얼마 되지 않아 피렌체에 도착할 수 있었다. 기차 안에 있는 사람들 대부분이 이곳에서 내렸다. 이 무리를 따라서 걷다보니 자연스럽게 도달한 피렌체 두오모 성당의 아름다움을 어찌 다 말로 표현할 수 있으랴! 성당 앞의 그늘에 아예 자리 잡고 앉아서 그 아름다움에 흠뻑 빠져보았다. 성당은 오랜 건립기간만큼 많은 예술가들의 작품이 모여 있는 곳이

■ 두오모 성당(왼쪽)과 세례당(오른쪽)의 그늘에는 더위를 피하려는 여행객들이 빼곡히 앉아 있었다. 이 세례당이 최초로 원근법으로 그려진 건물이다.

■ 조토가 설계한 성당의 종탑(오른쪽)은 1334년 제작을 시작해 그가 죽은 후 1359년 제자들에 의해 완성됐다.

다. 돔의 이중구조는 브루넬레스키의 설계에 의해 건축된 것이며 성당 옆의 종탑과 산타크로체 성당의 벽화는 조토('바티칸의 원'으로 알려진)의 작품이다. 두오모 성당의 종탑 옆 한 구석에는 조토의 동상이 자신의 작품을 수백 년 동안 바라보고 있었다.

두오모 성당을 떠나 조금 걸으니 베키오 궁에 도착했다. 대리석으로 치장된 여러 건물들은 마치 초등학생의 그림처럼 또렷하게 윤곽선을 드러내고 있었다. 두오모 성당을 비롯한 대부분의 건물들이 마치 자와 컴퍼스를 가지고 작도하여 얻어낸 설계도면처럼 보이는 것

■ 메디치 가문의 두 번째 궁(왼쪽)이자 시청으로 사용되던 건물 앞에는 미켈란젤로의 다비드상(가운데)과 메두사의 목을 들고 있는 페르세우스상의 복제품(오른쪽)이 있다.

은 나에게만은 아닐 것이다.

메디치 가문의 궁전으로 사용되었던 베키오 궁 앞에는 미켈란젤로의 다비드상과 헤라클레스상의 복제품이 뽐내듯이 서 있었다. 벌거벗은 다비드의 모습이 너무도 당당해 보여 오히려 구석구석을 살피는 내가 민망해졌다. 그 옆으로는 메두사의 목을 들고 있는 페르세우스상도 보였다. 물론 모두 진품은 박물관에 따로 보관되어 있다. 피렌체는 도시 전체가 다빈치, 조토, 브루넬레스키, 보티첼리, 미켈란젤로의 작품들로 뒤덮여 있는 곳이었다. 몇 걸음을 옮기니 긴 회랑의 끝에는 영화 〈향수〉의 배경지였던 우피치 미술관과 피티 궁전을 잇는 베키오 다리가 나왔다. 피렌체에서 가장 오래된 다리다.

원근법과 사영기하학

원근법에서는 모든 평행한 직선이 한 점에서 만나게 된다. 이 점을 소실점이라고 한다. 소실점을 중심으로 그림에 구도를 정하면 공간적인 입체감과 거리도 파악할 수 있다.

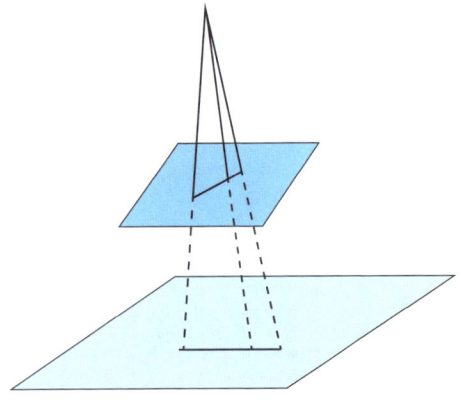 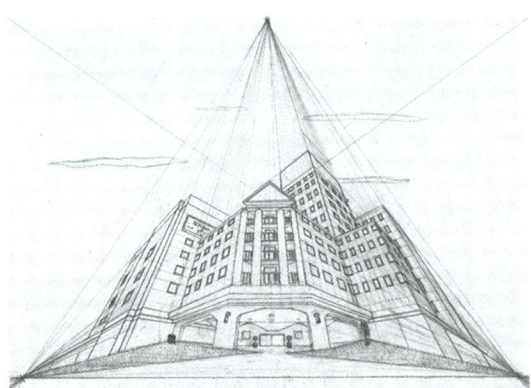

■ 원근법에서 그림에 쓰이는 소실점은 전통적으로 하나만 존재했으나(왼쪽), 설계도에 쓰이는 소실점은 2개 이상인 경우도 있다(오른쪽). 이 경우 1개의 소실점에 비해 시선이 분산되긴 하지만 커다란 건물의 웅장함을 드러낼 수 있는 매우 유용한 방법이다.

■ 베키오 다리에 이르는 길에는 원근감을 느낄 수 있는 주랑(지붕이 있는 복도로, 보통 기둥이 줄 지어 있음)이 있다.

르네상스 시대의 화가들은 기하학에서 당시의 수학자들보다 훨씬 앞선 통찰력을 보여줬다. 1425년 브루넬레스키에 의해 시도되고 다빈치에 의해 꽃을 피웠던 원근법은 평면에 무한의 개념인 소실점을 도입했다. 이는 당시까지의 기하학을 완전히 뒤엎는 새로운 시도였다. 유클리드 이래로 2,000년 동안 수학자들은 '평행한 두 직선은 만날 수 없다'는 기하학에 익숙해 있었다. 이 기하학만이 인간을 창조한 신의 뜻이라고 의심 없이 믿고 있었다. 그런데 평면에 소실점을 도입하는 것은 '평행한 두 직선도 무한히 연장하면 한 점에서 만날 수 있다'는 혁명적인 사고의 발상이었다.

실제로 수학에서 본격적으로 원근법을 받아들여 비유클리드기하학을 시작한 것은 1800년대이다. 400여 년이나 화가들이 앞서서 수학을 선도한 셈이다. 일반적인 평면에서 한 발 더 나아가 이 소실점을 복소평면에 도입하여 새롭게 탄생한 기하학이 아인슈타인의 상대성이론을 탄생시킨 '리만기하학'이다.

나는 최근에 현대 수학자 중에 소실점 없는 기하학을 전공하는 수학자를 만난 적이 없다. 소실점은 화폭에만 존재하는 상상의 점이 아니다. 수학자들에게는 그 성질을 이해하고 중요한 수학적 계산을 해내야 하는 매우 의미 있는 실제의 점이다.

원근법에서 쓰이는 소실점은 전통적으로 하나만 존재했으나, 최근의 설계도에 쓰이는 소실점은 2개 이상인 경우도 있다. 이 경우 한 개의 소실점에 비하여 시선이 분산되긴 하지만, 커다란 건물의 웅장함을 드러낼 수 있는 매우 유용한 방법이기도 하다. 이 또한 수학적 관점에서 보면 리만기하학의 영과 무한대에 해당되는 소실점이라고 생각할 수 있으므로, 본질적으로 같은 점이다.

수학에서 소실점의 도입

프랑스 나폴레옹이 러시아를 정복하기 위해 나섰을 때 병사로 참여했던 수학자 퐁슬레는 나폴레옹이 패주를 하자 전쟁터에 남겨지게 되었다. 그는 간신히 목숨을 건진 후 러시아의 포로수용소에서 도형의 사영적 성질(몇 개의 점이 일직선 상에 있다거나 몇 개의 선이 동일점을 지난다거나 하는 성질)에 관한 연구를 시작했다. 전쟁이 끝나고 파리로 돌아왔을 때 그의 머리에는 소실점이 완전하게 자리를 잡았다. 1814년 이를 주제로 한 수학 논문을 발표함으로써 퐁슬레는 '사영기하학'이라는 새로운 수학의 세계를 열었다.

이 연구가 수학의 한 분야로 자리 잡기 전 프랑스 수학자 데자르그(Gerard Desargues 1591~1661)가 원근법을 사용한 화가의 그림에서 영감을 얻어 직선 위에 소실점을 도입한 흔적은 있으나 새로운 분야로 발전시키지는 못했다.

현재도 수학과 미술은 서로의 상상력과 철학을 주고받는다. 미국 화가 릴리의 작품 〈반듯한 곡선〉이나 네덜란드 화가 에셔가 남긴 수많은 그림은 무한반복을 이용하여 곡선과 직선의 관계, 안과 밖의 구분 없는 공간 등을 보여줌으로써 화폭에 기하적 상상력을 표현하고 있다. 아주 직접적으로 수학자 유클리드를 등장시켜 평행한 두 직선이 원근법에 의하면 만나게 된다는 사실을 보여준 화가도 있다.

최근에는 원근법에 대한 경향도 많이 바뀌었다. 기하학에서 거리를 무시하고 변형했을 때도 변하지 않는 기본적인 성질을 연구하는 위상기하(Topology)가 등장함으로써 미술에서도 사물을 단순화하여 바라보는 추상화가 급속히 진행되기 시작했으며 이로 인하여 원근법은 그 의미를 잃어가고 있다. 수학자에게 영감을 준 프랙털과 뫼비우스의 띠는 항상 미술의 좋은 소재로 사용되고 있다. 기하적인 개념 없이는 상상력 있는 그림을 그리기 어렵다고 해도 지나친 말은 아닐 것이다.

다빈치의 황금비는 피타고라스의 작품

원근법 외에도 다빈치가 즐겨 사용한 수학이 '황금비'이다. 피타고라스학파가 가장 신비롭게 생각한 도형이 오각형 모양의 별(펜타그램)이었다. 그들은 이 별을

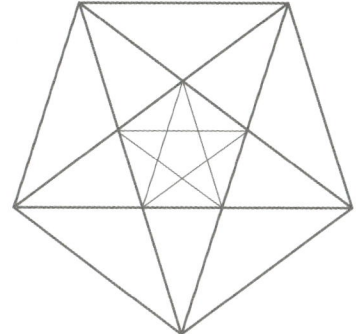 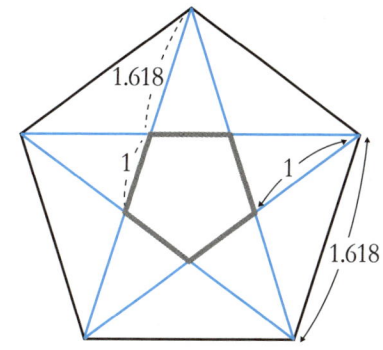

■ 오각형과 그 안의 별은 무한히 반복적으로 나타난다(왼쪽). 또한 이 별에는 황금비(오른쪽)가 존재하여 여러 가지 도형의 디자인에 응용되었다

자신들의 모임을 상징하는 것으로 사용하면서 비밀의식에 이용하기도 했다. 그들이 별 모양에 그토록 열광했던 이유는 무엇일까?

이 별에는 두 가지 중요한 수학적 의미가 있다. 그중 하나는 오각형 안에 있는 별 안에 또 다른 작은 오각형이 존재한다는 것이다. 같은 방법으로 작은 오각형 안에 더 작은 오각형을 그려나갈 수 있다. 즉, 무한히 자신과 유사한 모양을 복제해내는(마치 동물이 새끼를 낳아 번식을 하는) 도형을 보고 피타고라스는 처음으로 무한의 의미를 찾은 것이다. 이는 또한 현대 수학의 프랙털과도 밀접한 관계를 갖는 것이다.

이들이 열광한 두 번째 이유는 이 별에 나타나는 선분 중 적당한 두 선분의 비율이 항상 1.618로 일정하다는 사실이다. 수학자들은 이 비율을 '황금비'라고 한다.

1509년 레오나르도 다빈치는 친구이자 수학자인 루카 파치올리(Luca Pacioli)가 발표한 《신성비례 De Divina Proportione》에 대해 듣게 된다. 그 내용은 우리가 사는 자연 세계에 너무나 자주 나타나는 신의 비율이 있다는 것이다. 이 비율을 구하는 식은 다음과 같다.

$$\frac{x}{1} = \frac{x}{1-x}$$

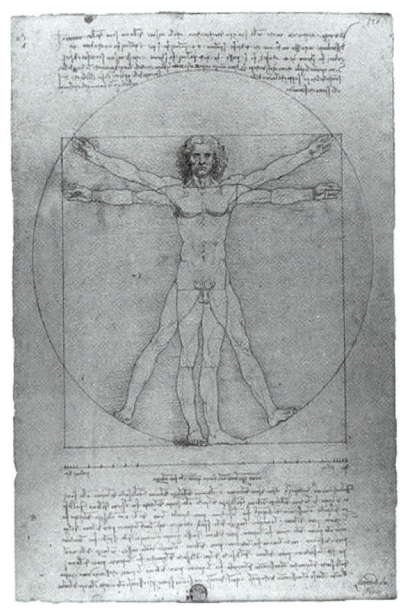

■ 레오나르도 다빈치의 〈비트루비우스적 인간〉

이 식을 풀면 x의 값은 1.618…이 된다. 이 황금비를 다빈치가 자신의 그림에 의식적으로 이용한 확실한 기록이 〈비트루비우스적 인간(Vitruvian Man)〉이다. 이 그림은 다빈치의 대표작이면서도 비례의 표본으로 인간의 비례에 대한 교과서로 불리면서 모든 화가들이 한번쯤은 따라 그려보는 그림이 되었다. 실제로 다빈치는 이 그림을 그리기 위해 인간 신체의 비례를 연구하기 시작했다.

다빈치는 공식적인 학교 교육은 받지 못한 환경에서 자랐으므로, 그의 수학적 지식은 상당부분 친구 파치올리에게 배운 것임에도 실용적인 수학에 매우 깊은 지식을 가지고 있었다.

피타고라스와 다빈치가 그토록 집착한 황금비가 아름다운 이유는 도대체 무엇인가? 1865년 독일의 심리학자 구스타프(Gustav T. Fechner)는 황금비에 대한 심미적 근거를 찾으려는 흥미 있는 심리 테스트를 시행했다. 그림과 같이 여러 개의 직사각형을 늘어놓고 사람들에게 이 중에서 가장 아름답게 여겨지는 것과 불쾌하게 여겨지는 두 사각형을 고르게 한

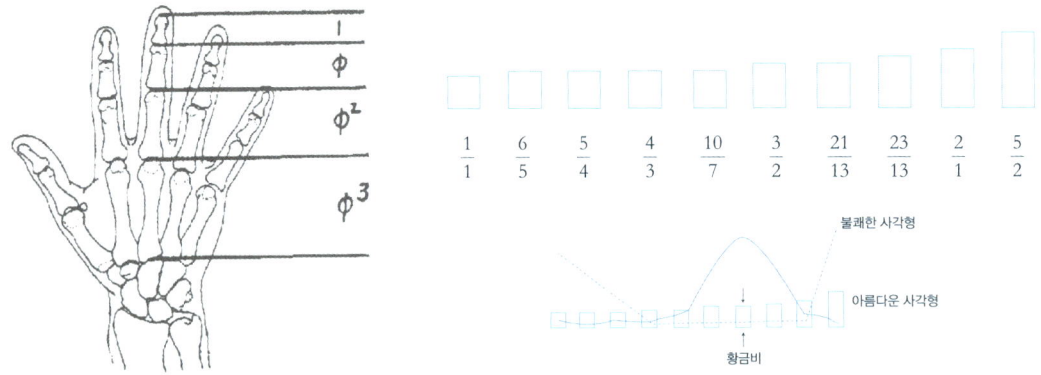

■ 손의 황금비례(왼쪽)와 구스타프의 실험(오른쪽). 황금비의 기호 φ는 여러 예술품에 의식적으로 이 비율을 사용했던 것으로 알려진 그리스 조각가 파이디스(Phidias)의 이름에서 첫 글자를 따온 것이다

결과, 황금비의 사각형(13분의 21)이 아름다운 사각형에 가장 많이 선정되었으며 불쾌한 느낌의 사각형에 가장 적게 선정되었다. 황금비를 나타내는 기호 φ는, 여러 예술품에 의식적으로 이 비율을 사용했던 것으로 알려진 그리스 조각가 파이다스(Phidias)의 이름에서 첫 글자를 따온 것이다.

피렌체의 다빈치 박물관

피렌체의 다빈치 박물관은 시라쿠사의 아르키메데스 박물관을 연상시키는 곳이었다. 분명 지도에는 표시가 되어 있는데 찾기가 쉽지 않았다. 몇 번이고 같은 길을 반복하여 왔다 갔다 하면서 겨우 찾아낸 박물관은 시내 중심가에 있었다.

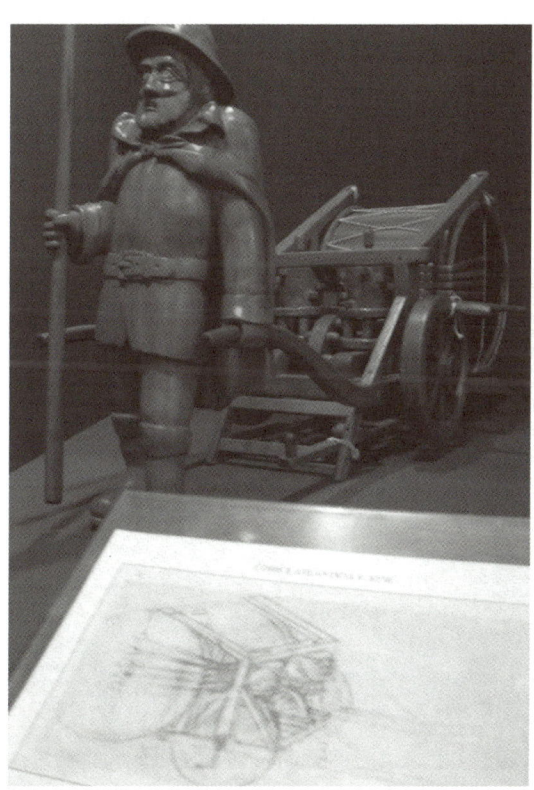 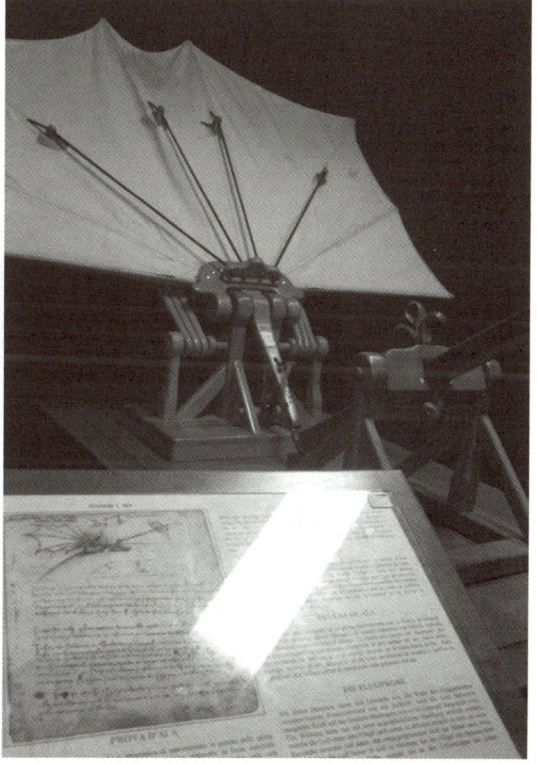

■ 다빈치 박물관.

그 앞을 지나면서도 눈에 띄지 않았던 이유는 박물관이라고 부르기에는 생각보다 작은 곳이었기 때문이다. 박물관 안의 전시물은 다빈치가 발명했거나 상상했던 여러 가지 기구들을 재현하여 전시해 놓은 것이다. 현대판 기관총, 잠수함, 비행기로 해석될 수도 있는 당대의 기발하고 천재적인 발명품들이 가득했으나 다빈치를 보여주기에는 조금 옹색하다는 느낌을 지울 수 없는 곳이었다. 모조품이어서 그렇겠지만 관람객이 직접 조작해 볼 수 있도록 해주니, 부모와 함께 온 아이들은 여러 전시물들을 맘껏 만지며 즐길 수 있는 장점은 있었다.

단테 집에서 읽는 《신곡》과 2배수

피렌체에서 빼놓을 수 없는 곳이 단테(Alighieri Dante, 1265~1321년)의 집이다. 이제는 박물관으로 꾸며져 관광객들을 맞고 있는 그의 고향집에서, 첫사랑을 평생 간직하며 살다간 순정파 사내의 이야기를 만날 수 있다.

이탈리아 피렌체에서 태어난 단테는 9세 때 만난 소녀 베아트리체를 사랑하게

■ 단테의 집 앞(왼쪽)에는 오늘도 관광객이 넘쳐나고 있다. 그의 고향집 벽에 있는 흉상(오른쪽).

된다. 당시 그녀는 여덟 살이었지만 단테는 첫 대면만으로도 '사랑과 찬미'의 감정을 느꼈다고 한다. 그로부터 모든 것이 잊힌 듯 9년이 지나고 단테의 아버지의 죽음이 있던 해, 고향을 찾은 단테는 길에서 그녀를 우연히 다시 만난다. 그러나 그녀에 대한 단테의 사랑은 결실을 맺지 못한 채, 20세를 전후로 베아트리체는 다른 남자와 결혼을 했고 24세에 세상을 떠났다. 아마도 그녀는 단테의 존재 자체를 기억하지 못했을지도 모른다.

볼로냐에서 대학을 마치고 고향에 돌아온 단테는 10여 년 동안 이곳에 머물다가, 피렌체의 정쟁에 휘말려 영원한 추방의 형을 받는다. 그 후로 이어진 방랑길에서 불후의 명작인 《신곡》의 〈지옥편〉(1306~1308년), 〈연옥편〉(1308~1313년), 〈천국편〉(1315~1321년)을 차례로 발표했고, 이 작품에서 베아트리체는 신격화된 완전한 여인으로 등장하기 시작한다.

《신곡》에서는 수학도 만날 수 있다. 천국편(파라다이스)에는 하늘의 빛이 풍성함을 나타내는 수학적 표현이 있다.

그것들은 너무 많아서 마치 체스보드 더블링(chessboard doubling)**보다 더 빠르게 쌓여간다.**

인도 전설에 의하면 체스는 시사(Sissa)가 최초로 인도의 왕 시람(Shirham)을 위하여 만든 것이다. 체스의 재미에 빠진 왕은 시사에게 무엇이든 원하는 소원을 말하라고 했다.

"체스판의 첫째 칸에 1알, 둘째 칸에 2알, 셋째 칸에 4알, 넷째 칸에 8알 …. 이런 방법으로 체스판에 있는 64개의 빈칸에 곡식을 채워주십시오."

시사가 소원을 말하자 왕은 그의 소박한 소원을 비웃었다.
'겨우 이 정도라니, 이 바보 같은 녀석!'

그러나 실제 계산 결과는 엄청났다. 수학적 표현을 빌리면 아래와 같다.

$$1 + 2 + 4 + 8 + \cdots + 2^{63} = 2^{64} - 1 = 18,446,744,073,709,551,615$$

체스보드 더블링을 현대 수학에서는 '등비수열' 또는 '기하수열'이라고 부른다.

인사동에서 만나는 체스보드 더블링도 수학의 중요 문제

거리에 외국인들이 많다 보니 멀리 여행을 떠나지 않아도 외국을 여행하는 느낌을 받을 수 있기 때문에 나는 이따금 서울의 명동과 인사동 거리를 찾는다. 외국인도 한국적 정취를 느끼기 위해 인사동을 많이 찾는데 골목을 걷다보면, 유난히 일본 여자 관광객들이 많이 모여 있는 가게 앞을 발견할 수 있다. 이들은 '꿀타래(꿀을 늘려서 만드는, 아주 얇은 실 모양의 우리나라 전통과자)'를 만드는 과정을 보면서, 그 가닥이 많아질 때마다 놀라움의 함성을 지른다. 이 '꿀타래'를 만드는 방법은 마치 옛날 중국집에서 손으로 자장면의 면발을 만드는 과정과 같다. 한 뭉치의 꿀을 길게 늘려 반으로 접어 두 가닥을 만들고, 다시 이를 늘린 후 반으로 접어 4가닥을 만든다. 이를 반복하면 처음에는 몇 가닥 안 되던 꿀타래가 곧 바로, 32가닥, 64가닥, 128가닥,…, 10번 만에는 1000여 가닥에 도달한다. 이와 유사한 수학문제가 있다.

"신문지를 반으로 접으면 몇 번이나 접을 수 있을까?"

중학교 수학 시간에 지수를 배울 때 자주 등장한다. $2^1, 2^2, 2^3, \cdots$ 등의 지수에 대한 수학적 표현을 처음으로 접하는 학생들에게, 신문지 접기는 아주 쓸모 있는 수학적 개념 파악 도구가 되는 셈이다. 더욱이 지수의 증가 속도를 직접 체험해 볼 수 있는 아주 좋은 기회이기도 하다. 이에 대한 학생들의 도전은 즉시

가능하다. 실제 신문지를 가지고 접어보는 거다.

신문지 외에도 사용가능한 모든 종이를 이용하여 반복되는 실험을 해보면서 대체로 얻게 되는 결과는 7번이다. 8번 이상 종이를 접는다는 것은, 접힌 종이의 두께 때문에, 불가능해 보인다. 이처럼 종이를 반으로 접는 게임은 수백 년 동안 그저 수학적인 오락 정도로 여겨지며, 그 한계를 당연한 것으로 받아들였다. 때로는 이 게임에 흥미를 가진 몇몇 수학자나 실험 정신이 뛰어난 과학자들이 TV와 같은 공개적인 매체에 등장하여 8번 이상은 불가능함을 보이기도 했다. 결국 종이 접기 문제는 뚜렷한 과학적, 수학적 근거도 없이 그저 7번이 한계라는 인식이 모든 사람들의 머리에 자리를 잡아왔다. 그런데 이 신화가 한 고등학교 여학생에 의하여 깨진 것이다.

한 고등학교 여학생의 종이 접기 실험

미국의 한 고등학교에서 이야기는 시작된다.

이 학교 수학 선생님은 학생들에게 좀더 수학적 흥미를 불어 넣기 위하여 아주 간단한 종이 접기 실험 문제를 제시했다. '어느 것이든지 접어서 기존의 종이 접기 기록을 깨면 수학 보너스 점수를 주겠다'는 제안과 함께 사건이 시작된 것이다(나도 종종 내 수업을 듣는 대학생들을 대상으로 이런 제안을 한다. 물론 종이 접기의 문제는 아니지만 대체로 대학생들이 쉽게 이해할 수 있는 문제 중에서 논쟁이 되고 있거나, 논쟁이 되었던 문제를 제시하고 만약 여러분이 좀더 진전된 결과를 가져오면 A+의 학점을 주겠다고 한다. 이런 현상금이 걸린 문제에 대한 학생들의 반응은 때로는 놀랍도록 뜨겁다).

2학년 여학생 갤리번(Britney Gallivan)은 아주 긴 실험과정을 통하여 얇은 금박을 12번 접는 데 성공했다. 이때 그녀가 사용한 방법은 서로 위치를 바꾸어가며 접는 것이었다. 보너스점수를 획득한 그녀는 바로 종이 접기에 다시 도전했다. 그런데 이번에는 실험보다는 수학적으로 접기가 가능한 정도를 나타낼 수 있는 방정식을 찾는 데 모든 노력을 집중했다. 결국 한쪽 방향으로 접는 것이 방향을 바

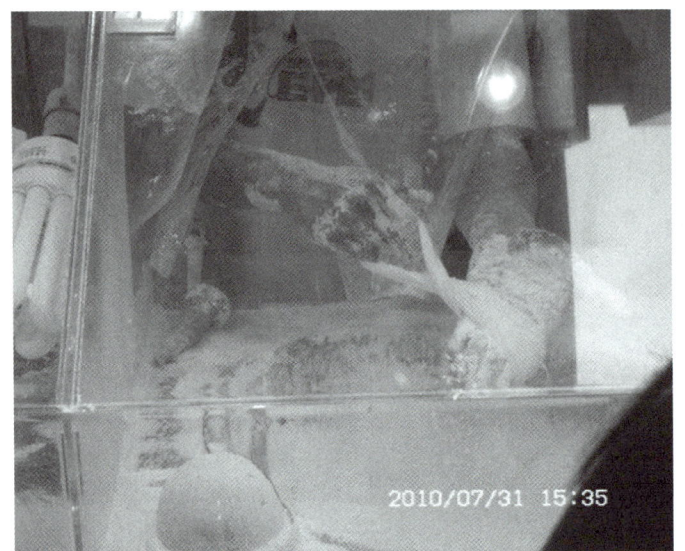 

■ 인사동에서 꿀타래를 만드는 모습(왼쪽). 갤리번이 휴지를 11번 접은 모습(오른쪽)

꾸어가며 접는 것보다는 적은 양의 종이가 필요하다는 사실을 발견하게 되었고, 이후에는 주어진 종이의 두께에 따라서 접을 수 있는 횟수에 대한 방정식도 구하게 된다.

화장실 휴지를 접다

그녀는 드디어 자기가 발견한 수학적 공식이 옳음을 보여주는 공개행사를 2002년 1월에 갖기로 했다. 이때 사용된 화장실용 휴지는 12개(약 1220미터)로, 이것을 접기 위하여 온가족이 나서서 7시간을 투자했다. 이 소식은 곧 미국 전역에 알려졌으며 갤리번은 한 순간에 전국적인 유명인사가 되었다. 이에 자극받은 미국의 다큐멘터리 TV 프로그램이 이 여학생의 실험을 재현하는 방송프로그램을 만들었다. 디스커버리 채널 '미쓰버스터(Mythbuster)'는 이 기록을 깨기 위하여 스팀롤러와 포크리프트라는 중장비까지 동원했지만 11번 접는 데 그치고 만다. 이들이 사용한 방법은 한쪽 방향의 접기가 아니고 매번 90도를 돌려가며 접는 것

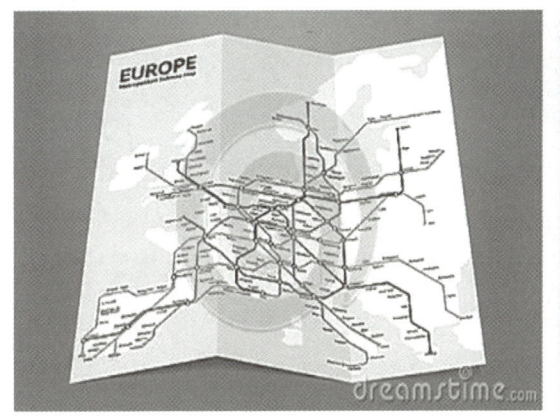 

■ 넓은 지하철 안내도 반으로 여러 번 접으면 작은 책처럼 휴대하기 편하게 된다(왼쪽). 종이를 42번 접으면 그 높이는 지구에서 달까지 이르는 거리가 된다(오른쪽).

으로 종이는 17개의 얇은 종이를 테이프로 이어 붙여 사용한 것이었다.

아직 13번까지 접어본 사람은 없다. 이것도 불가능한 것은 아닐 것이다. 갤리번이 찾아낸 방정식에 의하면 적당한 길이의 종이만 주어지면 그 이상도 가능하다고 한다. 갤리번은 아주 중요한 수학문제나 어려운 실험을 한 것이 아니다. 그녀는 그저 모든 사람이 당연한 것으로 여겨오던 수학적 경험에 도전한 것이다. 단순해 보이거나, 역사적으로 보면 당연한 것으로 여겨지는 사실들에 대하여 의심하고 도전하는 정신이야말로 수학을 이끌어온 활력소라고 할 수 있다.

그러나 아주 많이 접을 수도 없다. 종이 두께를 1mm로 가정하고, 30번을 접게 되면 그 두께는 1000km가 넘게 되어 지구의 대기권을 벗어나게 되고 42번을 접으면 달까지 닿으며, 100번을 접으면 다른 은하계에 도달하게 되기 때문이다.

단테의 체스보드 더블링에서 연상되는 수학을 생각하다보니 그의 집 앞에서 한동안 발길이 떨어지질 않았다. 어릴 때 만난 한 여인을 평생 사랑했던 순정파 사내가 1302년 유랑길에 오른 후 다시는 돌아올 수 없었던 그의 고향집이었다. 벽에 놓인 단테의 흉상에서 고향에 대한 향수를 느끼는 것은 그처럼 집을 떠나온 여행객의 감상일지도 모르겠다.

이탈리아여행기 07

인간과 인간, 인간과 컴퓨터의 대결: 수학에서 경쟁

기계와 인간의 대결

인공지능 '알파고'와 바둑기사 '이세돌'의 대결 결과가 사회적 쇼크로 나타날 정도로 긴 여운을 남기고 있다. 기계에 대한 인간의 패배의 의미는 언젠가는 인공지능이 인간을 지배하게 될지도 모른다는 두려움으로 발전하고 있기 때문이다. 역사적으로 이러한 대결(기존의 방법과 새로 개발된 방법의 우수성을 비교하는 것)은 많이 있어 왔다. 계산기가 최초로 우리나라에 도입되던 시기에도 나는 가끔 TV오락프로그램을 통해 '인간과 계산기의 대결'이라고 부르는 시합을 종종 봤던 기억이 있다. 한 사람은 암산으로 하고 다른 한 사람은 계산기를 이용하여 누가 더 빨리 계산 결과를 맞추는가 하는 게임은 제법 흥미로웠다. 대부분은 사람이 기계보다 더 빠른 것에 놀라워하며 끝나지만, 정확히 말하면 특정한 사람의 암산능력은 기계보다 빠른 것이 아니라 계산기의 숫자판을 누르는 손보다 빠를 뿐이다. 실

■ 계산판과 아라비아숫자를 이용한 계산의 대결(왼쪽). 아라비아숫자가 유럽에 전해져 널리 사용되기 전에는 유럽의 상인들은 주판이나 이와 비슷한 계산판을 사용해왔다. 수학 시합의 중심지 볼로냐에는 도시의 입구에 중세의 성문과 고대 하수시설이 남아 있다(오른쪽).

제 계산기에서 계산은 빛과 같은 속도로 이루어질 것이기 때문에 이 시합도 결코 인간이 기계를 이길 수는 없었다.

새로운 방법과 전통적 기술의 대결 중 가장 잘 알려진 첫 번째 대결은 아라비아숫자가 유럽에 전해지면서 시작되었다. 기존의 주판을 사용하던 계산과 새로운 아라비아숫자를 이용한 계산의 대결이었다. 결과는 주로 새로운 기술의 승리로 끝나곤 했다.

두 번째로 잘 알려진 대결은 16세기 이탈리아 피렌체 지방에서 유행했던 것이다. 상금을 걸어놓고 3차방정식 문제를 푸는 시합이었다. 마치 서부영화의 결투 장면을 연상시키듯 참가자는 일대일 대결을 한다. 심판에 의해 각자에게 서로 다른 문제가 주어지면 참가자들은 주어진 시간까지 이 문제를 풀어서 가져와야 한다. 이 대결의 중심지가 이탈리아 볼로냐와 볼로냐 대학교였다.

이탈리아 볼로냐

볼로냐는 이탈리아의 다른 도시와는 완전히 다른 느낌이었다. 역에서부터 볼 수 있는 고대의 하수시설과 중세시대의 성문은 이곳의 역사를 설명하지 않아도 이해할 수 있게 해주었다. 장중한 무게감과 낡은 듯하면서도 허름하지 않은 건물들로 인하여 시내의 분위기는 오래된 고성에 온 것 같은 느낌이었다. 마조레 광장(Piazza Maggiore)의 퇴색한 붉은 벽돌색은 오히려 회색빛에 가까워 보였다. 이런 묘한 분위기를 이해하기 위해 누군가에게 이유를 물어보았다.

"가난한 이들의 대리석, 붉은 벽돌!"

■붉은 벽돌의 건물로 둘러싸인 볼로냐의 마조레 광장은 중세의 사람들이 모여서 각종 시합에 내기를 걸고 대결을 즐기던 곳이다.

광장을 산책하고 있던 한 이탈리아인의 설명이었다. 이 도시는 로마나 피렌체에 비하여 가난한 도시였다고 한다. 건축물을 지을 때 우윳빛 광택이 나면서 웅장한 느낌을 주는 대리석을 사용할 수가 없었던 가난한 볼로냐가 대리석 대신 선택할 수 있었던 것은 붉은 벽돌이었다. 심지어 볼로냐 최고의 성당을 지을 때조차도 아래의 기초 부분에만 대리석을 사용할 수 있었을 뿐 나머지는 붉은 벽돌을 이용한 것이다. 그런데 언제부터인지 이 붉은 벽돌이 볼로냐의 상징이 돼 버렸다. 다른 도시와 완전히 다른 분위기를 느낄 수 있었던 이유는 붉은 벽돌색 때문이었다.

붉은 벽돌이 도시의 상징이 된 이후로는 시내의 모든 건물은 이 벽돌만 사용하도록 규제했다. 대리석으로 지어진 건물과 달리 붉은 벽돌은 세월의 무게와 벽돌의 구워진 정도에 따라 색이 변한다. 검은색에 가까운, 회색에 가까운, 선홍색에 가까운 붉은 벽돌이 볼로냐를 둘러싸고 있었다.

볼로냐에서 벌어진 수학의 대결

3차방정식의 풀이 문제는 16세기 볼로냐를 중심으로 하는 여러 수학 게임의 중심에 있었다. 타르탈리아(Niccolo Tartaglia, 1500~1557년)는 당시 최고의 수학자로 이 분야에서 명성을 날리고 있었다. 그의 명성에 처음으로 도전장을 낸 사람이 피오레(Antonio Fiore)였다. 두 사람은 상금을 놓고 각각 상대방에게 3차방정식의 해를 구하는 수학 문제를 출제하여 50일 안에 많이 풀어내는 사람이 상금을 갖기로 했다. 그러나 이 시합은 이미 특별한 3차방정식의 풀이법을 완전하게 이해하고 있었으나 그 비법을 공개하지 않고 있던 타르탈리아에게 일방적으로 유리한 것이었다.

● 3차방정식의 일반적 형태

$ax^3 + bx^2 + cx + d = 0$ (a, b, c, d는 상수)

■ 기단만 대리석으로 되어 있는 볼로냐 대성당(왼쪽) 앞에는 빼곡하게 의자가 놓여 있었다. 포스터(오른쪽)를 보니 매년 열리는 영화제와 같은 행사를 준비하고 있었다. 이 광장은 오늘날에도 치열한 경쟁의 중심지였다.

타르탈리아는 피오레와의 대결에서 30 대 0으로 일방적인 승리를 거두었다. 그의 명성은 더욱더 높아져 볼로냐 대학교에서 수학을 강의하던 카르다노(GirolamoCardano,1501~1576년)에게도 전해졌다. 열정적인 카르다노의 오랜 설득 끝에 3차방정식의 풀이법을 알려주기로 결심한 그는 전수 조건으로 자신이 먼저 세상에 알리기 전에는 이 비법을 공개하지 말 것을 요구하였다.

그 약속은 몇 년 동안은 잘 지켜졌고 타르탈리아는 계속해서 명성을 날리고 있었다. 그러던 어느 날 카르다노는 페로(Scipione del Ferro)라는 수학자가 이미 이 방정식의 풀이 방법을 독립적으로 개발했다는 사실을 우연히 알게 되었다. 더욱이 그의 학생 페라리(Lodovico Ferrari)는 기존의 풀이법을 개선하여 완전한 풀이법을 찾아냄으로써 이제는 모든 3차방정식을 풀어낼 수 있게 되었다.

카르다노는 이제는 결과물을 세상에 알려도 타르탈리아와의 약속을 어기는 것이 아니라고 생각했다. 그는 자신의 저서 《아르스 마그나Arsmagnaseu deregulis algebrae》 앞부분에 이 두 사람의 이름과 업적을 분명히 밝히면서 3차방정식의 풀이법을 공개했다. 그러자 타르탈리아는 자신의 비법이 세상에 알려지고 자신이 누리던 명성이 사라진 것에 매우 분노하면서 카르다노를 비난하기 시작했다.

타르탈리아는 카르다노에게 결투를 신청했다. 역시 3차방정식 문제를 푸는 시합으로 승리자가 돈과 명예를 갖는 것이었다. 이 시합에 카르다노는 직접 나서는 대신 제자 페라리를 보내어 완전한 승리를 얻었고 타르탈리아는 자신이 가진 모든 것을 잃어버렸다.

컴퓨터와 인간의 대결

세 번째로 유명한 대결은 체스에서 이루어진 인간과 컴퓨터의 결투이다. 이 경기는 1997년부터 시작되었다. 당시 세계 체스 챔피언이었던 러시아의 카스파로프(Garry Kasparov)와 IBM의 슈퍼컴퓨터 딥 블루(Deep Blue)의 경기는 인간과 컴퓨터의 첫 대결이었다. 첫 경기에서는 인간이 이겼으나 이후 이루어진 재경기에서는 모두 컴퓨터의 승리로 끝이 났다. 비약적으로 발전한 컴퓨터와 프로그램의 기술로 인하여 더는 인간이 컴퓨터의 적수가 되지 못하여 이젠 어느 체스 챔피언도 감히 컴퓨터에 도전하겠다는 생각을 하지 않는다.

아직도 인간과 컴퓨터가 우열을 다투는 게임이 바둑이다. 바둑은 기원전 2000년경에 중국에서 시작된 것으로 가로 19줄, 세로 19줄의 바둑판에서 흰 돌과 검은 돌이 승부를 가리는 무척 단순해 보이는 게임이다. 이 게임을 단순히 수학적으로 계산해 보면 10^{172}가지의 돌을 놓는 방법이 있고, 이에 따라 10^{768}가지의 게임 방법이 존재한다. 이 숫자의 크기는 인간의 감각 범위를 넘는 큰 수이다.

예를 들어 10^{64}라는 수의 크기를 생각해보자. 10^{64}초는 대략 5,833억 년에 해당하는 시간으로 우주의 나이 200억 년, 지구의 나이 30억 년에 비교하면 그 시간의 크기를 짐작할 수 있는 엄청난 큰 수이다. 10^{768}초는 5,833억 년을 10번 이상 반복하여 곱한 시간이 된다.

경우의 수만으로 게임이 진행되지는 않는다. 실제로 바둑을 직업으로 하는 프로기사들은 한 판의 게임이 끝날 때까지 평균 150번의 돌을 놓고 각 돌을 놓을 수 있는 선택은 평균 250가지인 것으로 알려져 있다.

2016년 3월 9일부터 5일간 대한민국 서울에서는 한국바둑의 대명사 이세돌 9단과 구글 딥마인드의 인공지능 '알파고 Alpha Go'와의 세기의 대결이 이루어졌다. 100만 달러의 상금을 놓고 벌어진 이 대결의 결과가 보여주듯 바둑도 결국 컴퓨터가 인간을 이기는 게임으로 기록될 것이 분명하다. 참고로 알파고는 인간의 정보처리방식을 모방해 컴퓨터가 스스로 판단하고 학습하게 하는 '딥러닝 Deep Learning' 기술로 개발되었기 때문에 인간이 100년 걸리는 100만 번의 대국을 4주 만에 소화하며 학습할 수 있다.

오랜 전통을 자랑하는 볼로냐 대학교

1088년에 광장의 인근 건물에서 개교한 볼로냐 대학교는 유럽에서 가장 오랜 전통을 가지고 있는 곳이다. 1,000년이 넘는 전통을 가지고 있는 이 학교로 피렌체 지역의 인재들이 모여들었다. 단테가 이곳에서 공부했으며 카르다노는 이 대학의 교수로 있었다. 또 세계 최초로 여성에게 교수직을 개방하여 역사상 두 번째 여성 수학자로 알려진 아녜시가 아버지의 뒤를 이어 수학과 교수가 된 곳이기도 하다.

일요일이어서인지 대학가 건물들은 한산했다. 천문대도 수리 중이어서 내부

■ 나폴레옹의 이전 명령이 있기 전(왼쪽)과 현재(오른쪽)의 볼로냐 대학교.

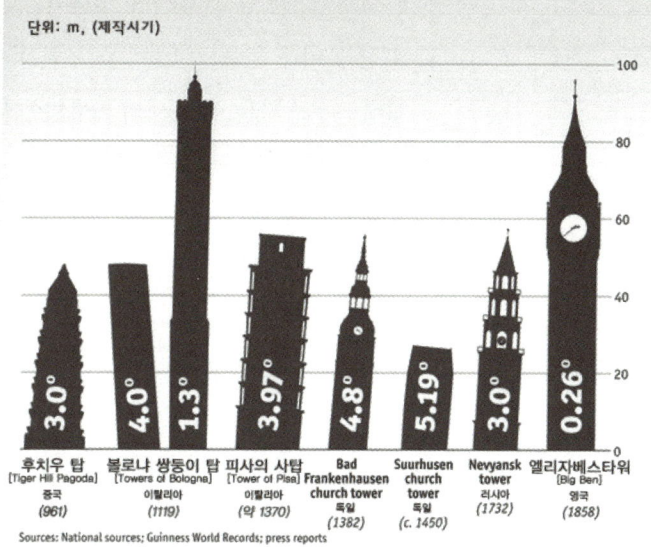

■ 볼로냐 상징인 쌍둥이 탑(왼쪽)과 세계 주요 사탑의 높이를 비교한 그림(오른쪽).

를 들여다볼 수 없었다. 나폴레옹의 이전 명령에 의해 볼로냐 대학교의 본관이 다른 곳으로 옮겨지고 난 후, 원래 본관이 있었던 건물은 상점과 도서관이 되어 많은 방문객을 맞고 있었다.

볼로냐 대학교에서 멀지 않은 곳에 이 도시의 상징인 두 개의 쌍둥이 탑이 있었다. 두 탑은 마치 서울의 남산타워처럼 도시의 어느 곳에서든 보였다. 승부의 도시답게 낮은 탑(가리젠다)과 높은 탑(아지넬리)을 쌓은 두 볼로냐의 명문가도 자신들의 부의 크기를 놓고 경쟁을 했다고 한다. 누가 더 높이 쌓을 수 있는가로 부의 크기를 비교하기로 하고 경쟁은 시작되었다. 이 경쟁에서 이긴 한 가문만 탑을 완성했고 패배한 쪽은 더는 탑을 쌓을 수 없을 정도로 가난해졌다 하니 마치 타르탈리아와 카르다노 시합의 새로운 버전을 듣는 것처럼 모든 게 익숙하게 들렸다. 나중에 들은 이야기지만 사실은 두 탑이 거의 같은 높이에 이르렀으나 그중 하나가 기울기 시작하여 14세기경에 일부를 허물어낸 것이라고 한다. 중세의 바벨탑이라고 불러도 좋으리라. 인간의 승부에 대한 집착은 그 결과의 허무함으로부터 모두 부질없음을 깨닫게 만든다. 그러나 이 부질없는 집착이 때로는 수학의 발전을 이끈 원동력이었음을 부인할 수도 없다. 단테의 《신곡》에도 등장하고 괴테도 올랐다는 이 중세의 바벨탑에 나도 올라보았다.

신의 수학적 창조물은 피보나치수열

하느님은 수학자?

 미국 허블우주망원경 과학원(Hubble Space Telescope Science Institude)의 원장이자 천문 물리학자인 리비오(Mario Livio)는 자신의 저서 《신은 수학자인가Is God a Mathematician?》의 첫 장을 다음과 같은 일화로 시작한다.

 몇 년 전 나는 코넬 대학교에서 강연을 하고 있었다. 내 파워포인트 중 한 장에 "하느님은 수학자인가?"라고 쓰여 있었다. 이 슬라이드가 나타나는 순간, 나는 앞줄에 앉아 있는 한 학생이 탄식하는 소리를 들었다.
 "오 하느님, 제발 아니길!"
나의 비유적 문장으로 하느님을 철학적으로 정의하거나 수학 공포증에 시달리는 학생들에게 겁을 주려던 거는 아니다. (중략) 영국 물리학자 제임스가
 "우주는 수학자에 의하여 디자인된 것으로 보인다."

고 말한 것처럼, 수학은 아주 큰 우주를 설명할 때에도, 인간 사이의 매우 복잡한 관계를 설명할 때에도 너무나 효과적으로 사용된다.

우주의 창조자가 수학을 이용했다는 전제를 받아들인다면, 가장 흔하게 우리 주위에서 발견할 수 있는 수학적 법칙이 '피보나치수열'이다. 이 수열은 이탈리아 수학자 피보나치(Leonardo Pisano Bigollo 또는 Leonardo of Pisa, 1170~1250년경)에 의해 만들어진 것으로 다음과 같다.

$$1, 1, 2, 3, 5, 8, 13, \cdots$$

이 수열의 규칙성은 앞선 두 항의 합이 다음 수가 되는 것이다. 이를테면

$$1 + 2 = 3, 2 + 3 = 5, 3 + 5 = 8, \cdots$$

이 수열이 하느님과 연관되는 이유는 모든 그의 아름다운 피조물들이 이 수와 연계되어 있기 때문이다. 예를 들어 솔방울 씨앗들이 서로 엉켜 있는 모습을 살펴보자. 솔방울 씨앗들은 소용돌이 모양으로 배열되어 있으며 시계 방향의 소용돌이 개수가 8개이고 시계 반대방향의 소용돌이 개수는 13개이다. 이 수는 피보나치수열의 수이다. 이러한 예는 수도 없이 많이 있다. 해바라기의 소용돌이와 파인애플의 소용돌이 개수도 8, 13, 21과 같은 피보나치수열의 수와 일치한다. 이 밖에도 식물 중에는 꽃잎의 배열이 13 대 8 또는 34 대 21 등으로 되어 있는 경우가 많다. 먹을 수 있는 과일의 꽃받침은 대부분 5개이며 사람의 손가락과 발가락도 5개씩 있다. 원자는 처음 오빗(orbit)만 2개의 전자를 채우며 나머지 오빗은 8개의 전자로 채운다. 이 때문에 원소주기율표는 8족의 원소로 분류된다.

■ 피보나치 수가 보이는 각종 과일과 꽃. 사과는 5개, 감은 8개의 씨앗을 가지며(왼쪽), 꽃들(오른쪽)은 각각 1, 3, 5, 8,… 개의 잎을 가진다.

■ 해바라기와 솔방울의 소용돌이에는 오른쪽 나선과 왼쪽나선이 있다. 그림의 솔방울의 나선 수는 각각 8개와 13개이다. 8과 13은 피보나치 수열에서 서로 이웃하는 항이다.

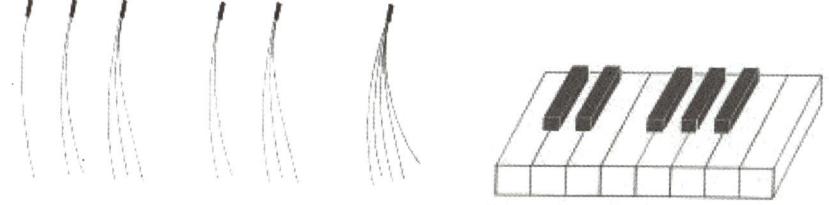

■ 소나무 잎의 개수(왼쪽)에서는 1, 2, 3, 5, 피아노 건반(오른쪽)에서는 2, 3, 5, 8 의 피보나치수를 발견할 수 있다

■ 피사 역 광장(왼쪽) 분수대와 시내 입구 광장(오른쪽)에는 밤늦은 시간에도 젊은이들로 가득했다.

피보나치 수열의 고향 피사에서 하느님은 수학자라는 확실한 증거를 찾을 수 있을지도 모를 일이다.

피사의 밤

피사에는 밤, 도심의 중심가를 가로지르는 강가에는 젊은이들이 모여 밤을 새워가며 이야기하고 있었다. 탁자 위에 놓여 있는 맥주는 여름밤의 더위를 식히는 데 충분할 것 같아 보였다. 그들의 이야기 소리는 때로는 화음을 이루는 새들의 합창소리 같기도 하고 때로는 계곡을 흐르는 물소리 같기도 했다. 그저 몇몇 사람들이 모여서 나누는 이야기 소리지만 광장을 둘러싸고 있는 건물들에 반사되어 웅성거림이 되고 합창이 되는 것 같았다.

밤이 깊어 시내 지도를 얻을 곳도, 관광안내를 받을 수 있는 곳도 모두 문을 닫았다. 결국 볼로냐에서 사용한 방법을 이곳에서 다시 한번 사용했다. 이번 여행을 위해 상당히 공을 들여 전체 여행 루트, 숙박, 교통 등의 정보를 수집하고 준비했으나 정작 각 도시의 세밀한 정보는 수집하지 못했다. 방문할 곳이 많아 각 도시의 세밀한 정보의 엄청난 양을 감당할 수가 없을 뿐 아니라 도대체 어떤 정보가 중요한 것인지도 파악할 수 없을 지경이었기 때문이다.

목적지에 대한 특별한 정보가 없을 때는 그 도시에 도착하여 관광안내소를 찾는 것이 제일 좋다. 그곳에서는 무료 지도와 함께 유명한 관광지를 쉽게 찾아갈 수 있도록 도와주며 도시에 머무는 시간에 맞는 여행코스도 친절하게 알려준다. 무엇보다도 그들은 유명한 수학자나 과학자의 생가와 같이 지도에 나와 있지 않는 곳도 알고 있는 경우가 많았다. 인터넷으로 예약된 숙소를 찾아가는 길도 가르쳐 주기 때문에 보통 편리한 것이 아니다. 관광안내소 문이 닫혔거나 찾을 수 없는 경우에는 가까운 호텔을 찾아가는 것도 한 방법이 된다.

"나는 이곳에는 묵고 있진 않지만 당신의 도움이 필요합니다."

그들은 기꺼이 나의 가이드가 되어주었고 도시의 지도도 얻을 수가 있었다. 늦은 밤에도 피사의 호텔은 문이 열려 있었고 덕분에 피사 여행이 시작될 수 있었다.

중세 유럽 최고의 수학자 피보나치

고대 그리스 멸망 이후에도 간간이 이어지던 알렉산드리아의 학자적 전통이 완전히 무너진 이후 중세 수학은 퇴보기에 접어든다. 이것이 로마 시대나 중세 유럽에서 뛰어난 수학자를 찾아볼 수 없는 이유다. 그들은 먹고사는 것 이상의 수학에는 별 관심이 없어, 그저 돈을 계산하고 시간을 읽고 날짜를 셀 수 있으면 그만이었다.

이런 시대에 아라비아숫자를 유럽에 소개하고 이 숫자를 사용하면 주판을 이용하지 않고도 손쉽게 덧셈과 뺄셈을 할 수 있음을 보여준 피보나치의 업적은 무엇과도 비교할 수 없는 것이다. 그는 곱셈과 나눗셈(현재와는 약간 다름)의 방법도 보여주었다. 회계, 무게 변환, 환전, 이자율의 계산 등 당시의 상인들에게 반드시 필요한 '수학을 이용하는 방법'을 소개함으로써 유럽의 계산 방식에 혁명을 가져왔다. 더구나 이전까지는 0의 개념이 없던 유럽에 완전히 0을 정착시킴으로써 '공空'의 존재를 인식하게 하는 철학적 계기를 제공하였다. 피보나치의 말을 빌리면 아라비아숫자는 마법과 같이 모든 것을 가능케 하는 숫자였다.

"아홉 개의 인도숫자 9, 8, 7, 6, 5, 4, 3, 2, 1과 0이라는 기호를 합하면 어떠한 숫자도 나타낼 수 있다."

정작 발견자 자신은 몰랐던 의미

수학의 역사나 문명사를 짚어가다 보면 어떤 경우에도 피해갈 수 없는 문제가 두 가지 있다. 그중 첫째는 '제논의 패러독스'이고 두 번째는 '피보나치 수열'이다. 정수론, 확률론 등의 수학에도 자주 등장하는 이 문제는 1202년 피보나치가 자신의 책 《리베르 아바치》에 소개한 단순한 연습문제였다.

새로 태어난 암수 한 쌍의 어린 토끼가 있다. 새로 태어난 토끼 한 쌍은 두 달이 지나면 어른 토끼가 되어 매달 암수 한 쌍의 새끼를 낳는다고 한다. 10개월 후 총 몇 쌍의 토끼가 있을까?

■ 어린 토끼(연한 색)는 한 달이 지나면 어른 토끼(진한 색)가 되고, 어른 토끼 한 쌍은 매달 한 쌍의 토끼를 낳는다(왼쪽). 피사의 두오모 납골당의 피보나치 동상(오른쪽).

이 문제의 풀이에서 등장하는 수열이 피보나치수열이다. 이 수열의 최초 기록자 피보나치는 정작 이 수열이 그렇게 중요하게 여겨질 거라고 꿈에도 생각하지 못했을 것이다. 이 수열이 수학자들에게 더욱 중요해진 이유는 수열의 연속된 두 수의 비가 어떤 일정한 값에 가까워지는 것을 발견했기 때문이다. 이 비율이 앞서 살펴본 '황금비'이다.

자연만이 아니다. 때로는 인간들의 복잡한 주식시장도 피보나치수열로 설명한다. 증권분석가 엘리엇은 주가의 움직임을 관찰하면서 이 수열로 그것을 설명하는 파동이론을 제시했다. 그의 관찰 중 두 가지만 살펴보면 다음과 같다.

● **피보나치 수열에서 연속한 두 수의 비 0.618**(황금비)

$21/34 = 0.618$, $89/144 = 0.618$

● **피보나치 수열에서 한 숫자를 건너 있는 두 수의 비 0.382**(0.618의 절반)

$21/55 = 0.382$, $55/144 = 0.382$

그는 이 수를 주가의 추가적 상승과 반등을 설명하는 중요한 지표로 삼았다.

피사의 또 다른 수학자, 갈릴레오

피사는 피보나치 말고도 수학자 갈릴레오(Galileo Galilei)가 평생을 살았던 곳이다. 그는 진동의 원리와 자유낙하의 원리를 찾아낸 물리학자로 널리 알려져 있지만 사실 수학자이기도 하다.

그의 아버지는 음악교사였지만, 현의 진동과 음의 조화를 이해하기 위해 많은 실험을 즐기던 사람이었다. 그는 자신처럼 갈릴레오도 수학, 과학, 음악에 흥미를 가지고 있다는 것을 알았지만 아들이 의학을 공부하길 바랐다. 실제로 갈릴레오는 피사 대학교에 입학할 때 의학을 전공으로 택지만 스물한 살이 되는

■갈릴레오의 낙하실험으로 유명한 피사의 사탑.

해에 의학을 완전히 포기하고 틈틈이 여가로 공부해오던 수학으로 전공을 전환한다.

곧 그의 수학실력은 두각을 나타냈다. 스물다섯 살에 피사 대학교 수학과 교수로 채용되었으며 몇 년 후에는 좀더 나은 대우를 약속한 파도바 대학교의 수학과 교수로 자리를 옮겼다. 이후 갈릴레오는 명성을 얻은 뒤 다시 피사 대학교 수학과 학과장으로 돌아오게 된다.

우리에게 잘 알려진 피사의 기울어진 탑에서 두 물체를 떨어뜨리는 낙하실험을 갈릴레오가 했다는 기록은 없다. 다른 수학자 스테빈(Simon Stevin)의 실험이 갈릴레오의 명성과 결합되면서 알려진 전설일 뿐이다. 실제 기록에 의하면 갈릴레오는 우박이 떨어지는 것을 보고 중력의 원리를 찾았다고 한다. 작은 알갱이와 큰 알갱이가 동시에 땅에 떨어지는 현상에서 입자의 무게와는 상관없이 '같은 높이에서 떨어지는 두 물체의 속도는 같다'는 사실을 발견한 것이다. 이외에도 당대 최고의 망원경을 발명하여 달의 표면에 있는 산과 은하수, 태양의 흑점, 목성의 위성까지도 관찰했다. 또한 자신이 다니던 산타마리아 성당(Santa Maria Cathedral)의 천장에 매달린 전등이 흔들리는 것을 관찰하면서 진동 시간은 추의 길이에 비례할 뿐 무게와는 상관없다는 것도 발견했다.

그는 케플러와 더불어 지동설을 주장하여 종교재판에 회부되었다. 갈릴레오가 케플러에게 쓴 편지를 통해 당시의 분위기를 짐작할 수 있다.

"존경하는 케플러, 우리 둘이서 저 어리석은 대중들을 마음껏 비웃으며 함께 웃을 수 있기를 바랍니다. 당신은 우리 대학교의 가장 뛰어난 철학자들을 어찌 생각하나요? 나의 거듭된 노력과 초대에도 불구하고 그들은 행성, 달, 나의 망원경 보기를 거절합니다."

사실 당시에 로마 교황청은 새로운 이론을 어떻게 받아들여야 할지 스스로 무척 당황해 하던 때였다. 교황 바오로 5세(Papa Paul V)는 코페르니쿠스의 주장을 이

단으로 규정하고 그의 가르침을 금지했으나 교황 우르바노 8세(PapaUrban VIII)는 갈릴레오의 아이디어에 대해 굉장히 긍정적이었다. 심지어 그에게 새로운 사실을 바탕으로 집필해보라고 격려까지 했다. 그리하여 6년 후 갈릴레오의 혁명적인 아이디어가 담긴 저서 《프톨레마이오스와 코페르니쿠스의 2대 세계 체계에 관한 대화》가 출간되었으나 이후 상황은 완전히 바뀌었다. 종교재판소는 이 책의 판매를 금했으며 갈릴레오에게 이단의 죄목으로 종신형을 선고했다. 다행히도 이 종신형이라는 것이 감옥이 아니라 집에 연금되는 것이어서, 그는 공식적으로는 간수의 감시를 받았으나 집에서 자유롭게 자신의 연구를 계속할 수 있었다.

갈릴레오의 종교재판 이후 350년이 지나고 난 뒤 로마 교황 요한 바오로 2세는 1992년 드디어 자신들의 과오를 인정하는 공식적인 성명을 발표했다.

"갈릴레오의 재판에서 실수가 있었다."

피사를 떠나서 프랑스 국경을 넘다

피사를 마지막으로 나의 긴 이탈리아 여행은 끝이 났다. 이제 새벽열차로 몇 시간만 달리면 이탈리아의 국경을 넘어 프랑스의 해변도시 니스에 도착하게 된다. 정신적으로 너무나 풍족했던 이탈리아 여행이었다. 달리는 기차의 창에 기대어 조는 나의 얼굴에 환한 프랑스 태양이 비추기 시작했다.

니스 해변은 지중해의 따뜻한 햇살을 즐기려는 여행객으로 넘쳐나고 있었다. 재즈 축제가 열리는 해변은 유럽 각지에서 많은 사람들이 모여들어 붐비고 있었다. 그들의 여흥을 위한 거리 공연도 곳곳에서 벌어지고 있어 도시가 온통 축제로 흥겨워 보였다. 이곳에서 지중해를 즐길 수 없다면 두고두고 후회할 것만 같아 호텔에서 빌린 돗자리를 하나 들고 니스 해변의 그늘을 찾아 나섰다. 해안 인명구조를 위한 전망탑의 그늘에 빈자리를 발견하고는 돗자리를 깔고 누웠다. 아! 좋다. 부드러운 바닷바람이 반쯤 벗은 내 몸을 시원하게 감싸고 있었다.

한숨 길게 잔 후, 다시 일어서서 샤갈의 미술관으로 향했다. 이곳은 화가 마티

■ 니스 해안.

■ 샤갈 미술관 안의 나무 그늘 속 카페(왼쪽)에는 미술관 내부보다 더 많은 사람들이 앉아서 쉬고 있었다. 샤갈의 그림에는 항상 모세의 머리에 뿔이 나 있다(오른쪽).

08. 신의 수학적 창조물은 피보나치수열

스와 샤갈의 고향으로 멀지 않은 곳에 그들을 기리는 미술관이 있었다. 샤갈의 그림은 이스라엘 예루살렘의 국회의사당에서도 본 적이 있다. 그는 대부분 성경 이야기를 소재로 하여 그림을 그렸다. 이곳을 찾은 사람들은 그의 단순화한 스케치와 강렬한 원색이 니스와 잘 어울린다는 것을 쉽게 이해할 수 있을 것이다.

PART 06
스페인

S P A I N

스페인여행기 01

파밀리아 성당의 마방진과 수학

운세를 보는 도구가 수학으로 – 마방진

　마방진은 바둑판 모양의 정사각형에 1부터 차례로 숫자를 중복하거나 빠뜨리지 않고 사용하여 나열하되 가로, 세로, 주대각선의 합이 모두 같아지도록 만든 숫자의 배열을 의미한다. 예를 들어 3×3 마방진은 1부터 9까지의 숫자를 중복하지 않고 모두 사용하되 가로, 세로, 대각선의 합이 15가 되도록 정사각형 안에 배열해 놓은 것이다.

　마방진은 마야인이나 아즈텍인들도 사용했다고는 하지만, 현대의 마방진은 중국에서 시작된 것이 세계로 퍼져나간 것이다. 전설에 의하면 중국의 우왕이 황하의 범람을 막기 위해 치수공사를 시작할 때 나타난 거북의 등에 공사 방법을 알려주는 그림이 새겨져 있었다. 사람들은 이 그림을 '낙서$_{\text{lo-shu}}$'라고 불렀다. 이는 후에 명당을 정하거나 건축물의 배치 등 풍수지리에 매우 중요하게 사용됐고 때로는 인간사의 길흉화복을 점치는 도구로도 사용됐다. 이 거북의 등에

■ 거북의 등에 새겨 있다는 중국의 낙서(왼쪽 위)와 현대의 마방진(왼쪽 아래). 바르셀로나의 파밀리아 성당의 입구에 있는 마방진(오른쪽).

새겨진 45개의 점의 배치도가 마방진의 시작이다.

중국에서 시작된 이 마방진을 유럽의 한 도시에서 만나게 될 줄은 몰랐다. 스페인의 바르셀로나에 있는 한 성당 입구에는 뜨거운 키스를 하고 있는 남녀의 조각상 옆에 비밀 암호와 같은 마방진이 새겨 있었다.

스페인 바르셀로나

바르셀로나는 여름축제로 모든 곳이 사람들로 넘쳐나고 있었다. 프랑스를 거쳐 이곳으로 오는 기차는 빈자리를 찾을 수 없을 정도로 사람들로 가득했고 바르셀로나 철도역 대합실은 기차표를 사려는 사람들 때문에 몸을 움직이기도 힘들 만큼 복잡했다. 다음 기차 예매를 위해 대기표를 뽑으니 967번이었다. 상담소 앞 전광판에 쓰인 번호를 확인하니 600번이었다. 한참을 기다릴 것 같아 아예 인근의 패스트푸드점에서 점심을 먹고 다시 돌아왔는데도 대기번호는 여전히 600번 대를 가리키고 있었다. 이러다가는 오늘 하루를 이곳에서 낭비할 것 같아서 다음 기차는 운명에 맡기기로 하고 기차역을 떠나 숙소로 향했다.

패스트푸드점에서는 한바탕 소동이 있었다. 햄버거를 먹으면서 바르셀로나 시내의 지도를 살피고 있었는데 갑자기 이상한 느낌이 들어 주위를 돌아보니 누군가 내 배낭을 가지고 가는 것이 아닌가? 기가 막힐 노릇이었다. 내 옆에 있던 배낭을 어떻게 소리도 없이 가져갈 수 있을까? 내가 놀라서 큰 소리를 내니 도둑은 그 자리에 배낭을 내려놓고 뒤도 돌아보지 않고 사람들 사이로 잽싸게 걸어갔다. 가서 그의 뒷덜미를 잡고 싶었지만 그러다가는 내려놓은 내 배낭을 또 도둑맞을 수 있겠다는 두려움에 그냥 배낭만 집어 들었다. 후에 경험하게 되었지만 이는 시작에 불과한 것이었다. 결국 나는 가진 물건과 여행경비를 이곳 바르셀로나에서 몽땅 잃어버렸다.

바르셀로나 파밀리아 성당

바르셀로나의 첫 인상은 가우디(Antoni Gaudi, 1852~1926년)의 건축물에서 시작되었다. 시내 중심가의 가우디 빌딩(Casa Mila; La Pedrera)은 동화의 세계를 찾아온 듯한 환상을 심어주기에 충분했다. 그 앞에는 많은 사람들이 모여서 건축물의 아름다

■ 바르셀로나 시내 중심가의 가우디 건축물은 전체적인 모양뿐만 아니라 발코니 난간의 디자인까지도 이곳이 환상의 도시라는 것을 느끼게 해주었다.

움을 즐기고 있었기 때문에 절대로 무심하게 지나칠 수 없는 곳이었다. 건물이라고 할 수 없을 정도로 부드러운 곡선과 완만한 경사를 이용한 빌딩의 외관은 동화속 버섯 빌딩을 연상시키기에 충분했다. 그곳에서 사그라다 파밀리아 성당(Sargrada Familia Church)까지의 거리는 제법 되었지만 걸어보기로 한 이유는 바르셀로나의 거리를 볼 수 있는 기회를 놓치고 싶지 않았기 때문이다. 성당은 멀리서도 한눈에 알아볼 수 있을 만큼 아름다웠고 그 규모와 웅장함은 표현하기 어려울 정도로 상상 이상이었다. 그 앞은 어김없이 성당을 구경하려는 많은 사람들이 몰려 긴 줄을 만들고 있었다.

건축물을 조금은 화려하게 지어도 좋을 듯했다. 파밀리아 성당이나 가우디 빌딩처럼 웅장하고 화려하게 지어놓으면 많은 관광객들이 방문할 것이니 그들에게서 받게 되는 입장료만으로도 투자비와 관리비를 충분히 충당하고도 남을 것 같았다. 조금 남는 정도가 아니라 현재 건축 중인 파밀리아 성당의 일부는 이 돈으로 충분히 지을 수 있지 않을까. 화려한 건물은 긴 안목으로 보면 남는 장사임에 분명했다.

성당은 건축가 가우디에 의해 1882년(본격적으로 가우디가 참여한 해는 1885년)부터 건축이 시작되어 130년 동안 짓고 있는 건물이다. 유네스코 세계문화유산에 등록된 이 성당은 완성되지 않은 채 등록된 첫 번째 문화유산이다. 정부의 지원 없이 순전히 개인의 헌금으로 시작된 건축은 그 비용을 감당하기 어렵다는 이유로 중단과 진행을 반복하면서 이제는 내부 시설의 완공단계에 도달해 있다. 가우디 사후 100년이 되는 2026년에 완공을 기대하고 있지만 확실한 것은 없었다.

천재 건축가 가우디의 명성은 차치하고라도, 이 건축물의 웅장함은 세계의 관광객들을 모으기에 충분했다. 아직 천장이 완공되지 않은 이 성당을 두고 바르셀로나 시민은 '파밀리아의 천장으로 쓸 만한 것은 하늘뿐'이라는 격언을 만들 정도라고 한다. 그 자부심을 이해할 수 있었다.

이 성당을 장식하는 각종 대리석 조각들은 전통적인 형태만을 지니고 있지는

■ 멀리서 바라본 파밀리아 성당은 충격적이었다. 동화 속에나 있을 법한 건물이 너무도 웅장했다.

■ 파밀리아 성당의 대리석 조각은 전통적인 부분(왼쪽)과 현대적인 모양(오른쪽)이 적절히 섞여 있었다.

않았다. 십자가에 달린 예수의 모습이나 십자가를 짊어진 예수의 모습 등은 추상화를 보는 느낌이었다. 아주 단순한 직선과 곡선으로 처리되어 있었으며 세밀한 표현은 과감히 생략해 마치 현대 미술관의 한 전시실에서 전위적인 작품을 보고 있는 듯한 착각을 일으켰다. 특히 눈길을 끄는 것이 성당의 정면 현관의 조각상이었다. 이 성당의 정면 현관의 일부분이 1936년 화재로 소실되면서 겨우 살아남은 가우디의 원형에 수비라치(Josep Maria Subirachs)의 새로운 아이디어가 더해져 키스하는 남녀의 새로운 조각상이 만들어졌다.

종교와는 아무런 관련성이 없을 것 같은 뜨거운 남녀의 사랑을 표현한 조각상이 성당에 어울리는지에 대한 논쟁이 매우 뜨거웠다고 한다. 이 조각상 옆에 내가 찾는 마방진이 있었다.

마방진에 대한 수학자의 연구

3×3 마방진은 옛날부터 널리 알려져 오랫동안 사용되어 왔고, 이를 만드는 방법도 아주 단순하다. 그러나 4×4 마방진은 사정이 다르다. 만들기도 어려울 뿐만 아니라 만드는 방법도 아주 다양하다. 일반적으로 정사각형 16개로 이루어진 보통의 4×4 마방진은 1부터 16까지의 숫자를 반복하지 않고 사용하면서 대각선이나 가로, 세로의 합이 항상 34가 되게 하는 것이다.

문제 자체는 이해하기 쉽지만 그 풀이가 다양하거나 단순하지 않은 문제들이 많은 사람들에 의해 도전을 받게 되는 법이다. 이 마방진 문제도 오랫동안 여러 아마추어 수학자들의 호기심을 자극하는 문제가 되었다.

풀이로 얻어진 수많은 4×4 마방진 중에서 가장 매력적이라고 알려진 마방진은 뒤러(Albrecht Durer)가 개발한 것이다. 특히 자신이 개발한 연도인 1514를 맨 마지막 줄에 집어넣은 그의 재치도 엿볼 수 있다. 또한 대각선과 가로, 세로의 합이 34가 될 뿐만 아니라, 네 귀퉁이 수의 합도, 가운데 네 수의 합도 모두 34이기 때문이다.

16	3	2	13
5	10	11	8
9	6	7	12
4	15	14	1

　이로부터 200여 년 뒤인 1693년에는 이미 880개의 서로 다른 4×4 마방진을 개발하여 책으로 엮어낸 수학자도 나타났다.

　아마추어 수학자 중에는 미국 대통령을 지낸 프랭클린(Benjamin Franklin)의 8×8 마방진 연구도 빼놓을 수 없는 것이다. 그는 자서전에 다음과 같이 기록하고 있다.

　"나도 젊은 시절에 그저 심심풀이로 이것(마방진)을 개발해 보았다. 당시에는 마방진을 만드는 것이 정말 즐거운 일이었다."

　그가 개발한 마방진은 가로, 세로, 대각선의 합이 260이 되는 것이다. 이 마방진이 특별히 아름다운 이유는 가로, 세로, 대각선 외에도 그림의 ● 위치에 표시된 수의 합도 260이 되는 특징이 있기 때문이다. 특히 제일 아래쪽 그림처럼 서로 다른 8×8 마방진을 여러 개 나열해 놓으면 ●의 움직임이 마치 연속적인 운동처럼 보이기도 한다.

52	61	4	13	20	29	36	45
14	3	62	51	46	35	30	19
53	60	5	12	21	28	37	44
11	6	59	54	43	38	27	22
55	58	7	10	23	26	39	42
9	8	57	56	41	40	25	24
50	63	2	15	18	31	34	47
16	1	64	49	48	33	32	17

프랭클린이 어떤 방법으로 이 마방진을 찾아냈는지는 알 수 없다. 프랭클린 자신은 '그저 숫자를 써나가는 속도로 마방진을 만들 수 있다'고 했지만 많은 수학자들의 도전에도 불구하고 1990년까지는 누구도 이 비밀을 밝혀내지 못했다. 1991년에 이르러 파텔(Lalbhai Patel)이 이 마방진을 만들어내는 방법을 찾아내기는 했지만 그 과정은 상당히 길고 복잡한 것으로 '그저 숫자를 써나가는 속도'와는 거리가 먼 것이었다. 파텔은 수많은 반복을 통하여 이 마방진을 만드는 속도를 높여감으로써 자신의 방법이 프랭클린의 방법과 같은 것임을 증명하려고 했다. 이 마방진은 다양한 대칭성과 놀라운 규칙성의 패턴이 존재한다는 사실이 밝혀지면서 프랭클린 사후에 더욱더 많은 연구가 진행 중이다.

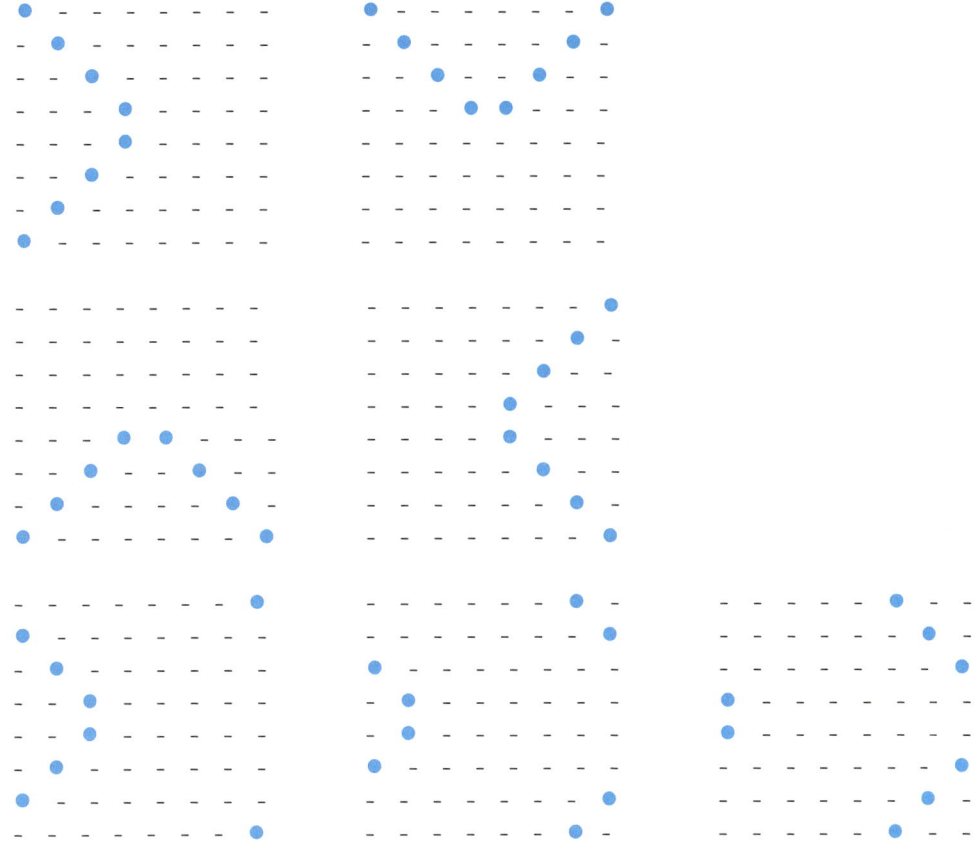

사그라다 파밀리아 성당의 마방진의 비밀

바르셀로나 파밀리아 성당의 마방진은 전통적인 형태의 마방진은 아니다. 14, 14, 10, 10처럼 같은 숫자가 반복되고 12, 16은 나타나지 않는다. 일반적인 마방진은 1부터 16까지의 숫자를 반복하지 않고 사용하면서 대각선이나 가로, 세로의 합이 항상 34가 되게 하는 것이다. 그런데 이 마방진

1	14	14	4
11	7	6	9
8	10	10	5
13	2	3	15

은 몇 개의 같은 숫자를 일부러 반복 사용하여 그 합이 33이 되도록 했다. 굳이 34가 아닌 33이 되도록 만든 이유는 무엇일까?

이에 대한 여러 가지 추측이 있다. 33이라는 숫자가 가우디의 죽음과 관계된 수라는 주장도 있고, 예수가 죽을 때의 나이를 의미한다는 주장도 있지만 확실하지는 않은 것들이다. 합이 33이 되면서도 같은 숫자가 반복되지 않도록 하는 전통적인 방식으로 만든 마방진은 2001년에야 살로우(Lee Sallow)에 의해 개발되었는데 이 마방진의 특징은 전통적으로는 사용하지 않는 숫자 0을 사용했고 4는 사용하지 않았다는 것이다. 또 천재 수학자로 알려져 각종 영화의 소재가 되었던 라마누잔의 마방진도 있다. 그는 자신의 생일 1887년 12월 22일을 서양식 표기의 순서 22, 12, 18, 87에 맞추어 마방진의 첫 열에 넣어두었다.

현대 수학자들 중에는 다른 차원의 마방진을 연구하고 있는 사람들도 있다. 예를 들면 4차원의 초입방체(4차원의 정육면체)에서 모든 적당한 방향의 수의 합이 일정하게 되는 수의 배치상태를 연구하는 것이다. 이런 수의 배열이 어느 곳에 유용할지는 아무도 모르지만 그저 수학자들의 속성상 새로운 형태의 문제를 만들고 풀어가는 것일 뿐이다.

바르셀로나의 도둑

성당의 아름다움을 충분히 즐겼다고 느꼈을 때 지하철을 타고 국립미술관

■ 바르셀로나 국립미술관(위쪽)은 몬주익 언덕에 자리 잡고 있어서 입구에서 바라보면 그 웅장함을 크게 느낄 수 있다. 국립미술관에서 내려다본 시내의 전경(아래쪽).

■ 몬주익 언덕의 올림픽경기장(왼쪽)과 지하철역 입구(오른쪽). 이곳에서 배낭을 도둑맞았다.

(TheMuseu Nacionald' Art de Catalunya)으로 이동했다. 1992년 황영조의 월계관으로 잘 알려진 올림픽 스타디움의 몬주익 언덕(Montjuic hill) 위에 아름다운 궁전 모양의 건축물이 세워져 있었다. 입구부터 미술관까지 올라가는 길의 모든 지점에서 올려다 보이는 미술관은 마치 언덕 위에 자리한 황제처럼 위엄을 보이고 있었다.

 미술관, 몬주익 올림픽경기장, 바르셀로나의 중세 성을 보느라고 지친 몸을 달래보려 지하철역 계단에 앉아 있었다. 바르셀로나 지하철은 서울 지하철만큼 복잡하게 얽혀 있었다. 계단에 앉아 쉬는 김에 지하철 지도를 꺼내놓고 다음 목적지를 살피고 있는데 순간 무엇인가 이상한 기분이 들었다.

 등에 짊어졌던 배낭이 통째로 없어졌다. 계단에 잠시 쉬면서 옆에 내려놓았는데 그새 아무 기척 없이 누군가 가져가버렸다. 기차역에서 비슷한 경험을 하고도 조심성 없이 배낭을 내려놓았던 나의 무심함이 이런 사고를 부른 것이다. 모든 여행 짐이 배낭에 들어 있었다. 현금, 신용카드, 유레일패스, 심지어 휴대폰과 안경까지도 통째로 잃어버리는 것은 여행을 계속할 수 없다는 것을 의미한다. 패닉에 빠져 이리 뛰고 저리 뛰면서 도둑을 잡으려 했지만 이미 흔적을 찾을 수가 없었다. 주위에 의심이 되는 사람은 있었지만 증거가 없으니….

 내 힘으로 해결할 수 있는 일이 아닌 듯하여 경찰서를 찾아가서 신고를 해야 했다. 그러나 경찰은 그저 신고를 받고 도난 확인서만 작성해줄 뿐 애초에 범인을 잡을 생각이 없는 것 같았다. 너무나 막막했다. 이제 겨우 여행의 반을 왔을 뿐인데 모든 것을 잃어버리다니….

한국의 집으로 연락을 하여 긴급하게 돈을 보내달라고 하고 한국대사관이 있는 마드리드로 가는 수밖에 없었다. 그곳에서 여권도 만들고 돈도 찾아야했다. 무엇보다도 마음의 상실감, 좌절감, 분노를 억제하는 것이 힘들었다.

그때 그리스 사모스 섬에서 만난 호텔 주인의 말이 떠올랐다. 그가 말하지 않았던가. 그래서 여행을 떠나는 거라고….

"여행이란 본래 그런 것이다. 계획대로 되는 여행은 없다. 그런 것을 즐기려고 집을 떠나온 것이 아닌가."

살바도르 달리의 십자가에서 배우는 4차원 기하학

달리의 그림과 기하학

스페인 출신의 화가 중에는 기이한 행동으로 유명했던 현대 화가 살바도르 달리(Salvador Doménec Felip Jacint Dali, 1904~1989년)가 있다. 나는 유럽을 여행하는 동안 달리를 수없이 만났다. 오스트리아의 수도 빈에서도, 헝가리의 수도 부다페스트에서도, 프랑스 파리의 몽마르트르에서도 달리의 그림, 사진이나 모조 조각품을 전시해놓은 작은 화랑을 수없이 만나면서 달리의 영향력을 다시 한 번 느낄 수 있었다.

그의 그림 중 많은 것은 수학적인 기하 도형과 특별한 관계를 갖고 있다. 그는 수학자들과 교류를 하면서 자신의 그림에 적용할 창조적 아이디어를 얻었다. 특히 미국 브라운대학교 수학교수였던 반초프에게서 컴퓨터 시뮬레이션을 이용한 4차원의 도형적 형태를 이해하는 데 결정적 도움을 받았다고 알려져 있다.

 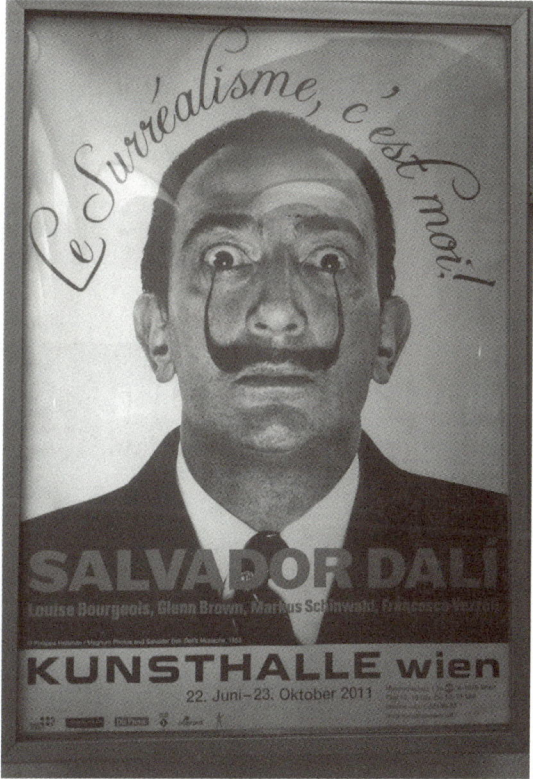

■ 오스트리아 빈을 비롯하여 여행 중에 만난 달리의 전시회 포스터.

젊은 시절이었던 1948년에는 이탈리아 화가 파치올리의 《신성비례》에 깊이 빠져 오랫동안 이 수학적 비율을 이용한 스케치에 몰두했다고도 전해진다. 레오나르도 다빈치가 그토록 소중하게 여긴 르네상스 시대의 비례를 연구하는 수학적 계산에만 몇 달을 온전하게 사용하기도 했다.

달리의 그림 중에 수학자들에게 매우 친숙한 작품이 〈예수 수난상 Crucifixion; Corpus Hypercubicus, 1954〉이다. 십자가에 달린 예수를 그린 그림으로 현재 뉴욕 메트로폴리탄 박물관에 소장되어 있는 작품이다. 이 그림에서 예수가 매달려 있는 십자가에 주목하면 그의 수학적 지식을 이해할 수 있다.

이를 위해서는 우리는 4차원 초입방체를 이해해야 한다. 한 점을 일정한 방향

■ 점은 0차원, 선은 1차원, 면은 2차원, 입체는 3차원이 된다.

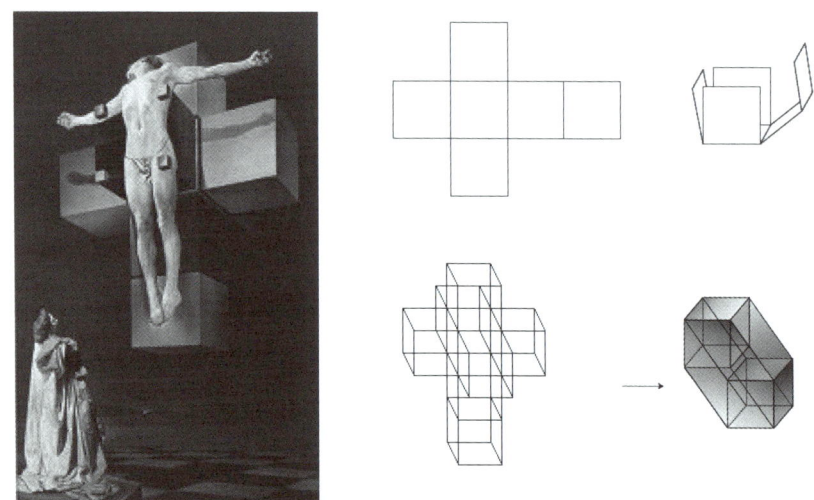

■ 달리의 〈예수 수난상〉(왼쪽)의 십자가는 4차원 입체의 전개도이다. 3차원 정육면체의 전개도(오른쪽 위)와 4차원 초입방체의 전개도(오른쪽 아래). 《매스매티컬 스니핏츠》에는 〈예수 수난상〉에 대한 수학적 아이디어가 좀더 자세히 설명되어 있다.

으로 끌면 1차원 선분을 만들 수 있고, 이 선분을 일정한 방향으로 끌면 2차원 정사각형을 만들 수 있다. 또 이 정사각형을 일정한 방향으로 끌면 3차원 정육면체가 만들어진다. 이와 같은 방법으로 3차원 정육면체를 일정한 방향(우리 눈으로는 볼 수 없는 제4의 방향)으로 끌면 4차원 입방체를 만들 수 있다는 것이 수학자들의 생각이다.

전통적인 십자가는 3차원 정육면체를 평면에 전개한 모양을 하고 있다. 이와 유사한 방법으로 초입방체를 3차원 공간에 전개하면 8개의 정육면체로 이루어진 입체가 된다. 달리는 이 8개의 정육면체를 십자가로 사용한 것이다. 이에 더하여 십자가 아래에 그림자를 그려 넣었다. 4차원, 3차원, 2차원이 함께 있는 완전한 기하적 도형에 그의 예술적 영감을 더한 그림인 셈이다. 이 그림에 나오는 4차원 초입방체의 전개도는 화가의 단순한 상상력으로 만들 수 있는 것이 아닌 수학자에게 배우지 않고는 알아낼 수 없는 것이다.

스페인 마드리드에서 한국 대사관을 찾다

바르셀로나에서 가지고 있던 짐을 몽땅 도둑맞은 채 한국 대사관이 있는 마드리드로 가기 위해 야간버스를 탔다. 주머니에 남아 있던 50유로가 나의 전 재산이었다.

버스는 밤새 달렸다. 새벽 5시 30분의 마드리드는 한여름에도 몹시 싸늘했다. 배낭 안에 있던 옷가지도 모두 잃어버렸으니 입고 있던 옷이라고 해봐야 얇은 여름용 반팔 티셔츠와 반바지뿐이었다. 한국 대사관 앞에서 추위에 떨면서 직원이 출근하기를 기다리는 시간이 그렇게 더디게 갈 수가 없었다. 추위를 이겨보겠다고 대사관 앞 낮은 돌담을 운동기구 삼아 체조하고 있는 내 모습이 낯설어 보였던지, 아침 출근을 서두르는 사람들이 이상한 눈빛으로 바라봤다.

출근한 대사관 직원은 나를 따뜻한 방으로 데려가 뜨거운 커피를 마실 수 있도록 배려해 주었다. 여행 중 곤란에 빠진 사람이 따뜻한 한 잔의 커피에서 느꼈던 고마운 마음을 어찌 다 표현할 수 있을까. 직원들의 친절은 이에 그치지 않았다. 여권 재발급도 매우 신속하게 이루어졌고, 나의 여행스케줄과 숙소, 교통편의 예약 사항도 모두 프린트로 출력해 주는 수고를 마다하지 않았다. 소지품을 몽땅 도난당했으니 여행계획에 관련된 서류도 모두 없어져서 도대체 다음 행선지와 숙소조차도 기억해낼 수 없었다. 대사관 컴퓨터는 국가 기밀이 많이 보관되어 일반인의 이용은 허락되지 않았다고 했다. 그래서 그들은 자신의 컴퓨터를 이용해 나의 이메일에서 필요한 서류를 일일이 출력해 내는 수고를 해 준 것이다. 보통의 친절로는 불가능한 일을 아무런 불평 없이 도와주었다.

달리와 수학자

〈예수 수난상〉은 특히 브라운대학교의 기하학자 반초프를 감동시켰다. 2014년 한국 국립 과천 과학관에서 열린 특별 강연회(Bridges Seoul 2014)에서 반초프 교수는 달리와의 만남에 대하여 구체적으로 설명할 기회가 있었다.

"그 당시 나는 4차원 입체를 컴퓨터 그래픽으로 어떻게 구체화할 것인가를 놓고 연구 중에 있었다. 이즈음 신문에 실린 달리의 예수 수난상 그림을 보게 되었고, 화가가 4차원의 세계를 수학자인 나보다 더 먼저 이해하고 활용하고 있다는 사실에 감명을 받았다. 나는 전화기를 들고 곧 바로 연락을 시도했고, 그는 흔쾌히 자신이 머물고 있는 호텔에서 만나자고 약속했다. 이로 인해 우리는 1975년부터 1985년 사이에 열두 번 정도 만날 수 있었다. 그의 고향에 있는 박물관에는 지금도 내가 그에게 선물해 준 4차원 초입방체의 모형이 전시되어 있다."

반초프는 달리에게 컴퓨터를 이용하여 4차원의 시뮬레이션 영상을 보여주었다. 이 과정에서 달리는 두 그림 〈4차원을 찾아서 In Searching for the Fourth Dimension, 1979〉와 〈여자가 비올론첼로로 바뀌는 위상적 변형 Topological Contortion of a Female-Figure Becominga Violoncello, 1983〉을 완성했다. 이는 완전한 수학과 미술의 교감에 의해 이루어진 결과였다. 기하나 위상에 익숙한 사람들은 그림의 제목만으로도 쉽게 공감할 수 있는 부분이 있는 그림이다. 늘리거나 줄이는 것만 가능한 위상적 변형에서 비유클리드기하학을 이해하고 이를 이용하여 간헐적인 발작을 겪고 있는 자신의 고통을 표현하고자 했다고 한다.

그는 반초프를 만나기 전 이미 이 분야에 정통해 있었다. 그에게 명성을 가져다준 작품 〈기억의 지속 the persistence of memory, 1931〉에서 흐물거리는 시계는 시공간의 왜곡을 표현한 것으로 아인슈타인의 상대성이론에 의하면 시간은 4차원의

■ 살바도르 달리의 〈4차원을 찾아서〉(왼쪽)와 〈기억의 지속〉(오른쪽).

한 성분으로 조작 가능한 것임을 분명하게 보여준다.

〈불가지론의 상징Agnostic Symbol, 1932〉은 극단적으로 길고 얇은 숟가락이 하늘에서 뻗어 나와 곧바로 나아가다가 바위 근처에서 휘어나가는 모습을 표현하고 있다. 우주 공간에 작용하는 중력장에 의해 우주가 어떤 곡률을 가지고 어떻게 휘어지는지를 숟가락 형태의 빛의 움직임을 통해 보여준다. 시간이나 공간은 절대 불변의 것이 아니며 반듯한 것도 아니라는 분명한 인식이 두 그림에 깔려 있다. 시간이나 공간의 왜곡이야 말로 보이지 않지만 그가 분명히 인식하고 있는 확실한 진실의 모습이었을 것이다. 현대 수학과 과학도 그와 똑같은 생각을 가지고 있다.

살바도르 달리의 생애와 기행

화가 달리는 한 시절 우리들의 마음을 사로잡았다. 그의 독창성과 상상력은 그림을 통해 이 세상을 다시 새롭게 보는 법을 알려주었다. 특이한 콧수염, 기이한 표정, 언제나 상식을 벗어난 행동으로 유명했던 20세기 초현실주의 화가 살바도르 달리는 현대 기하적 통찰력과 예술의 감수성을 결합해낸 사람이었다.

프랑스 툴루즈에서 스페인으로 넘어오는 국경 마을 피게레스(Figueres)에서 태어난 달리는 18세에 마드리드에 있는 미술학교 성페르난도 왕립미술 아카데미(Academia de San Fernando)에 입학을 하면서 본격적으로 그림을 그리기 시작했다. 4년 후 졸업시험을 앞두고 그는 학교에서 퇴학을 당한다. 퇴학의 이유는 분명치 않으나 자신의 실력을 평가할 만한 교수가 이 학교에는 없다고 항상 주위에 이야기했다고 한다. 그는 곧바로 파리에 머물고 있던 자신의 영웅 피카소를 만나러 갔다. 그때부터 피카소의 영향이 그의 그림에 묻어나기 시작했고 기괴한 행동으로 명성을 얻기 시작했다.

〈기억의 지속〉의 흐물거리는 시계로 유명해진 달리는 대중매체에 관심을 끄는 행동을 많이 했다. 달리의 기행이 미디어의 관심을 끌면 끌수록 미디어를 통해 그의 작품을 홍보하는 효과로 이어졌고 대중은 열광하기 시작했다. 1936년 런던에서 열린 '국제초현실주의전' 개막식에 초빙된 그는 사냥개 두 마리를 끌고 잠수복 차림에 벤츠자동차의 냉각 캡을 머리에 쓰고 강연장에 서 화제가 되었다. 당시의 상황을 다음과 같이 설명한 기록이 있다.

"밀폐된 잠수복으로 인해 청중들은 아무도 강연을 알아들을 수 없었다. 강연이 시작된 후 얼마 지나지 않아 잠수복 안에 있는 산소가 고갈되자, 이 강사는 숨이 막혀 오히려 청중들에게 도움을 요청해야 할 처지에 놓였다. 하지만 잠수복을 입고 숨이 막혀 허우적대는 그를 보며 청중들은 오히려 그의 연기에 환호했다."

이런 허술한 잠수복에 숨이 막힐 수는 없는 일이었다. 청중들에게 숨이 막혀 허우적거리는 모습을 보여줌으로써 그들의 관심을 끌어낸 것이다.

잇단 기행으로 달리에게 광대, 괴짜, 천재라는 수식어가 붙게 되면서 그의 작품 가격도 천정부지로 치솟았다. 그의 전시회에는 항상 사람들로 들끓었고 미디어는 새롭고 흥미 있는 사건을 기대하면서 그의 행동을 주목했다. 특이한 콧수염과 서

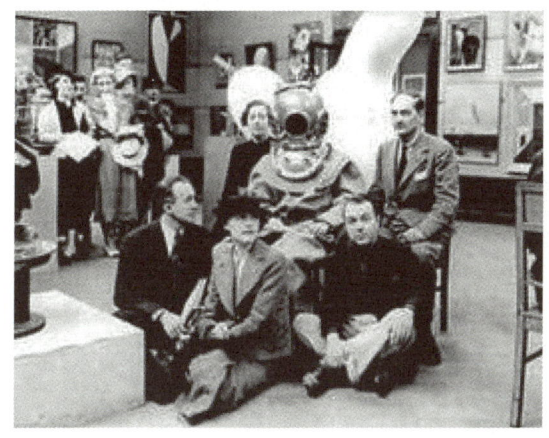 

■ 1936년 달리가 강연에서 사용한 잠수복과 자동차 냉각 캡(왼쪽) 및 그의 작품이 전시된 마드리드의 프라도 박물관(오른쪽).

커스의 광대를 연상시키는 기이한 표정은 병석에 누워서도 TV에 중계되었다. 그는 1989년 여든다섯의 나이로 세상을 떠날 때까지 세상을 즐긴 사람이었다.

'어차피 예술은 사기(대중을 속이는 것)의 일종'이라는 비디오아트의 창시자 백남준의 견해로 본다면 달리는 현대 문명과 미디어를 잘 이해하고 대중을 속이는 데 아주 능했던 훌륭한 사기꾼일지도 모른다. 그는 많은 사람들이 환각제 복용을 의심할 때 단호히 말했다.

"나는 환각제를 복용할 이유가 없다. 내가 곧 환각제다."

마드리드에서의 새로운 출발

오직 한 사람만이 이 친절한 대사관에 어울리지 않았다. 대사관은 여권 재발급비로 나에게 12유로를 요구했다. 하지만 도난당하기 전에 그나마 주머니에 남아 있던 몇 푼의 돈도 버스비, 사진촬영비 등으로 사용하여 이제 내게 남은 돈은 9유로뿐이었다. 사정을 말하니 직원이 잠시 기다리라고 말하고는 나를 도울 다른 방법을 찾는 듯했다.

이런 경우는 특별한 결재 과정이 필요한 것 같아 보였다. 하지만 한참이 지난 후 나타난 직원은 처음과는 태도를 바꾸어 12유로를 다 내지 않으면 여권을 줄 수 없다고 했다. 한국에 연락을 해서 외무부의 특별계좌를 이용하여 송금하는 방법도 알려주었다. 나로서는 기가 막힌 일이었다. 여권을 찾기 위해 부족한 3유로(4,500원)를 한국에서 송금 받으려면 하루 이상 이곳에서 기다려야 했기 때문이다. 직원에게 다시 사정을 말했다.

"이미 이메일을 확인하는 과정에서 내 신분을 확인하지 않았습니까? 나는 여행 중 사고를 당하여 곤란에 빠진 상태니 이번은 특별하게 처리해주면 송금은 추후에 반드시 하겠습니다."

그녀는 다시 기다리라며 안으로 들어갔다. 그녀는 최선을 다하는 듯 보였다. 하지만 한참 후 되돌아온 그녀의 대답은 여전히 불가하다는 것이었다.

"안 됩니다. 12유로를 다 내셔야 여권을 줄 수 있습니다."

자국민의 보호가 이들의 의무가 아니던가? 여행 중 곤란에 빠진 자국민을 돕고 보호하는 것도 대사나 영사의 의무이자 업무이다. 설령 나중에 갚겠다는 약속을 안 지키는 경우가 생길지라도 3유로 정도는 도둑맞은 한국인을 위해 대한민국 영사의 결정으로 지원할 수 있는 돈이 아닌가. 대사관의 이런 응대에 분노를 느낄 즈음, 이 상황을 보고 있던 민원인 한 사람이 나에게 넌지시 5유로를 건네주었다.

이대로 여권만 찾고 나오고 싶지 않았다. 면담을 요청했더니 처음에는 자리를 비웠다며 면담을 거부하던 영사가 거듭된 나의 요청에 어쩔 수 없었는지 느린 걸음으로 사무실에서 걸어 나오는 게 보였다. 배가 산처럼 나온 영사는 전혀 상황을 모르고 있는 듯한 착한 얼굴을 하며 매우 공손하게 나를 응접실로 모시라고 직원에게 이야기했다. 나는 단호하게 거절했다. 당신 얼굴을 보는 것으로 충분하다. 좀 더 따지고 싶기도 하고, 얼굴이라고 한 대 갈겨주고 싶기도 했지만 더는 낭비할 시간이 없었다. 이 여권을 가지고 시내로 나가 한국에서 보내준 돈을 오늘 중으로 찾지 못한다면 먹을 것도 잘 곳도 구할 수 없게 된다. 은행이 문을 닫기 전에 이곳을 떠나야 했다.

■ 일요일 오후 프라도 박물관의 고야 동상(왼쪽) 근처에는 사람들이 길게 줄서 있었다. 무료입장을 위해 서 있는 줄이었다. 나도 이들과 섞여 들어가 미술관의 전시물을 관람한 후 이웃한 스페인 왕궁(오른쪽) 앞을 걸어보았다.

나는 가끔 후불로 택배를 받는다. 택배기사들은 수취인이 없으면 물건을 먼저 배달하고 택배비는 후불로 계좌송금을 받는다. 나는 대한민국 영사에게서 택배 물건만한 대접도 못 받은 셈이었다.

한국에서 보내준 돈을 찾은 후, 불쾌한 기억을 잊기 위해서 억지로라도 많이 걷는 게 좋을 것 같아 시내 중심가로 들어섰다. 마드리드의 중심가에는 스페인의 자존심인 예술의 삼각지대(Golden Triangle of Art)라 불리는 지역이 있다. 프랑스의 르부르와 견주어지는 이 지역은 3개의 미술관 프라도(Prado), 티센-보르네미차(Thyssen-Bornemisza), 레이나 소피아(Reina Sofia)가 있는 곳으로 각각의 미술관에는 스페인이 자랑하는 화가 고야, 달리, 피카소의 유명작품들이 전시되어 있다.

일요일 오후, 프라도 미술관의 매표소가 있는 고야 동상 근처에는 긴 줄이 만들어져 있었다. 무료입장을 위하여 서 있는 줄이었다. 대중과 예술을 연결하기 위해 매주 일요일 오후 무료로 개방되는 미술관에, 이들과 섞여 들어가 전시물을 맘껏 즐기며 다시 유쾌한 기분을 회복해 보려고 했지만 여행의 피곤함이 몰려와 발걸음이 무거웠다.

신비한 수학자 페렐만, 신비주의 수학 카발리즘: 악마의 숫자 666의 수학적 해석법

스페인 마드리드

마드리드의 낮은 무척 더웠다. 새벽녘에는 16도 정도를 가리키던 온도계가 한낮에는 35도를 나타내고 있어 일교차가 20도에 이를 정도였다. 그래도 그늘은 무척이나 시원했고, 가끔 상점 앞에 놓인 물기를 뿜어내는 선풍기를 앞을 지나칠 때면 서늘함이 느껴질 정도였다.

마드리드에서는 버스투어를 하기로 했다. 아직 배낭을 잃어버린 충격과 상실감으로부터 정상적으로 회복되지 않아 많이 걷는 것은 무리인 듯했기 때문이었으나 곧 옳은 결정이 아님을 깨달았다. 역시 걸어야 했다. 지도를 들고 골목골목을 지나치면서 한 발 한 발 걸어야 위치에 대한 개념도 생기고 가고 싶은 곳도 내 마음대로 갈 수 있으니 여행의 맛을 제대로 느낄 수 있다.

마드리드의 중심가는 아름다웠다. 인구로도 규모로도 유럽의 세 번째 도시로 인정받기에 충분했다. 특히 왕궁과 알무데나 성당(Almudena Cathedral) 주위는 기분 좋게 걸으며 마드리드를 즐길 수 있게 조성되어 있어 많은 여행객들로 붐볐다. 여름 축제의 마지막 날, 거리는 온통 인파로 넘쳤고, 시내 중심 광장(마요르 광장)의 펠리페 3세 동상 주변은 유럽 각지에서 온 젊은 배낭객 무리들이 내지르는 함성으로 곳곳이 시끌벅적했다.

2006년에는 이곳에서 세계수학자대회(International Congress of Mathematicians)가 열렸다. 2014년 서울에서도 열렸던 이 대회는 세계의 저명한 수학자들이 4년에 한 번씩 모여 그동안의 연구 결과를 발표하는 모임이다. 그런데 이 대회에서 정작 수학자들의 연구 결과보다 더 관심을 끄는 일이 있다. 4년마다 발표되는 필즈상(Fields Medal)의 수상자로 누가 결정되는가이다. 필즈상의 수상자는 수학계에서는 노벨상 수상자와 같은 영예를 누리고 세계 여론의 관심과 학자들의 존경을 받게 된다.

스페인의 마드리드에서 열린 2006년 세계수학자대회는 전례 없이 아주 특별하게 세계 언론의 주목을 받았다. 러시아 수학자 페렐만(Grigory Perelman)이 필즈상 수상식에 참석할 것인지의 여부 때문이었다.

■ 2006 ICM 공식 웹사이트(왼쪽)와 페렐만(오른쪽).

■한낮의 알무데나 성당(위)은 한산했으나 해질녘의 마요르 광장 내 펠리페 3세 동상(아래) 주변은 시끌벅적했다.

21세기 새로운 전설, 수학자 페렐만

100년 전, 프랑스 수학자 푸앵카레(Henri Poincare)에 의해 제기되었던 '3차원 구의 형태의 유일성' 문제가 있다. 푸앵카레는 이 문제를 그의 65쪽짜리 논문의 맨 마지막에 가벼운 질문 형태로 제시했다. 구체적으로

'어떤 하나의 닫힌 3차원 공간에서 모든 폐곡선이 수축되어 하나의 점이 될 수 있다면 이 공간은 반드시 3차원 구로 변형될 수 있다'

라고 추측한 것이다. 이 문제는 곧 바로 모든 현대 수학자의 관심사가 되었다. 이 문제에 대한 부분적인 답이라도 제시한 사람은 거의 예외 없이 필즈상을 수상했다. 예를 들어 5차원에서도 같은 성질을 갖는다는 것을 증명한 미국 캘리포니아 샌디에이고대학교 스메일(Stephen Smale) 교수와 4차원에서 같은 성질을 증명한 캘리포니아 버클리대학교 프리드먼(M.H.Freedman) 교수는 각각 1966년과 1986년에 필즈상을 받았다. 그런데 정작 본래의 문제에서 제기한 '3차원'에서 성질은 오랫동안 미해결로 남아있다가 페렐만에 이르러서야 완전한 풀이를 얻게 된 것이다.

그는 자신의 풀이를 그저 인터넷의 한 사이트에 올려놓았다. 이 증명이 세상의 관심을 받게 되면서 많은 수학자들이 검증에 참여했고, 마침내 세계수학자협회는 비록 공식적인 논문은 아니어도 그가 완벽하게 푸앵카레의 문제를 해결한 것으로 선언했다. 그는 이에 대해 아무런 반응도 보이지 않았다. 그를 취재하려는 언론의 인터뷰도 모두 거절했다. 일부 언론에 의하면 현재 페렐만은 직업도 없이 매우 가난한 상태로 그의 어머니와 바퀴벌레가 득실거리는 허름한 아파트에서 지내고 있다고 한다. 그는 그저 수학 문제를 풀 뿐, 세상이 자신에 대해 관심을 갖는 것에는 아무런 흥미가 없어 보였다.

그는 2006년 스페인 마드리드에 나타나지 않았다. 필즈상을 거부한 것이다. 거부라기보다는 아예 관심이 없었다. 이 문제에는 클레이 수학연구소(Clay Mathematics Institute)가 제시한 100만 달러의 상금도 걸려 있었다. 기자들과 수학자들은

가난한 페렐만이 이 상금을 받으러 나타나기를 기대했으나 2010년 3월 18일에도 상금을 받으러 나오지 않았다. 전하는 이야기에 의하면 주위 사람들에게 그저 문제가 있으면 풀 뿐 다른 인정은 필요치 않다고 말했다고 한다. 한 러시아 신문과의 인터뷰에서는 100만 달러를 거부한 이유를 '100만 달러보다는 우주의 비밀에 더 관심이 있기 때문'이라고 말하기도 했다.

다른 수학자들도 비슷하다. 수학자들은 이 문제가 앞으로 어떻게 쓰이고 인류의 발전에 얼마나 중요하게 기여할지에 대해서는 별 관심이 없다. 그저 다른 사람이 아직 풀지 못한 문제를 풀려고 할 뿐이다. 이런 문제를 푸는 과정에서 때로는 새로운 수학이 만들어지고, 이 수학이 인류의 발전에 기여를 하는 것이다. 페렐만과 다른 수학자와의 결정적 차이는 상금과 명예조차 관심이 없다는 것이다.

카발리즘과 악마의 숫자 666

스페인 마드리드에서 한 번은 짚고 넘어가야 할 수학이 있다. 13세기경에 스페인 마드리드와 남부 프랑스를 중심으로 유대교 신비주의운동인 카발리즘(kabbalism)이 시작되었다. 그들은 문자를 숫자로 변환하면 성경에 숨겨진 비밀 암호(코드)를 찾을 수 있다고 믿었다. 그렇게 성경에 숨겨진 비밀코드를 수학으로 해석하는 방법을 '게마트리아Gematria 해석법'이라고 부른다.

대부분의 문명에서는 숫자를 나타내는 기호와 언어를 기록하는 문자는 서로 다른 것이 보통이다. 그런데 고대 그리스인과 유대인들은 문자와 숫자를 일치해 사용했다. 예를 들면 그리스 문자 a는 숫자 1로, b는 숫자 2로도 사용되었다. 이스라엘 민족은 구약성서는 자신들의 문자(히브리 문자)로 기록한 반면, 신약성서는 대부분 그리스 문자로 기록했다. 따라서 모든 성경의 문장은 숫자로 변환이 가능하다. 신약성경 요한의 묵시록(요한계시록) 13장 17~18절에 나오는 악마의 숫자 666도 이 방법에 따르면 다양하게 해석될 수 있다.

"그리고 그 짐승의 이름이나 그 이름을 표시하는 숫자의 낙인이 찍힌 사람 외에는 아무도 물건을 사거나 팔거나 하지 못하게 했습니다. 영리한 사람은 그 짐승을 가리키는 숫자를 풀이해 보십시오, 그 숫자는 사람의 이름을 표시하는 것으로서 그 수는 육백육십육(666)입니다." (공동번역 개정판 요한묵시록)

게마트리아 방법을 따라, 걸프전쟁의 원인이라고 지목된 사담 후세인(Saddam Hussein)의 이름을 숫자로 옮겨보면 s = 60, a = 1, d = 4, a = 1, m = 600이 되므로 이들 숫자의 합은 666이 된다.

- Saddam = Samekh + Aleph + Daleth + Aleph + Mem
  = 60 + 1 + 4 + 1 + 600 = 666
- Hussein = Heh + Vau + Shin + Shin + Heh + Nun
  = 5 + 6 + 300 + 300 + 5 + 50 = 666

재미있는 것은 숫자로 바꾸는 방법이 일정하지 않다는 것이다. 한 문자가 반복되는 경우에는 그 반복하는 문자 중 하나를 생략하기도 하고, 그대로 놔두기도 한다. 때로는 결과를 맞추기 위해 원래의 문자를 다른 것으로 대체하는 등 자신들의 의도에 맞추려는 경향이 있다. 이런 방법을 능숙하게 사용하는 사람은 모든 사람의 이름을 적당히 변형하면 666이 되게 할 수 있다. 이런 식으로 하면 때로는 로마 교황도 666이고 북한의 김정은도 666이 된다. 그들의 전통이 그대로 남아서 소설 《다빈치 코드》를 탄생시킨 것이다.

대다수의 많은 성경학자들은 이 숫자는 악마를 의미했다기보다는 당시의 로마황제 네로를 의미했던 것으로 추측한다. 황제를 공개적으로 비평하는 것은 죽음을 뜻하므로 히브리 문자로 Nero 또는 Neron으로 쓰이는 네로 황제를 자연스럽게 숫자로 바꾸어 666(또는 616)으로 불렀을 거라는 주장이다. 요약하면 성경의

666은 특정한 사람을 지칭하는 것이었으며 악마와는 아무 관련이 없다는 것이다. 사실 크리스천의 입장에서 보면 숫자 6은 세상의 창조와 완전성을 의미하기도 하는 행운의 숫자이다. 하느님은 6일 만에 세상을 창조했고, 이 세상은 6개의 방향(동, 서, 남, 북, 위, 아래)을 가지기 때문이다.

숫자에 대한 편견은 문명마다 다르다. 그러나 대부분 사람들은 심리적인 이유 때문에 다른 사람이 좋아하는 숫자에 열광하고 싫어하는 숫자를 피하려 한다. 중국인들은 숫자 8에 열광한다. 베이징올림픽을 2008년 8월 8일 8시 8분 8초에 시작했고, 숫자 8이 많이 들어간 자동차 번호판이나 전화번호는 프리미엄을 붙여 거래를 한다. 특별한 이유는 없다. 그저 돈을 번다는 뜻인 '파차이發財'의 첫 번째 발음이 숫자 8의 발음 '빠'와 비슷하기 때문이다.

스페인 산세바스티안

아침 일찍 산세바스티안(San Sebastián)으로 가는 버스를 탔다. 버스 안의 모든 사람들이 큰 소리로 이야기하고 거침없이 즐겁게 웃어댔다. 스페인의 평야는 넓고 한가로웠다. 이름도 없는 한적한 휴게소의 온도계는 25도를 가리키고 있었으며 쾌청한 하늘은 우리나라의 가을을 연상케 했다.

6시간의 긴 여정 끝에 도착한 스페인과 프랑스의 국경도시 산세바스티안은 대서양을 바라보는 해변도시다. 도노스티아(Donostia)라고도 불리는 산세바스티안 주민의 대부분은 인종, 언어, 관습 등이 보통의 스페인인과는 다른 바스크인이다. 오래전에 스페인에 통합되었지만 자치권을 인정받았다가 박탈당하기를 거듭하며 기회가 있을 때마다 독립을 요구해왔다. 그만큼 자신의 고유한 언어와 민족성을 유지하려는 성향이 강한 곳이다. 이 도시는 이탈리아 벨리아를 10배 정도 확대해 놓은 것 같았다. 온통 도시가 들떠 있었다. 이곳뿐 아니라 스페인 전역이 축제 기간인 것 같았다. 이 많은 사람들이 도대체 어디서 오는 것일까? 사치스럽다고 해도 좋을 만큼의 흥청거림이 있는 아름다운 곳이었다.

■산세바스티안의 중심가에서는 길거리 악사들의 공연이 이어지고 있었다.

　돈키호테와 산초의 동상이 해변가 공원에 있었다. 이 동상들이 여기 서 있는 이유는 무엇일까? 아무리 먹어도 줄지 않는 푸짐한 저녁식사를 마치고 아름다운 나무 그늘에 앉아 거리의 악사들이 연주하는 음악을 들어도 왠지 흡족하지 않았다. 갑자기 외로움이 파도처럼 밀려왔다. 모든 사람들이 자기 목소리를 내어 이야기하고 있었다. 각자의 이야기는 달라도 소리는 화음이 되어 광장 전체를 큰 울림으로 가득 메우고 있었다. 사람들의 재잘거림이 새의 지저귐과 크게 다르지 않다고 느꼈다. 나도 큰 소리로 맘껏 지저귀고 싶었지만 상대가 없었다. 아주 사소한 부분에서 느끼는 외로움의 크기는 컸다.

　마을 뒷산의 높은 성벽에서 내려다본 마을은 대서양의 푸른빛과 어울려 보석

■언덕에서 내려다본 성 세바스티안의 해안.

처럼 빛나고 있었다. 마을 축제 장소의 입구는 온통 게의 그림으로 덮여 있었다. 이곳에서 게가 많이 잡히나 보다, 생각하며 무심코 지나다보니 애니메이션 〈인어공주〉에 등장하는 세바스찬이 게라는 사실이 문뜩 떠올라 웃음이 났다.

수학자의 배낭여행 1

아라비아에는 아라비아 숫자가 없다?

지은이   이만근
펴낸이   조경희
펴낸곳   경문사
펴낸날   2016년 8월 10일 1판 1쇄
등 록   1979년 11월 9일 제313-1979-23호
주 소   04057, 서울특별시 마포구 와우산로 174
전 화   (02)332-2004 팩스 (02)336-5193
이메일   kyungmoon@kyungmoon.com
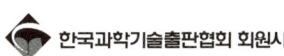 facebook.com/kyungmoonsa

값 20,000원

ISBN   978-89-6105-984-8

★ 경문사 홈페이지에 오시면 즐거운 일이 생깁니다.
   http://www.kyungmoon.com

한국과학기술출판협회 회원사